CG 设计案例课堂

U0269403

Flash CC动画
制作与设计案例课堂

唐　琳　编著

清华大学出版社
北　京

内 容 简 介

Adobe Flash Professional CC 是用于动画制作和多媒体创作以及交互式网站设计的顶级创作平台，内含强大的工具集，具有排版精确、版面保真的特点和丰富的动画编辑功能，能帮助使用者清晰地传达创作构思。该软件广泛应用于娱乐短片、片头、广告、MTV、导航条、小游戏、产品展示等领域。

本书通过95个具体实例，全面、系统地介绍了Flash CC的基本操作方法和案例的制作技巧。全书共分为11章。所有例子都是精心挑选和制作的，将Flash CC枯燥的知识点融入实例中，并进行了精简的说明。读者通过对这些实例的学习，将能够举一反三，快速掌握动画设计的精髓。

本书按照软件功能以及实际应用进行划分，每一章的实例在编排上循序渐进，既有打基础、筑根基的部分，又不乏综合创新的例子，把Flash CC的知识点融入到实例中。读者通过阅读本书，将会学到Flash CC的基础操作、卡通对象的绘制、逐帧动画的制作、简单动画、遮罩特效、文字动画、声音与视频、交互式动画、网站动画、广告制作、贺卡的制作等知识。

本书内容丰富，通俗易懂，结构清晰。适合于初、中级读者学习和使用，也可以供从事动画设计的人员阅读；同时，还可以作为大中专院校相关专业、相关计算机培训班的上机指导教材。

图书在版编目(CIP)数据

Flash CC动画制作与设计案例课堂/唐琳编著. --北京：清华大学出版社，2015
(CG设计案例课堂)
ISBN 978-7-302-40140-7

Ⅰ. ①F…　Ⅱ. ①唐…　Ⅲ. ①动画制作软件—案例　Ⅳ. ①TP391.41

中国版本图书馆CIP数据核字(2015)第089613号

责任编辑：张彦青
装帧设计：杨玉兰
责任校对：宋延清
责任印制：沈　露

出版发行：清华大学出版社
　　　　　网　　址：http://www.tup.com.cn, http://www.wqbook.com
　　　　　地　　址：北京清华大学学研大厦A座　　　　　　　邮　　编：100084
　　　　　社 总 机：010-62770175　　　　　　　　　　　　　邮　　购：010-62786544
　　　　　投稿与读者服务：010-62776969, c-service@tup.tsinghua.edu.cn
　　　　　质量反馈：010-62772015, zhiliang@tup.tsinghua.edu.cn
印 装 者：北京亿浓世纪彩色印刷有限公司
经　　销：全国新华书店
开　　本：190mm×260mm　　　　　印　　张：31.75　　　　字　　数：770千字
　　　　　(附DVD 1张)
版　　次：2015年6月第1版　　　　　印　　次：2015年6月第1次印刷
印　　数：1～3000
定　　价：98.00元

产品编号：063326-01

前言

　　Adobe Flash Professional CC 是用于动画制作和多媒体创作以及交互式网站设计的顶级创作平台，内含强大的工具集，具有排版精确、版面保真的特点和丰富的动画编辑功能，能帮助使用者清晰地传达创作构思。本书通过 95 个案例向读者详细介绍 Adobe Flash Professional CC 强大的关键帧和元件等功能。本书注重理论与实践紧密结合，实用性和可操作性强，相对于同类 Flash 实例书籍，本书具有以下特色。

　　● 快速起步，全面掌握：本书从 Flash 的基本操作开始讲起，由浅入深，逐渐深入，全书结合 Flash CC 方方面面的功能进行演示，能够使读者全面掌握 Flash CC 动画制作的精髓。

　　● 信息量大：95 个实例为读者架起一座快速掌握 Flash CC 使用与操作技能的"桥梁"；95 个设计理念将令每一位从事动画制作的专业人士在工作中迸发灵感；95 种艺术效果和制作方法将使每一位初学者融会贯通，获得举一反三的设计能力。

　　● 实用性强：全部实例均经过精心设计、选择，不仅效果精美，而且非常实用。

　　● 注重方法的讲解与技巧的总结：本书特别注重对各实例制作方法的讲解与技巧总结，在介绍具体实例制作的详细操作步骤的同时，对于一些重要而常用的实例的制作方法和操作技巧做了较为精辟的总结。

　　● 操作步骤详细：本书中各实例的操作步骤介绍非常详细，即使是初级入门的读者，也只需按照书中介绍的步骤一步一步进行操作，就能做出相同的效果。

　　● 广泛适用：本书实用性和可操作性强，适合动画制作行业的从业人员和广大的动画制作爱好者阅读和参考，也可供各类电脑培训班作为教材使用。

　　本书主要由唐琳、李少勇编写。参与本书编写的还有刘蒙蒙、于海宝、任大为、高甲斌、刘鹏磊、张炜、王海峰、王玉、李娜、弭蓬、刘峥、白文才、陈月娟、陈月霞、刘希林、黄健、刘希望、黄永生、田冰、徐昊，以及北方电脑学校的温振宁、刘德生、宋明、刘景君老师，德州职业技术学院的张锋、相世强老师等。

　　由于作者水平有限，疏漏之处在所难免，恳请读者和专家指正。如果您对书中的某些技术问题持有不同的意见，欢迎与作者联系，E-mail：Tavili@tom.com。

作者

2015 年 5 月

目录
Contents

第1章 Flash 基础操作

第2章 卡通对象的绘制

第3章 逐帧动画的制作

目录
Contents

第 1 章
Flash 基础操作

本章重点

- ◆ 安装 Flash CC
- ◆ 卸载 Flash CC
- ◆ 启动 Flash CC
- ◆ 退出 Flash CC
- ◆ 设置文件属性
- ◆ 更改工作区
- ◆ 新建工作区
- ◆ 添加 / 删除辅助线

- ◆ 移动 / 对齐辅助线
- ◆ 锁定 / 解锁辅助线
- ◆ 显示 / 隐藏辅助线
- ◆ 设置辅助线参数
- ◆ 显示 / 隐藏网格
- ◆ 对齐网格
- ◆ 修改网格参数

Flash 是一款集动画创作和应用程序开发于一身的多媒体创作软件，本章介绍 Flash 的基础操作，包括启动 / 退出 Flash CC、更改工作区、添加 / 删除辅助线、对齐网格和修改网格参数等。

案例精讲 001　安装 Flash CC

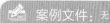 案例文件：无

视频文件：视频教学 | Cha01 | 安装 Flash CC.avi

制作概述

在学习 Flash CC 前，首先要安装 Flash CC 软件。下面介绍在 Windows 7 系统中如何安装 Flash CC 软件。

学习目标

■　学习 Flash CC 软件的安装过程。

■　掌握安装 Flash CC 软件的方法。

操作步骤

(1) 在相应的文件夹下双击 Set-up.exe 软件安装程序，即可弹出【Adobe 安装程序】对话框，如图 1-1 所示。

(2) 初始化完成后，即会出现 Flash CC 安装的欢迎界面，在该界面中选择【安装】选项，如图 1-2 所示。

图 1-1　初始化界面　　　　　　　　　　　　　图 1-2　欢迎界面

(3) 在出现的【Adobe 软件许可协议】界面中单击【接受】按钮，如图 1-3 所示。

(4) 出现【序列号】界面，在【序列号】下侧的文本框中输入正确的序列号，单击【下一步】按钮，如图 1-4 所示。

(5) 在出现的【选项】界面中单击【更改】按钮，为其更改一个正确的安装路径，设置完成后，单击【安装】按钮即可，如图 1-5 所示。

(6) 此时系统将会自动安装文件，其过程以进度条的形式显示出来，如图 1-6 所示。

(7) 稍等片刻，系统将会自动出现【安装完成】界面，此时，单击【关闭】按钮即可完成安装，如图 1-7 所示。

图 1-3 【Adobe 软件许可协议】界面

图 1-4 【序列号】界面

图 1-5 【选项】界面

图 1-6 显示安装进度

图 1-7 【安装完成】界面

案例精讲 002 卸载 Flash CC

 案例文件：无

 视频文件：视频教学 | Cha01 | 卸载 Flash CC.avi

制作概述

下面介绍在 Windows 7 系统中，如何通过控制面板卸载 Flash CC 软件。

学习目标

■ 学习卸载 Flash CC 软件的过程。

■ 掌握 Flash CC 软件的卸载方法。

操作步骤

(1) 从电脑桌面上单击【开始】 按钮，选择【控制面板】命令，如图 1-8 所示。

(2) 打开【控制面板】窗口后，在其双击【程序】选项，如图 1-9 所示。

图 1-8 选择【控制面板】命令

图 1-9 双击【程序】选项

(3) 在出现的界面中双击【程序和功能】选项，如图 1-10 所示。

(4) 在出现的界面中选择 Adobe Flash Professional CC 选项，右键单击，从弹出的快捷菜单中选择【卸载】命令，如图 1-11 所示。

图 1-10 双击【程序和功能】选项

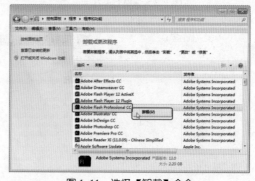

图 1-11 选择【卸载】命令

(5) 在弹出的对话框中单击【卸载】按钮即可开始卸载，如图 1-12 所示。

图 1-12 单击【卸载】按钮

(6) 至此，从【控制面板】中卸载 Flash CC 的操作已经以完成。

案例精讲 003　启动 Flash CC

 案例文件：无

 视频文件：视频教学 | Cha01 | 启动 Flash CC.avi

制作概述

本例将讲解如何通过开始菜单启动 Flash CC 软件。

学习目标

- 学习启动 Flash CC 软件的过程。
- 掌握 Flash CC 软件的启动方法。

操作步骤

(1) 选择【开始】|【所有程序】|【Adobe Flash Professional CC】命令，如图 1-13 所示。

(2) 选择命令后，即可显示程序的启动界面，如图 1-14 所示。

图 1-13　启动 Flash CC

图 1-14　Flash CC 的启动界面

(3) 程序加载完成后，即可进入程序的欢迎界面，如图 1-15 所示。

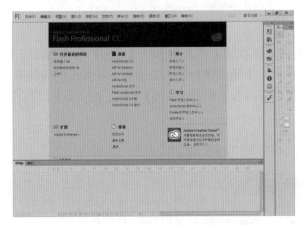

图 1-15　Flash CC 的欢迎界面

技巧　在 Adobe Professional Flash CC 命令上右击鼠标，从弹出的快捷菜单中选择【发送到】|【桌面快捷方式】命令，即可在桌面上创建 Flash CC 的快捷方式，以后用户启动 Flash CC 时，只需双击桌面上的快捷方式图标即可。

案例精讲 004　退出 Flash CC

案例文件：无

视频文件：视频教学 | Cha01 | 退出 Flash CC.avil

制作概述

本例将讲解如何使用【退出】命令退出 Flash CC 软件。

学习目标

- 学习退出 Flash CC 软件的操作过程。
- 掌握退出 Flash CC 软件的方法。

操作步骤

(1) 进入 Flash CC 软件欢迎界面后，从菜单栏中选择【文件】|【退出】命令，如图 1-16 所示。

图 1-16　关闭系统

(2) 如果界面上没有尚未保存的工作，则选择【退出】命令后即可退出软件。

用户还可以在程序窗口左上角的图标上右击鼠标，从弹出的快捷菜单中选择【关闭】命令，即可关闭软件。或单击程序窗口右上角的【关闭】按钮、按 Alt+F4 组合键、按 Ctrl+Q 组合键等，均可退出 Flash CC。

案例精讲 005　设置文件属性

案例文件：无

视频文件：视频教学 | Cha01 | 设置文件大小 .avi

制作概述

本例将讲解如何在【属性】面板中设置文件的大小。

学习目标

■ 学习设置文件属性的过程。

■ 掌握设置文件属性的方法。

操作步骤

(1) 启动软件并随意新建文件，在工具箱中单击【属性】按钮，打开【属性】面板，展开【属性】选项组，如图 1-17 所示。

(2) 在【大小】后面的数值处单击，即可激活文本框，如图 1-18 所示。

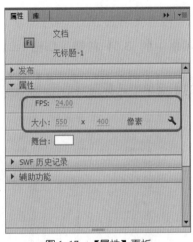

图 1-17　【属性】面板

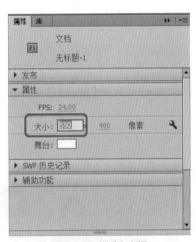

图 1-18　激活文本框

(3) 在文本框中输入新的数值，按 Enter 键即可确认操作，改变舞台的大小，如图 1-19 所示。

(4) 在【属性】选项组中，单击【舞台】右侧的色块，可以设置舞台的背景颜色，如图 1-20 所示。

图 1-19　改变了舞台大小

图 1-20　设置颜色

案例精讲 006　更改工作区

案例文件：无

视频文件：视频教学｜Cha01｜更改工作区.avi

制作概述

本例将讲解通过菜单栏切换工作区的方法。

学习目标

■　学习切换工作区的操作过程。

■　掌握切换工作区的方法。

操作步骤

(1) 启动软件后，在欢迎界面中，单击【新建】选项组中的·3.0】按钮，如图 1-21 所示，即可新建场景。

(2) 在菜单栏中选择【窗口】|【工作区】命令，从弹出的子菜单中选择需要的工作区，如图 1-22 所示。

图 1-21　选择新建类型

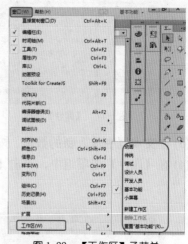

图 1-22　【工作区】子菜单

另外，在菜单栏中单击右上角的【工作区切换】按钮 基本功能 ▼ ，从弹出的下拉列表中选择需要的工作区，也可切换工作区。

案例精讲 007　新建工作区

案例文件：无

视频文件：视频教学｜Cha01｜新建工作区.avi

制作概述

本例将讲解如何使用【新建工作区】命令新建工作区。

学习目标

■ 学习新建工作区的操作过程。

■ 掌握新建工作区的方法。

操作步骤

(1) 启动软件并随意新建文件后，当对任意工作区有所更改，并想对其进行保存时，可以在上一节更改工作区的界面中，选择【新建工作区】命令，如图 1-23 所示。

(2) 在弹出的【新建工作区】对话框中，设置新建工作区的名称，然后单击【确定】按钮，即可新建工作区，如图 1-24 所示。

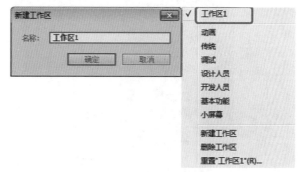

图 1-23　选择【新建工作区】命令　　　　　图 1-24　设置工作区名称

案例精讲 008　添加 / 删除辅助线

案例文件：无

视频文件：视频教学 | Cha01 | 添加 / 删除辅助线 .avi

制作概述

本例将讲解通过在标尺中拖出辅助线以显示辅助线，通过【清除辅助线】命令删除辅助线的方法。

学习目标

■ 学习添加和删除辅助线的操作过程。

■ 掌握添加和删除辅助线的方法。

操作步骤

(1) 进入软件的工作界面后，从菜单栏中选择【视图】|【标尺】命令，打开标尺后，将鼠标指针放在文档左侧的纵向标尺上，按住鼠标左键，这时光标变为如图 1-25 所示的状态。

(2) 这时拖动鼠标到舞台后松开，将在舞台上出现一条纵向的辅助线，如图 1-26 所示。

(3) 按照这种方法，可以在顶部的标尺上拖拽出横向的辅助线，如图 1-27 所示。

图 1-25　光标状态

图 1-26　拖拽出纵向的辅助线

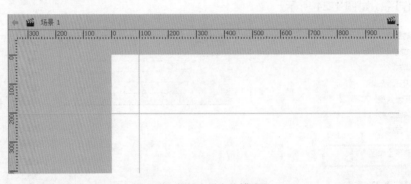

图 1-27　拖拽出横向的辅助线

(4) 如果要删除辅助线，从菜单栏中选择【视图】|【辅助线】|【清除辅助线】命令，即可将辅助线删除。

案例精讲 009　移动 / 对齐辅助线

✏️　案例文件：无

💿　视频文件：视频教学 | Cha01 | 移动 / 对齐辅助线 avi

制作概述

本例将讲解如何通过【选择工具】对创建的辅助线进行移动，使用【贴紧至辅助线】命令后可以使绘制的图形或移动中的图形对齐辅助线。

学习目标

- 学习移动、对齐辅助线的操作过程。
- 掌握移动、对齐辅助线的方法。

操作步骤

(1) 启动软件后随意创建一个文件，并通过在标尺中拖出辅助线，使用【选择工具】▶，将鼠标指针移到辅助线上，按住鼠标左键拖动辅助线到合适的位置即可，从图 1-28 中可见，在移动辅助线时辅助线会变为黑色的线。

(2) 将辅助线调整完成后，从菜单栏中选择【视图】|【贴紧】|【贴紧至辅助线】命令，如图 1-29 所示。

(3) 完成以上操作后，当使用任何工具绘制或移动图形时，将贴紧至靠近的辅助线。

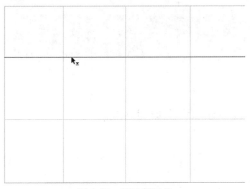

图 1-28　移动辅助线

图 1-29　选择【贴紧至辅助线】命令

案例精讲 010　锁定 / 解锁辅助线

案例文件：无

视频文件：视频教学 | Cha01 | 锁定 / 解锁辅助线 .avi

制作概述

本例将讲解如何通过【锁定辅助线】命令将创建的辅助线锁定或解锁。

学习目标

■　学习锁定或解锁辅助线的操作过程。

■　掌握锁定或解锁辅助线的方法。

操作步骤

(1) 首先随意创建一个文件，并创建出辅助线，然后从菜单栏中选择【视图】|【辅助线】|【锁定辅助线】命令，这样辅助线就不能被移动了，如图 1-30 所示。

(2) 再次通过从菜单栏中选择【视图】|【辅助线】|【锁定辅助线】命令，这样辅助线就被解锁，即可对其进行移动了，如图 1-31 所示。

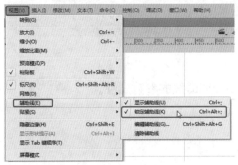

图 1-30　选择【锁定辅助线】命令

图 1-31　再次使用【锁定辅助线】命令来解锁

案例精讲 011　显示／隐藏辅助线

✎ 案例文件：无

💿 视频文件：视频教学 | Cha01 | 显示／隐藏辅助线 .avi

制作概述

本例将讲解如何使用【显示辅助线】命令在舞台中显示和隐藏辅助线。

学习目标

- 学习显示和隐藏辅助线的操作过程。
- 掌握如何显示和隐藏辅助线。

操作步骤

(1) 启动软件后随意新建文件，并创建辅助线，然后从菜单栏中选择【视图】|【辅助线】|【显示辅助线】命令，即可将辅助线隐藏，如图 1-32 所示。

(2) 再次选择该命令就可重新显示辅助线，如图 1-33 所示。

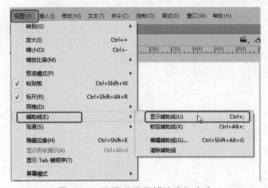

图 1-32　选择【显示辅助线】命令

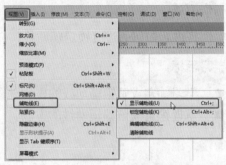

图 1-33　再次选择【显示辅助线】命令

案例精讲 012　设置辅助线参数

✎ 案例文件：无

💿 视频文件：视频教学 | Cha01 | 设置辅助线参数 .avi

制作概述

本例将讲解如何通过【编辑辅助线】对话框来设置辅助线的参数属性。

学习目标

- 学习设置辅助线的参数属性的操作过程。
- 掌握辅助线参数属性的设置方法。

操作步骤

(1) 创建文件并创建辅助线后，从菜单栏中选择【视图】|【辅助线】|【编辑辅助线】命令，如图 1-34 所示。其中各项说明如下。

(2) 在弹出的【辅助线】对话框中，单击【颜色】右侧的色块，可以在打开的拾色器中选择蓝色作为辅助线的颜色，设置完成后单击【确定】按钮，即可更改辅助线的颜色，如图 1-35 所示。在【辅助线】对话框中也可以设置贴紧辅助线和锁定辅助线。

图 1-34 选择【编辑辅助线】命令

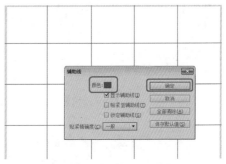

图 1-35 设置辅助线的颜色

知识链接

【颜色】：单击色块，可以在打开的拾色器中选择一种颜色，作为辅助线的颜色。

【显示辅助线】：选择该项，则显示辅助线。

【贴紧至辅助线】：选择该项，则图形吸附到辅助线。

【锁定辅助线】：选择该项，则将辅助线锁定。

【贴紧精确度】：用于设置图形贴紧辅助线时的精确度，有【必须接近】、【一般】和【可以远离】三个选项。

案例精讲 013　显示／隐藏网格

 案例文件：无

 视频文件：视频教学 | Cha01 | 显示／隐藏网格 .avi

制作概述

本例将讲解如何通过【显示网格】命令，在文件中显示和隐藏网格。

学习目标

■　学习显示或隐藏网格的操作过程。

■　掌握显示或隐藏网格的方法。

操作步骤

(1) 随意创建一个文件，从菜单栏中选择【视图】|【网格】|【显示网格】命令，如图 1-36

所示，则舞台上将出现灰色的小方格，默认大小为 10×10 像素。

(2) 再次选择【显示网格】命令，即可将网格隐藏，如图 1-37 所示。

 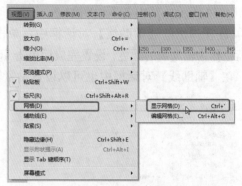

图 1-36 选择【显示网格】命令　　　　　　图 1-37 再次选择【显示网格】命令来隐藏

案例精讲 014　对齐网格

案例文件：无

视频文件：视频教学 | Cha01 | 对齐网格 .avi

制作概述

本例将讲解如何通过【贴紧至网格】命令使用户在绘制图形或移动图形时贴紧网格。

学习目标

- 学习贴紧至网格的操作过程。
- 掌握贴紧至网格的方法。

操作步骤

(1) 随意创建文件，并显示网格，然后从菜单栏中选择【视图】|【贴紧】|【贴紧至网格】命令，如图 1-38 所示。

(2) 当用户使用任何工具进行拖动或绘制时，光标将贴近网格。

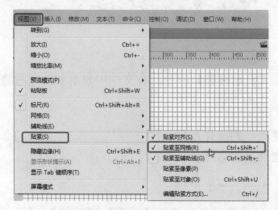

图 1-38 选择【贴紧至网格】命令

也可以使用快捷键 Ctrl+Shift+' 来执行【贴紧至网格】命令。

案例精讲 015　修改网格参数

案例文件：无

视频文件：视频教学 | Cha01 | 修改网格参数 .avi

制作概述

本例将讲解如何通过【编辑网格】对话框对网格的参数进行编辑。

学习目标

■　学习编辑网格参数的操作过程。

■　掌握编辑网格的方法。

操作步骤

(1) 首先随意新建文件，显示网格，并使用【多角星型工具】，在舞台中绘制任意图形，如图 1-39 所示。

(2) 从菜单栏中选择【视图】|【网格】|【编辑网格】命令，弹出【网格】对话框，勾选【在对象上方显示】选项，如图 1-40 所示，然后单击【确定】按钮。

(3) 设置完成后，即可使网格在任意对象上方显示，如图 1-41 所示。

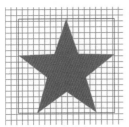
图 1-39　绘制图形

图 1-40　勾选【在对象上方显示】复选框

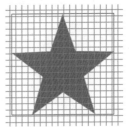
图 1-41　使网格在任意对象上方显示

知识链接

【颜色】：单击色块可以打开拾色器，在其中可以选择一种颜色作为网格线的颜色。

【显示网格】：选中该复选框，在文档中显示网格。

【在对象上方显示】：选中该复选框，网格将显示在文档中的对象上方。

【贴紧至网格】：选中该复选框，在移动对象时，对象的中心或某条边会贴紧至附近的网格。

【↔（宽度）、↕（高度）】：这两个参数分别用于设置网格的宽度和高度。

【贴紧精确度】：用于设置对齐精确度，有【必须接近】、【一般】、【可以远离】和【总是贴紧】四个选项。

【保存默认值】：单击该按钮，则可以将当前的设置保存为默认设置。

第2章
卡通对象的绘制

本章重点

- ◆ 绘制卡通长颈鹿
- ◆ 绘制海滩风景
- ◆ 绘制卡通螃蟹
- ◆ 绘制卡通汽车
- ◆ 绘制卡通木板
- ◆ 绘制柠檬
- ◆ 绘制可爱蘑菇

- ◆ 绘制卡通小屋
- ◆ 绘制郊外风景
- ◆ 绘制卡通奶牛
- ◆ 绘制卡通星空
- ◆ 绘制卡通仙人球
- ◆ 绘制红苹果
- ◆ 绘制彩虹

在制作 Flash 动画之前，首先需要对动画中的角色、场景等进行绘制。通过本章的学习，可以使读者了解软件中工具的使用和设置，并掌握绘图的方法。

案例精讲 016　绘制卡通长颈鹿

案例文件：CDROM | 场景 | Cha02 | 绘制卡通长颈鹿 .fla

视频文件：视频教学 | Cha02 | 绘制卡通长颈鹿 .avi

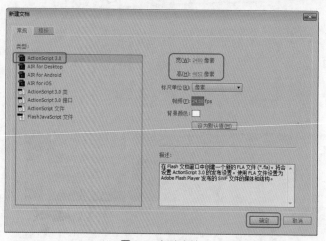

制作概述

本例将介绍如何制作卡通长颈鹿，其中主要应用了钢笔工具和刷子工具，完成后的效果如图 2-1 所示。

学习目标

- 学习如何绘制卡通长颈鹿。
- 掌握卡通长颈鹿的制作流程及钢笔工具的使用。

操作步骤

图 2-1　卡通长颈鹿

(1) 启动软件后，按 Ctrl+N 组合键，弹出【新建文档】对话框，将【类型】设为 ActionScript 3.01，将【宽】设为 2480 像素，将【高】设为 4852 像素，单击【确定】按钮，如图 2-2 所示。

(2) 按 Ctrl+R 组合键，弹出【导入】对话框，选择随书附带光盘中的 CDROM | 素材 | Cha02 | 长颈鹿背景 .jpg 文件，利用【任意变形工具】调整大小，使其与舞台对齐，如图 2-3 所示。

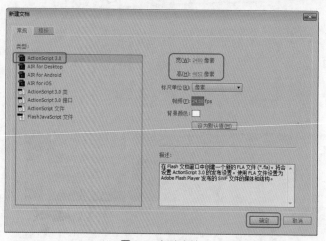

图 2-2　新建文档　　　　　　　　　　　　　　　图 2-3　调整贴图大小

知识链接

　　ActionScript 3.0 是一种强大的面向对象编程语言，它标志着 Flash Player Runtime 演化过程中的一个重要阶段。设计 ActionScript 3.0 的意图是创建一种适合快速地构建效果丰富的互联网应用程序的语言，这种应用程序已经成为 Web 体验的重要部分。

（3）将【图层 1】锁定，创建【身体】图层，利用钢笔工具绘制轮廓，如图 2-4 所示。

（4）打开【属性】面板，将【笔触颜色】设为黑色，将【笔触】设为 15，利用【颜料桶工具】，将【填充颜色】设为 #FFCC00，对其填充，如图 2-5 所示。

（5）在【时间轴】面板中新建【头部】图层，利用【钢笔】工具绘制头部轮廓，如图 2-6 所示。

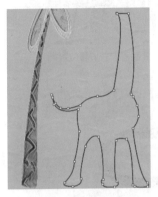 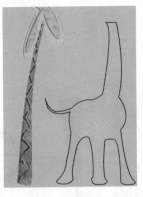 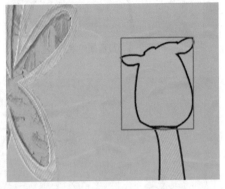

图 2-4　绘制路径　　　　　图 2-5　填充颜色　　　　　图 2-6　绘制头部轮廓

（6）选择绘制的头部轮廓，打开【属性】面板，将【笔触颜色】设为黑色，将【笔触】设为 15，利用【颜料桶工具】对其填充 #FFCC00 颜色，如图 2-7 所示。

（7）新建【犄角】图层，使用【钢笔工具】绘制犄角路径，如图 2-8 所示。

 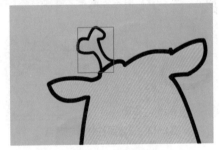

图 2-7　修改轮廓属性并填充颜色　　　　　图 2-8　绘制轮廓

（8）选择上一步绘制的图形，打开【属性】面板，将【笔触颜色】设为黑色，将【笔触】设为 10，利用【颜料桶工具】对其填充 #785503 颜色，如图 2-9 所示。

（9）选择上一步创建的犄角对象，对其进行复制，利用【任意变形工具】调整角度和位置，如图 2-10 所示。

（10）在【时间轴】面板中，新建【眼睛】图层，利用【椭圆工具】绘制椭圆，打开【属性】面板，将椭圆的【宽】和【高】分别设为 114.5、65.5，将【笔触颜色】设为黑色，将【填充颜色】设为白色，将【笔触】设为 14，如图 2-11 所示。

（11）新建【眼睛 1】图层，利用【钢笔工具】绘制形状，如图 2-12 所示。

（12）选择上一步绘制的形状，打开【属性】面板，将【笔触颜色】设为黑色，将【笔触大小】设为 1，利用【颜料桶工具】对其填充 #C58E04 颜色，如图 2-13 所示。

（13）新建【眼睛 2】图层，选择【钢笔工具】，绘制路径，并在【属性】面板中将【笔触颜色】设为黑色，将【笔触】设为 4，如图 2-14 所示。

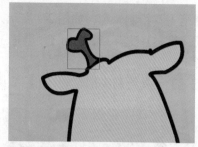

图 2-9 设置属性和填充

图 2-10 复制对象并调整位置

图 2-11 绘制椭圆

图 2-12 绘制轮廓

图 2-13 设置属性并填充颜色

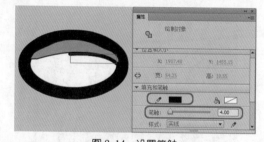

图 2-14 设置笔触

(14) 新建【眼睛3】图层，在工具箱中选择【椭圆工具】，绘制椭圆，在【属性】面板中将【宽】和【高】分别设为 16.6、23.35，将【笔触颜色】设为黑色，将【填充颜色】设为白色，将【笔触】设为 9.2，调整位置，如图 2-15 所示。

(15) 在【时间轴】面板中单击【新建文件夹】按钮，新建【眼睛】文件夹，将所有的眼睛图层拖到【眼睛】文件夹中，如图 2-16 所示。

图 2-15 绘制椭圆

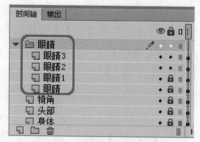

图 2-16 新建【眼睛】文件夹

(16) 选择【眼睛】文件夹，将其拖到【新建图层】按钮上，对其进行复制，然后调整其位置，如图 2-17 所示。

(17) 新建【脸】图层，在工具箱中选择【椭圆工具】绘制椭圆，在【属性】面板中将【宽】和【高】设为 434、267.05，将【笔触颜色】设为黑色，将【填充颜色】设为白色，将【笔触】设为 5，调整位置，如图 2-18 所示。

图 2-17　复制图层并调整位置

图 2-18　绘制椭圆

(18) 在工具箱中选择【选择工具】，对脸部进行调整，如图 2-19 所示。

(19) 新建【嘴】图层，利用【钢笔工具】绘制轮廓，如图 2-20 所示。

图 2-19　调整形状

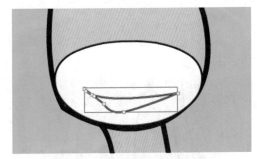

图 2-20　绘制嘴巴轮廓

(20) 选择上一步绘制的对象，打开【属性】面板，将【笔触颜色】设为黑色，将【笔触】设为 5，使用【颜料桶工具】对其填充 #CC6666 颜色，如图 2-21 所示。

(21) 新建【嘴 1】图层，使用【钢笔工具】绘制路径，使用【颜料桶工具】对其填充 #990000 颜色，在【属性】面板中将【笔触颜色】设为无，如图 2-22 所示。

图 2-21　填充颜色

图 2-22　完成后的效果

(22) 新建【嘴2】图层，在工具箱中选择【钢笔工具】，绘制形状路径，在【属性】面板中将【笔触颜色】设为黑色，将【笔触】设为5，如图2-23所示。

(23) 新建【嘴】文件夹，将所有的嘴图层拖到该文件夹中，如图2-24所示。

图 2-23　绘制路径

图 2-24　新建【嘴】文件夹

(24) 新建【腿】图层，利用【钢笔工具】对腿进行完善，并在【属性】面板中将【笔触颜色】设为黑色，将【笔触】设为8，如图2-25所示。

(25) 新建【花纹】图层，在工具箱中选择【刷子工具】，将【填充颜色】设为#AB5903，设置合适的刷子大小和刷子形状，在长颈鹿身体部位绘制斑点，如图2-26所示。

(26) 新建【脚】图层，利用【刷子工具】，将填充颜色设为#402102，对长颈鹿的脚进行涂抹，完成后的效果如图2-27所示。

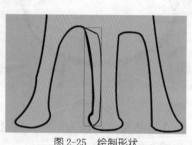

图 2-25　绘制形状

图 2-26　绘制斑点

图 2-27　完成后的效果

案例精讲 017　绘制海滩风景

📝　案例文件：CDROM | 场景 | Cha02 | 绘制海滩风景 .fla

🎬　视频文件：视频教学 | Cha02 | 绘制海滩风景 .avi

制作概述

本例将介绍如何绘制海滩风景，其中主要利用了【钢笔工具】，并配合【渐变变形工具】，完成后的效果如图2-28所示。

图 2-28　绘制海滩风景

学习目标

■ 学习如何绘制海滩风景。

■ 掌握绘制海滩风景的操作步骤，掌握钢笔工具的使用。

操作步骤

(1) 启动软件后，按Ctrl+N组合键，在弹出的对话框中将【类型】设为ActionScript 3.0，将【宽】和【高】分别设为623、438像素，单击【确定】按钮，如图2-29所示。

(2) 选择工具箱中的【矩形工具】，将【笔触颜色】设置为无，将【填充颜色】设置为渐变色，打开【颜色】面板，将颜色类型设为【线性渐变】，将【流】设为【扩展颜色】，将渐变颜色设置为从 #D7E4F5 到 #198EFF，在场景中绘制矩形，如图2-30所示。

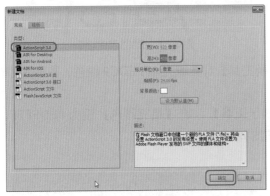

图 2-29　新建文档

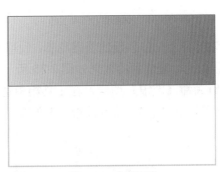

图 2-30　绘制矩形

(3) 选择上一步创建的矩形，打开【属性】面板，将【宽】设为623，将【高】设为215.25，调整矩形位置，如图2-31所示。

(4) 选择工具箱中的【渐变变形工具】，选择舞台上的矩形，出现渐变变形控制框，将鼠标移到旋转标记 ᓚ 处，出现旋转箭头时，按住左键对渐变颜色进行旋转，如图2-32所示。

图 2-31　设置大小

图 2-32　调整渐变色

　　　　　用户可以通过使用所提供的【渐变变形工具】，对填充的渐变色的角度进行调整，达到想要的效果。

(5) 继续使用工具箱中的【矩形工具】，在舞台中绘制渐变矩形，并使用【渐变变形工具】对其进行调整，如图 2-33 所示。

(6) 在【图层】面板中将【图层 1】锁定，然后新建【沙滩】图层，利用【钢笔工具】绘制沙滩的轮廓，如图 2-34 所示。

图 2-33　调整舞台的渐变色

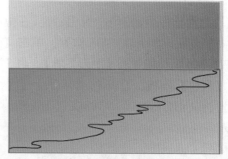

图 2-34　绘制沙滩的轮廓

(7) 选择上一步创建的沙滩轮廓，利用【颜料桶工具】对其填充 #FFEDC9 颜色，并将其【笔触】设为无，完成后的效果如图 2-35 所示。

(8) 新建【波浪】图层，在工具箱中选择【刷子工具】，将【填充颜色】设为 #EDFFFF，将刷子形状设为　，绘制波浪，并调整位置，如图 2-36 所示。

图 2-35　填充颜色

图 2-36　绘制波浪

知识链接

　　【刷子工具】能绘制出刷子般的笔触，就像您在涂色一样。它可以创建特殊效果，包括书法效果。使用刷子工具功能键可以选择刷子的大小和形状。对于新笔触来说，刷子大小甚至在您更改舞台的缩放比率级别时也保持不变，所以当舞台缩放比率降低时，同一个刷子大小就会显得太大。例如，假设您将舞台缩放比率设置为 100% 并使用刷子工具以最小的刷子大小涂色，然后，将缩放比率更改为 50% 并用最小的刷子大小再画一次。绘制的新笔触就比以前的笔触显得粗 50%(更改舞台的缩放比率并不更改现有刷子笔触的大小)。

(9) 新建【波浪 1】图层，选择【刷子工具】，将【填充颜色】设为 #EDFFFF，选择刷子形状为　，设置合适的大小，围绕沙滩绘制波浪，如图 2-37 所示。

(10) 新建【绿地】图层，使用钢笔工具绘制轮廓，如图 2-38 所示。

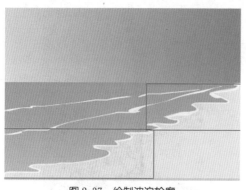

图 2-37　绘制波浪轮廓

图 2-38　绘制绿地轮廓

(11) 选择【颜料桶工具】，打开【颜色】面板将颜色类型设为【线性渐变】，将颜色设为 #00430E 到 #5BA604 的渐变，对其进行填充，将【笔触颜色】设为无，如图 2-39 所示。

(12) 新建【绿地 1】图层，选择【刷子工具】，将【填充颜色】设为 #55951D，围绕绿地边缘进行绘制，如图 2-40 所示。

图 2-39　填充颜色

图 2-40　绘制形状

(13) 新建【石头】图层，利用【钢笔工具】绘制轮廓，在【属性】面板中将笔触设为无，并对其填充 #76542F 颜色，如图 2-41 所示。

(14) 选择上一步创建的图形，对其进行复制，调整位置，如图 2-42 所示。

图 2-41　绘制石头

图 2-42　复制并调整位置

(15) 新建【树】图层，利用【钢笔工具】绘制轮廓，如图 2-43 所示。

(16) 使用【颜料桶工具】，填充 #385724 颜色，并将其【笔触】设为无，如图 2-44 所示。

图 2-43　绘制树的轮廓

图 2-44　设置属性并填充颜色

(17) 按 Ctrl+R 组合键，弹出【导入】对话框，选择随书附带光盘中的 CDROM| 素材 |Cha02|G 树叶 .png 文件，使用【任意变形工具】调整树叶的大小和位置，如图 2-45 所示。

(18) 选择【树】图层，对其进行复制，并使用【任意变形工具】调整大小和位置，如图 2-46 所示。

图 2-45　导入素材文件

图 2-46　复制并调整位置

(19) 新建【太阳】图层，选择【椭圆工具】在场景中绘制椭圆，打开【属性】面板，将【宽】和【高】都设为 60，将【填充颜色】设为 #FFFF99，并调整位置，如图 2-47 所示。.

(20) 新建【树阴影】图层，利用【钢笔工具】绘制出树的阴影部分，对其填充 #000000 颜色，并将其 Alpha 值设为 30，如图 2-48 所示。

图 2-47　绘制椭圆

图 2-48　绘制树的阴影

(21) 新建【海鸥】图层，利用【钢笔工具】绘制轮廓，如图 2-49 所示。

(22) 对上一步绘制的轮廓填充白色，并将其【笔触】设为无，完成后的效果如图 2-50 所示。

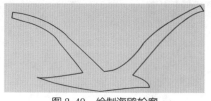

图 2-49 绘制海鸥轮廓

图 2-50 填充颜色

(23) 继续使用【钢笔工具】绘制轮廓，并对其填充黑色，调整位置，如图 2-51 所示。

(24) 对上一步绘制的翅膀进行复制，使用【任意变形工具】调整位置，并利用【椭圆工具】绘制海鸥的眼睛，如图 2-52 所示。

图 2-51 绘制翅膀

图 2-52 完成后的效果

(25) 对创建的海鸥，复制出三个海鸥，并调整位置，如图 2-53 所示。

(26) 新建【船】图层，按 Ctrl+R 组合键，弹出【导入】对话框，选择随书附带光盘中的 CDROM| 素材 |Cha02|G 帆船 .png 文件，使用【任意变形工具】调整帆船的大小和位置，如图 2-54 所示。

图 2-53 复制并调整位置

图 2-54 完成后的效果

案例精讲 018 绘制卡通螃蟹

案例文件：CDROM | 场景 |Cha02| 绘制卡通螃蟹 .max

视频文件：视频教学 |Cha02| 绘制卡通螃蟹 .avi

制作概述

本例将介绍如何绘制卡通螃蟹，该案例主要通过【钢笔工具】和【椭圆工具】绘制螃蟹的外形，最后对其进行颜色填充。完成后的效果如图 2-55 所示。

图 2-55　卡通螃蟹

学习目标

■　熟练掌握【钢笔工具】的使用。

■　熟练掌握【椭圆工具】的使用。

操作步骤

(1) 新建一个宽为 550 像素，高为 400 像素，舞台背景为白色的文件。在工具箱中选取【椭圆工具】 ◙并单击【对象绘制】按钮 ◙，在【属性】面板中，将【笔触颜色】设置为黑色，【填充颜色】设置为无色，【笔触】设置为2，如图 2-56 所示。

(2) 在【时间轴】面板中，将【图层 1】重命名为"背景"，然后单击【新建图层】按钮 ⬜，新建【图层 2】，如图 2-57 所示。

图 2-56　设置【椭圆工具】的属性

图 2-57　新建图层

(3) 在舞台中绘制一个椭圆，然后使用【任意变形工具】 ▦，对椭圆进行旋转并调整其大小，如图 2-58 所示。

　　提示　　绘制的轮廓为封闭轮廓，否则在后期无法进行颜色填充。

(4) 将【图层 2】锁定，新建【图层 3】。使用【钢笔工具】 ✒绘制螃蟹的左蟹钳轮廓，如图 2-59 所示。

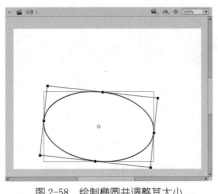

图 2-58 绘制椭圆并调整其大小

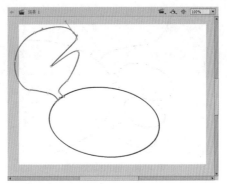

图 2-59 绘制左蟹钳

(5) 使用【选择工具】，对绘制的左蟹钳轮廓进行调整，效果如图 2-60 所示。

(6) 使用相同的方法绘制螃蟹的右蟹钳轮廓，并调整其形状，完成后的效果如图 2-61 所示。

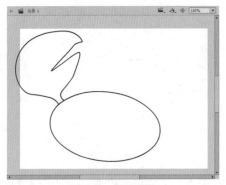

图 2-60 调整轮廓

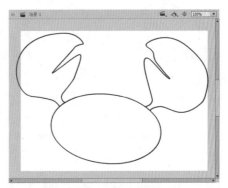

图 2-61 绘制右蟹钳

(7) 将【图层 2】解除锁定，在【图层 2】中，使用【椭圆工具】和【任意变形工具】，绘制螃蟹的脚，效果如图 2-62 所示。

(8) 将【图层 2】锁定，选中【图层 3】。使用【钢笔工具】绘制螃蟹的腿部轮廓，如图 2-63 所示。

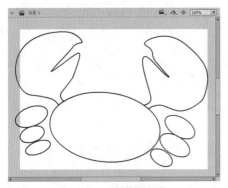

图 2-62 绘制螃蟹的脚

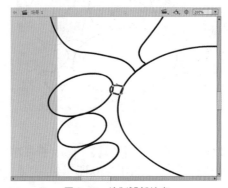

图 2-63 绘制腿部轮廓

(9) 使用【选择工具】，对绘制的腿部轮廓进行调整，如图 2-64 所示。

(10) 使用相同的方法绘制其他腿部轮廓，如图 2-65 所示。

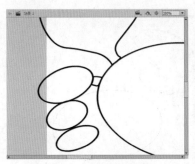

图 2-64　调整腿部轮廓

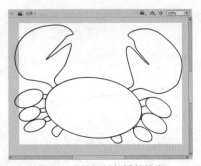

图 2-65　绘制其他腿部轮廓

(11) 使用【椭圆工具】 和【任意变形工具】 ，绘制螃蟹的眼部轮廓，如图 2-66 所示。

(12) 对螃蟹的眼部轮廓进行复制并调整其位置，如图 2-67 所示。

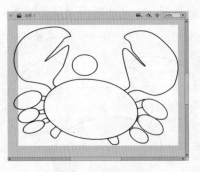

图 2-66　绘制眼部轮廓

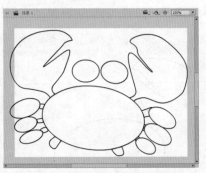

图 2-67　复制眼部轮廓并调整位置

(13) 使用【椭圆工具】 ，将【填充颜色】设置为黑色，绘制螃蟹的眼睛，如图 2-68 所示。

(14) 使用【钢笔工具】 ，绘制螃蟹的其他部位，然后使用【选择工具】 对绘制的螃蟹进行调整，效果如图 2-69 所示。

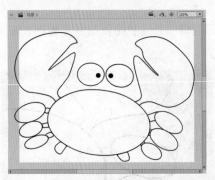

图 2-68　绘制螃蟹的眼睛

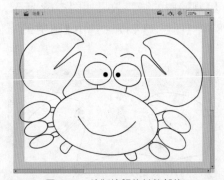

图 2-69　绘制螃蟹的其他部位

(15) 使用【颜料桶工具】 ，将【填充颜色】设置为 #FFCD67，将【图层 2】解除锁定，对图像进行填充，如图 2-70 所示。

(16) 打开【颜色】面板，将【颜色类型】设置为线性渐变，将第一个颜色色块设置为 #FFFFFF，第二个颜色色块设置为 #FFCC66，如图 2-71 所示。

图 2-70　填充颜色

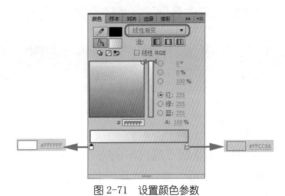

图 2-71　设置颜色参数

(17) 使用【颜料桶工具】，对左侧的脚进行填充，如图 2-72 所示。

(18) 打开【颜色】面板，将颜色色块的位置对调，然后使用【颜料桶工具】，对右侧的脚进行填充，如图 2-73 所示。

图 2-72　填充线性渐变颜色

图 2-73　填充右侧的脚

(19) 选中【背景】图层，从菜单栏中选择【文件】|【导入】|【导入到舞台】命令，选择随书附带光盘中的 CDROM| 素材 |Cha02| 海边背景 01.jpg 文件，将背景图片导入到舞台中，然后在【对齐】面板中设置【分布】和【匹配大小】，如图 2-74 所示。

(20) 将【背景】图层锁定，然后选择绘制的卡通螃蟹，将其适当缩放并调整其位置，完成后的效果如图 2-75 所示。最后对场景文件进行保存。

图 2-74　导入背景图片

图 2-75　完成后的效果

案例精讲 019　绘制卡通汽车

✎ 案例文件：CDROM | 场景 |Cha02| 绘制卡通汽车 .max

🎬 视频文件：视频教学 | Cha02| 绘制卡通汽车 .avi

制作概述

本例介绍绘制卡通汽车的方法。本例主要使用【钢笔工具】绘制汽车的外形，最后对其进行颜色填充。完成后的效果如图 2-76 所示。

学习目标

■　掌握【钢笔工具】的使用。

■　掌握【颜色桶工具】的使用。

操作步骤

(1) 新建一个宽为 550 像素，高为 400 像素，舞台背景为白色的文件。在【时间轴】面板中，将【图层 1】重命名为"背景"，然后单击【新建图层】按钮⬜，新建【图层 2】。

(2) 在工具箱中选取【钢笔工具】 🖊️并单击【对象绘制】按钮 ⬜，在【属性】面板中，将【笔触颜色】设置为黑色，将【填充颜色】设置为无色，将【笔触】设置为 2，如图 2-77 所示。

(3) 在【图层 2】中绘制汽车的轮廓，如图 2-78 所示。

图 2-76　卡通汽车

图 2-77　设置【钢笔工具】

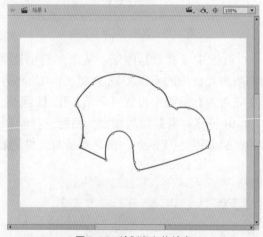

图 2-78　绘制汽车的轮廓

(4) 使用【选择工具】 🔧，对绘制的轮廓进行调整，如图 2-79 所示。

(5) 将【图层 2】锁定，然后新建【图层 3】，使用【钢笔工具】 🖊️绘制汽车的其他轮廓，并使用【选择工具】 🔧，对绘制的轮廓进行调整，效果如图 2-80 所示。

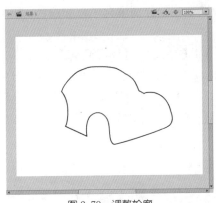

图 2-79　调整轮廓

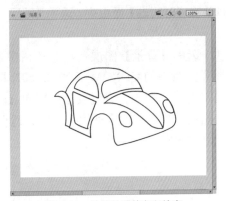

图 2-80　绘制并调整汽车轮廓

(6) 将【图层 3】锁定，然后新建【图层 4】，使用【钢笔工具】绘制汽车轮胎的轮廓，并使用【选择工具】，对绘制的轮廓进行调整，效果如图 2-81 所示。

(7) 使用【颜料桶工具】，将【填充颜色】设置为 #0066FE，在【时间轴】面板中，选中【图层 2】并将【图层 2】解除锁定，对图像进行填充，如图 2-82 所示。

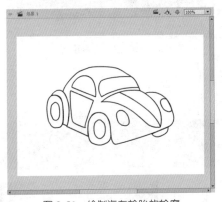

图 2-81　绘制汽车轮胎的轮廓

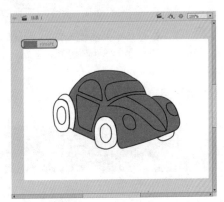

图 2-82　填充颜色

(8) 将【填充颜色】设置为 #3366FF，在【时间轴】面板中，将【图层 2】锁定，然后选中【图层 3】并将【图层 3】解除锁定，对图像进行填充，如图 2-83 所示。

(9) 将【填充颜色】设置为 #D0F8FF，对图像中的车灯和玻璃进行填充，如图 2-84 所示。

图 2-83　填充颜色

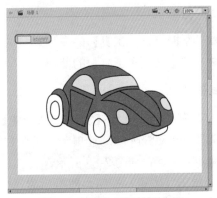

图 2-84　填充车灯和玻璃的颜色

(10) 在【时间轴】面板中，选中【图层 4】，然后为汽车轮胎分别填充黑色和白色，如图 2-85 所示。

(11) 选中【背景】图层，从菜单栏中选择【文件】|【导入】|【导入到舞台】命令，选择随书附带光盘中的 CDROM| 素材 |Cha02| 马路背景 01.jpg 文件，将背景图片导入到舞台中，然后在【对齐】面板中，设置【分布】和【匹配大小】。将【背景】图层锁定并解除其他图层的锁定，然后选择绘制的卡通汽车，将其适当缩放并调整其位置，完成后的效果如图 2-86 所示。最后对场景文件进行保存。

图 2-85　填充汽车轮胎颜色

图 2-86　完成后的效果

案例精讲 020　绘制卡通木板

✎　案例文件：CDROM | 场景 | Cha02 | 绘制卡通木板 .fla

🎬　视频文件：视频教学 | Cha02 | 绘制卡通木板 .avi

制作概述

本例将介绍如何绘制卡通木板，该案例主要是通过使用【钢笔工具】和【刷子工具】等进行绘制并设置的。完成后的效果如图 2-87 所示。

学习目标

■　掌握【钢笔工具】的使用。

■　掌握【刷子工具】的使用。

图 2-87　绘制卡通木板

操作步骤

(1) 从菜单栏中选择【文件】|【新建】命令，弹出【新建文档】对话框，在【类型】列表框中选择 ActionScript 3.0 选项，然后在右侧的设置区域中将【宽】设置为 666 像素，将【高】设置为 444 像素，如图 2-88 所示。

(2) 单击【确定】按钮，即可新建一个文档，按 Ctrl+R 组合键，弹出【导入】对话框，在该对话框中选择"海滩 .jpg"素材文件，如图 2-89 所示。

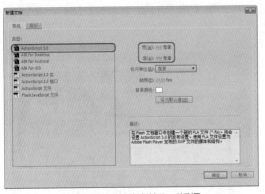

图 2-88　【新建文档】对话框

图 2-89　选择素材文件

(3) 单击【打开】按钮，即可将选择的素材文件导入到舞台中，如图 2-90 所示。

(4) 在【时间轴】面板中单击【新建图层】按钮，新建【图层 2】，在工具箱中单击【钢笔工具】，在舞台中绘制如图 2-91 所示的图形。

图 2-90　添加素材文件

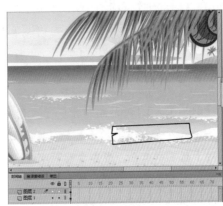

图 2-91　绘制图形

(5) 选中绘制的图形，在【属性】面板中将【笔触颜色】设置为 #6E2A1B，将【填充颜色】设置为 #ECD184，将【笔触】设置为 2，如图 2-92 所示。

(6) 使用【钢笔工具】在舞台中绘制一个图形，并调整其位置，效果如图 2-93 所示。

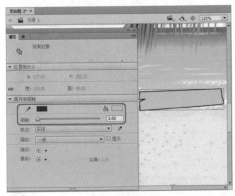

图 2-92　设置图形属性

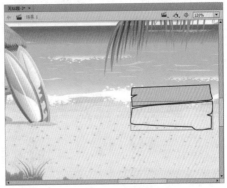

图 2-93　绘制图形

(7) 选中绘制的图形，在【属性】面板中将【填充颜色】设置为 #ECD184，如图 2-94 所示。

(8) 使用【钢笔工具】在舞台中绘制一个图形，将其填充颜色设置为 #ECD184 ，并调整其位置，效果如图 2-95 所示。

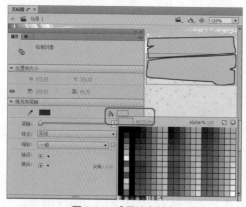

图 2-94　设置填充颜色

图 2-95　绘制图形

(9) 在【时间轴】面板中单击【新建图层】按钮，新建图层 3，在工具箱中单击【刷子工具】，在工具箱中将填充颜色设置为 #CCA163，将刷子大小设置为最小，在【属性】面板中将【平滑】设置为 100，如图 2-96 所示。

知识链接

　　【刷子工具】能绘制出刷子般的笔触，就像您在涂色一样。它可以创建特殊效果，包括书法效果。使用【刷子工具】时可以选择刷子的大小和形状。

　　对于新笔触来说，当舞台缩放比率降低时，同一个刷子大小就会显得太大。例如，假设将舞台缩放比率设置为 100% 并使用【刷子工具】以最小的刷子大小涂色。然后，将舞台缩放比率更改为 50% 并用最小的刷子大小再画一次。绘制的新笔触就比以前的笔触显得粗 50%(更改舞台的缩放比率并不更改现有刷子笔触的大小)。

　　同时，在使用【刷子工具】涂色时，可以使用导入的位图作为填充。

---

(10) 设置完成后，在新建的图层上进行绘制，绘制后的效果如图 2-97 所示。

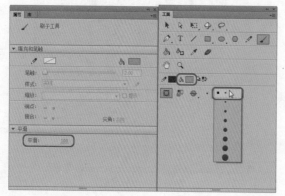

图 2-96　设置【刷子工具】的属性

图 2-97　绘制图形

（11）继续选中【刷子工具】，并调整刷子的大小，在【属性】面板中将【填充颜色】设置为#FFFFFF，并进行绘制，如图 2-98 所示。

（12）设置完成后，将刷子调整至最小，在【属性】面板中将【填充颜色】设置为#732F20，并绘制图形，如图 2-99 所示。

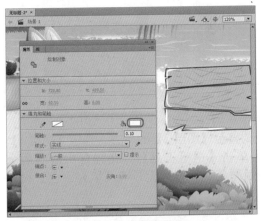

图 2-98　设置填充颜色

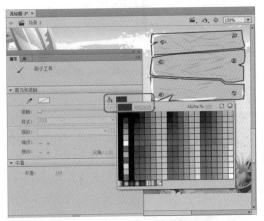

图 2-99　设置填充颜色并进行绘制

（13）在【时间轴】面板中单击【新建图层】按钮，新建图层，在工具箱中单击【钢笔工具】，在舞台中绘制一个图形，调整其位置，选中绘制的图形，在【属性】面板中将【笔触颜色】设置为无，将【填充颜色】设置为#C6985E，将 Alpha 设置为 84，在【时间轴】面板中将该图层向下移一层，如图 2-100 所示。

（14）在【时间轴】面板中选中最上方的图层，单击【新建图层】按钮，新建图层，使用【钢笔工具】在舞台中绘制一个图形，在【属性】面板中将【笔触颜色】设置为#CCA163，将【填充颜色】设置为#732F20，将 Alpha 设置为 100，将【笔触】设置为 0.1，如图 2-101 所示。

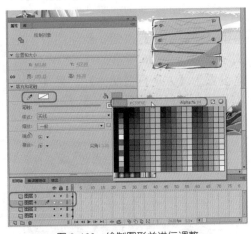

图 2-100　绘制图形并进行调整

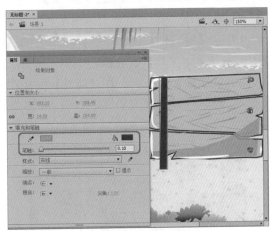

图 2-101　绘制图形并设置笔触和填充颜色

（15）使用【刷子工具】在绘制的图形上进行绘制，绘制后的效果如图 2-102 所示。

（16）在【时间轴】面板中选择新建的图层，右击鼠标，在弹出的快捷菜单中选择【复制图层】命令，如图 2-103 所示。

CG设计案例课堂

图 2-102　绘制图形

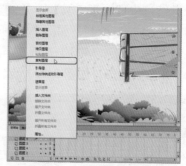

图 2-103　选择【复制图层】命令

　　(17) 选择复制后的图层中的对象，在舞台中调整其位置，效果如图 2-104 所示。

　　(18) 将【时间轴】面板中最上方的两个图层，调整至【图层 2】的下方，选中【图层 1】，单击【新建图层】按钮，新建图层，在工具箱中单击【钢笔工具】，在舞台中绘制两个图形，选中绘制的图形，在【属性】面板中将【笔触颜色】设置为无，将【填充颜色】设置为#732F20，将 Alpha 值设置为 44，如图 2-105 所示。

图 2-104　调整对象的位置

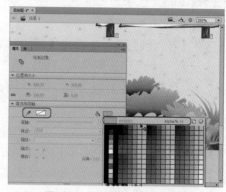

图 2-105　绘制图形并进行设置

　　(19) 在【时间轴】面板中选择最上方的图层，单击【新建图层】按钮，新建图层，在工具箱中单击【文本工具】，在舞台中单击鼠标，输入文字，如图 2-106 所示。

　　(20) 选中输入的文字，在【属性】面板中将字体设置为【方正行楷简体】，将【大小】设置为38，将【颜色】设置为#990000，将 Alpha 设置为100，并在舞台中调整其位置，效果如图 2-107所示。

图 2-106　新建图层并输入文字

图 2-107　设置文字

案例精讲 021　绘制柠檬

案例文件：CDROM | 场景 | Cha02 | 绘制柠檬.fla

视频文件：视频教学 | Cha02| 绘制柠檬.avi

制作概述

本例将介绍如何绘制柠檬，该案例主要通过利用【钢笔工具】绘制图形，然后在【属性】面板中对其进行相应的设置，从而完成绘制。绘制完成后的效果如图 2-108 所示。

图 2-108　绘制柠檬

学习目标

■　利用【钢笔工具】绘制图形。

■　利用【属性】面板进行设置。

操作步骤

(1) 从菜单栏中选择【文件】|【新建】命令，弹出【新建文档】对话框，在【类型】列表框中选择 ActionScript 3.0 选项，然后在右侧的设置区域中将【宽】、【高】都设置为 430 像素，如图 2-109 所示。

(2) 单击【确定】按钮，在【时间轴】面板中将【图层 1】命名为【背景】，在工具箱中单击【钢笔工具】，在舞台中绘制一个图形，如图 2-110 所示。

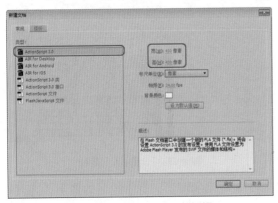

图 2-109　【新建文档】对话框

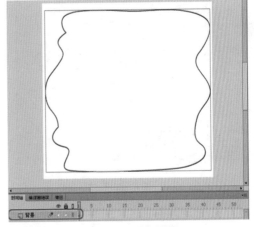

图 2-110　绘制图形

(3) 选中绘制的图形，在【属性】面板中将【填充颜色】设置为 #71BCE9，将【笔触颜色】设置为无，如图 2-111 所示。

(4) 设置完成后，再在工具箱中单击【钢笔工具】，在舞台中绘制一个图形，选中绘制的图形，在【属性】面板中将【填充颜色】设置为 #91CDF1，将【笔触颜色】设置为无，如图 2-112 所示。

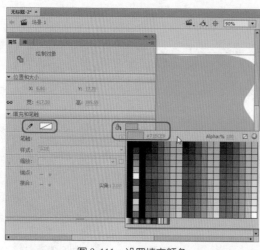

图 2-111　设置填充颜色

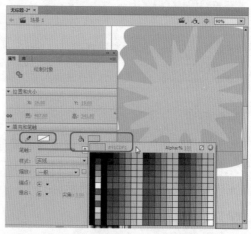

图 2-112　绘制图形并设置填充颜色

(5) 在【时间轴】面板中单击【新建图层】按钮，将新建的图层命名为【柠檬】，使用【钢笔工具】绘制一个图形，如图 2-113 所示。

(6) 选中绘制的图形，在【属性】面板中将【填充颜色】设置为 #FFEC3F，将【笔触颜色】设置为无，效果如图 2-114 所示。

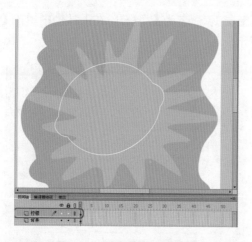

图 2-113　新建图层并绘制图形

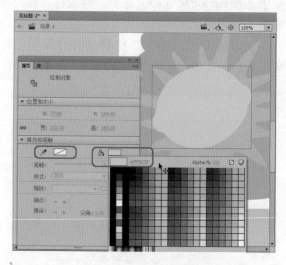

图 2-114　设置填充和笔触

(7) 使用【钢笔工具】在舞台中绘制一个如图 2-115 所示的图形，选中绘制的图形，在【属性】面板中将【填充颜色】设置为 #FFD900，将【笔触颜色】设置为无。

(8) 使用【钢笔工具】在舞台中绘制一个如图 2-116 所示的图形，选中绘制的图形，在【属性】面板中将【填充颜色】设置为 #FCC800，将【笔触颜色】设置为无。

(9) 在工具箱中单击【钢笔工具】，在舞台中绘制一个图形，选中绘制的图形，在【属性】面板中将【填充颜色】设置为 #FCC800，将【笔触颜色】设置为无，如图 2-117 所示。

(10) 在工具箱中单击【钢笔工具】，在舞台中绘制一个图形，选中绘制的图形，在【属性】面板中将【填充颜色】设置为 #FFFFFF，将【笔触颜色】设置为无，如图 2-118 所示。

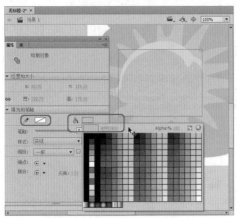

图 2-115　绘制图形并填充颜色

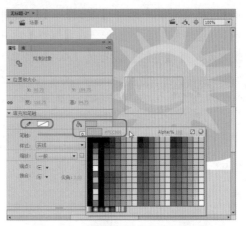

图 2-116　绘制图形并设置填充和笔触

图 2-117　绘制图形

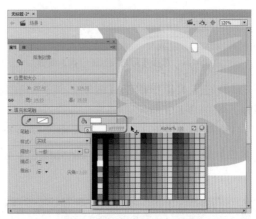

图 2-118　绘制图形并填充颜色

（11）再次使用【钢笔工具】在舞台中绘制一个图形，选中绘制的图形，在【属性】面板中将【填充颜色】设置为#FFFFFF，将【笔触颜色】设置为无，如图2-119所示。

（12）在舞台中选择前面所绘制的柠檬的轮廓，右击鼠标，从弹出的快捷菜单中选择【复制】命令，如图2-120所示。

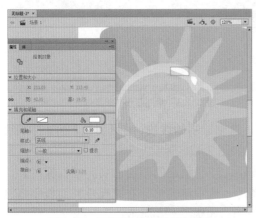

图 2-119　再次绘制图形并填充颜色

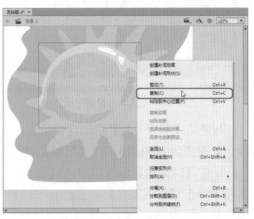

图 2-120　选择【复制】命令

(13) 从菜单栏中选择【编辑】|【粘贴到当前位置】命令，如图 2-121 所示。

(14) 选中粘贴后的图形，在【属性】面板中将【笔触颜色】设置为#231916，将【填充颜色】设置为无，将【笔触】设置为1.4，如图 2-122 所示。

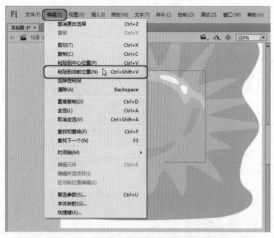

图 2-121　选择【粘贴到当前位置】命令

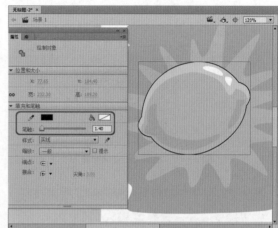

图 2-122　对粘贴后的图形进行设置

(15) 在工具箱中单击【钢笔工具】，在舞台中绘制线段，并为绘制的线段设置笔触颜色和笔触，如图 2-123 所示。

(16) 使用【钢笔工具】在舞台中绘制一个图形，选中绘制的图形，在【属性】面板中将【笔触颜色】设置为#231916，将【填充颜色】设置为#7DC163，将【笔触】设置1.4，如图 2-124 所示。

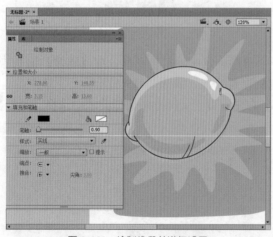

图 2-123　绘制线段并进行设置

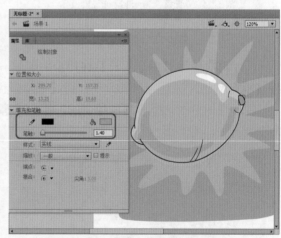

图 2-124　绘制图形并设置填充和笔触

(17) 使用【钢笔工具】在舞台中绘制一条线段，选中绘制的线段，在【属性】面板中将【笔触颜色】设置为#231916，将【笔触】设置为0.9，如图 2-125 所示。

(18) 在【时间轴】面板中单击【新建图层】按钮，并将新建的图层命名为【柠檬片】，在工具箱中单击【钢笔工具】，在舞台中绘制一个图形，选中该图形，在【属性】面板中将【填充颜色】设置为#FFF3C3，将【笔触颜色】设置为无，如图 2-126 所示。

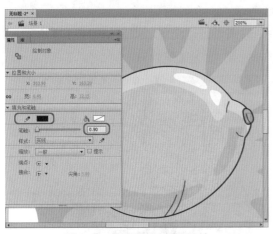

图 2-125　绘制线段并设置笔触

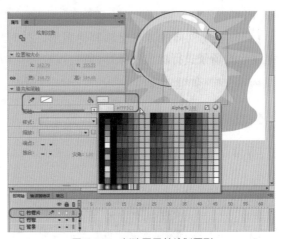

图 2-126　新建图层并绘制图形

(19) 使用【钢笔工具】在舞台中绘制一个图形，选中绘制的图形，在【属性】面板中将【填充颜色】设置为#FFD900，将【笔触颜色】设置为无，如图 2-127 所示。

(20) 在工具箱中单击【钢笔工具】，在舞台中绘制如图 2-128 所示的图形，选中绘制的图形，在【属性】面板中将【填充颜色】设置为#FFE100，将【笔触颜色】设置为无。

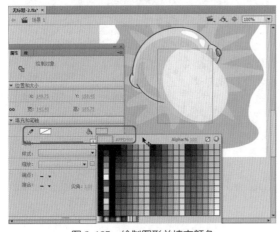

图 2-127　绘制图形并填充颜色

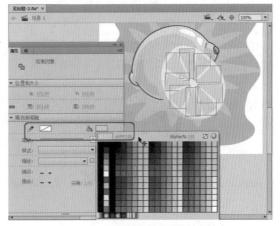

图 2-128　绘制图形并设置笔触和填充

(21) 再次使用【钢笔工具】在舞台中绘制多个图形，选中绘制的图形，在【属性】面板中将【填充颜色】设置为#FFF799，将【笔触颜色】设置为无，如图 2-129 所示。

(22) 使用【钢笔工具】在舞台中绘制多个图形，选中绘制的图形，在【属性】面板中将【填充颜色】设置为#FDD000，将【笔触颜色】设置为无，如图 2-130 所示。

(23) 在工具箱中单击【钢笔工具】，在舞台中绘制如图 2-131 所示的图形，选中绘制的图形，在【属性】面板中将【填充颜色】设置为#FCC800，将【笔触颜色】设置为无。

(24) 使用【钢笔工具】在舞台中绘制两个图形，选中绘制的对象，在【属性】面板中将【填充颜色】设置为无，将【笔触颜色】设置为#231916，并设置笔触大小，如图 2-132 所示。

(25) 在【时间轴】面板中单击【新建图层】按钮，将新建的图层命名为【水滴】，在工具箱中单击【钢笔工具】，在舞台中绘制一个图形，在【属性】面板中将【填充颜色】设置为

#FFF100，将【笔触颜色】设置为无，如图 2-133 所示。

　　(26) 使用同样的方法绘制其他图形，并对绘制的图形进行设置，效果如图 2-134 所示，对完成后的场景进行输出并保存即可。

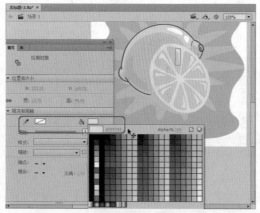

图 2-129　再次绘制图形并设置笔触和填充

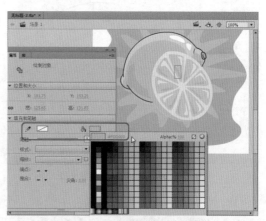

图 2-130　绘制图形并填充颜色

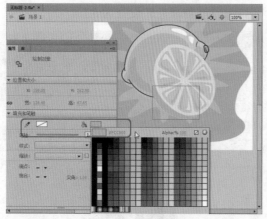

图 2-131　绘制图形

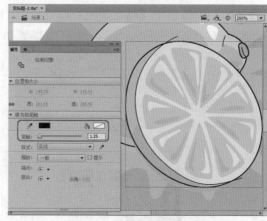

图 2-132　绘制图形并设置笔触

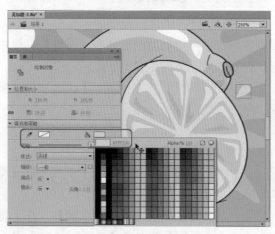

图 2-133　绘制图形

图 2-134　绘制其他图形后的效果

案例精讲 022　绘制可爱蘑菇

✐ 案例文件：CDROM | 场景 | Cha02 | 绘制可爱蘑菇 .max

🎬 视频文件：视频教学 | Cha02 | 绘制可爱蘑菇 .avi

制作概述

本例将介绍蘑菇的绘制，主要用到的工具有【钢笔工具】和【椭圆工具】，然后为绘制的图形填充颜色，完成后的效果如图 2-135 所示。

图 2-135　可爱蘑菇

学习目标

- 绘制图形。
- 填充颜色。
- 导入背景图片。

操作步骤

(1) 在欢迎界面中单击【新建】下的【ActionScript 3.0】按钮，如图 2-136 所示。

(2) 出现一个新建的空白文档后，在工具箱中选择【钢笔工具】，并单击【对象绘制】按钮，在舞台中绘制图形，效果如图 2-137 所示。

> **提示**　使用【钢笔工具】绘制完成后，还可以使用【部分选取工具】、【转换锚点工具】、【添加锚点工具】和删除锚点工具来调整绘制的图形。

知识链接

【钢笔工具】又叫做贝塞尔曲线工具，它是许多绘图软件广泛使用的一种重要工具。Flash 引入了这种工具之后，充分增强了 Flash 的绘图功能。要绘制精确的路径，如直线或者平滑、流动的曲线，可以使用钢笔工具。用户可以创建直线或曲线段，然后调整直线段的角度和长度及曲线段的斜率。

【钢笔工具】可以像【线条工具】一样绘制出所需要的直线，甚至还可以对绘制好的直线进行曲率调整，使之变为相应的曲线。但【钢笔工具】并不能完全取代【线条工具】和【铅笔工具】，毕竟它在画直线和各种曲线时没有【线条工具】和【铅笔工具】方便。

在画一些要求很高的曲线时，最好使用【钢笔工具】。当使用【钢笔工具】绘画时，单击和拖动可以在曲线段上创建点。通过这些点可以调整直线段和曲线段。

使用【钢笔工具】还可以对存在的图形轮廓进行修改。当用【钢笔工具】单击某矢量图形的轮廓线时，轮廓的所有节点会自动出现，然后就可以进行调整了。可以调整直线段以更改线段的角度或长度，或者调整曲线段以更改曲线的斜率和方向。移动曲线点上的切线手柄可以调整该点两边的曲线。移动转角点上的切线手柄只能调整该点的切线手柄所在的那一边的曲线。

图 2-136　单击【ActionScript 3.0】按钮

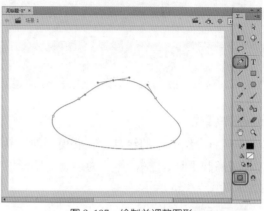

图 2-137　绘制并调整图形

(3) 使用【选择工具】 选择绘制的图形，在菜单栏中选择【窗口】|【颜色】命令，打开【颜色】面板，如图 2-138 所示。

知识链接

　　【颜色】面板：主要用来设置图形对象的颜色。如果已经在舞台中选定了对象，则在【颜色】面板中所做的颜色更改会被应用到对象上。用户可以在红、绿、蓝模式下选择颜色，或者使用十六进制模式直接输入颜色代码，还可以指定 Alpha 值定义颜色的透明度，另外，用户还可以从现有调色板中选择颜色。

提示　　　　按 Ctrl+Shift+F9 组合键也可以打开【颜色】面板。

(4) 在【颜色】面板中将【颜色类型】设置为【线性渐变】，在渐变条上双击左侧色块，在弹出的拾色器面板中单击 按钮，如图 2-139 所示。

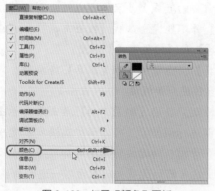

图 2-138　打开【颜色】面板

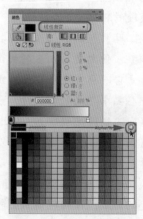

图 2-139　设置渐变颜色

颜色类型：如果将【颜色】面板中的【颜色类型】设置为【线性渐变】或【径向渐变】，【颜色】面板会变为渐变色设置模式。这时需要先定义好渐变条下色块的颜色，然后再拖动色块来调整颜色的渐变效果。用鼠标单击渐变条还可以添加更多的色块，从而创建更复杂的渐变效果。

 提示　　如果想删除渐变条上的色块，可以选择要删除的色块，用鼠标单击并拖动到渐变条以外的区域进行删除。

(5) 弹出【颜色选择器】对话框，将【红】、【绿】、【蓝】分别设置为255、184、2，单击【确定】按钮，如图 2-140 所示。

(6) 双击右侧色块，在弹出的拾色器面板中选择红色，如图 2-141 所示。

图 2-140　设置左侧色块的颜色

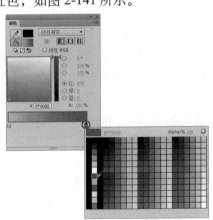

图 2-141　设置右侧色块的颜色

(7) 在【颜色】面板中单击【笔触颜色】按钮 ，然后单击【无色】按钮 ，即可将【笔触颜色】设置为无，如图 2-142 所示。

(8) 在【时间轴】面板中单击【新建图层】按钮 ，新建【图层2】，如图 2-143 所示。

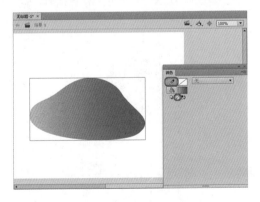

图 2-142　设置笔触颜色

图 2-143　新建图层

(9) 在工具箱中选择【钢笔工具】 ，在舞台中绘制图形，如图 2-144 所示。

(10) 使用【选择工具】 选择绘制的图形，在【颜色】面板中将【颜色类型】设置为【线性渐变】，单击左侧色块，将颜色设置为 #FFFF19，单击右侧色块，将颜色设置为 #FF9F00，如图 2-145 所示。

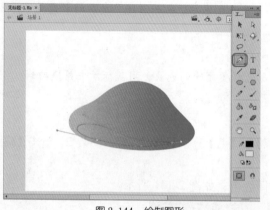

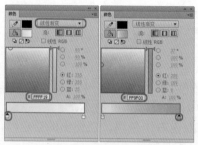

图 2-144 绘制图形 　　　　　　　　图 2-145 设置渐变颜色

(11) 在【颜色】面板中单击【笔触颜色】按钮 ，然后单击【无色】按钮 ，即可将【笔触颜色】设置为无，如图 2-146 所示。

(12) 在工具箱中选择【渐变变形工具】 ，将鼠标移至右上角，此时鼠标会变成 样式，然后在按住 Shift 键的同时向右旋转 90°，如图 2-147 所示。

知识链接

　　【渐变变形工具】：主要用于对对象进行各种方式的填充颜色变形处理，如选择过渡色、旋转颜色和拉伸颜色等。通过使用该工具，用户可以将选择对象的填充颜色处理为需要的各种色彩。由于在影片制作中经常要用到颜色的填充和调整，因此，Flash 将该工具作为一个单独的工具加到绘图工具箱中，以方便用户使用。

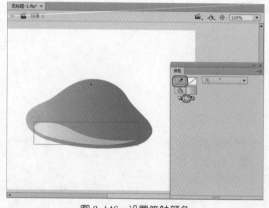

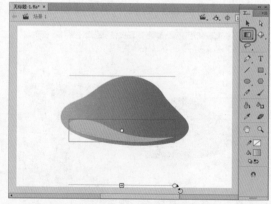

图 2-146 设置笔触颜色 　　　　　　　　图 2-147 旋转渐变色

(13) 将鼠标移至 图标上，当鼠标变成 ↔ 样式时，单击鼠标并向上拖动鼠标，调整渐变颜色，效果如图 2-148 所示。

(14) 新建【图层 3】，在工具箱中选择【椭圆工具】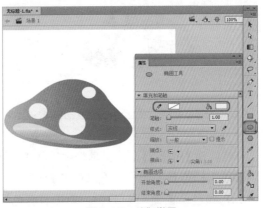，在【属性】面板中将【笔触颜色】设置为无，将【填充颜色】设置为 #FFFFCC，然后在舞台中绘制椭圆，如图 2-149 所示。

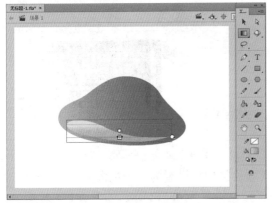

图 2-148　调整渐变颜色

图 2-149　绘制椭圆

知识链接

　　【椭圆工具】：使用椭圆工具可以绘制椭圆形或圆形图案，另外，用户不仅可以任意选择轮廓线的颜色、线宽和线型，还可以任意选择轮廓线的颜色和圆形的填充色。如果在绘制椭圆形的同时按下 Shift 键，则在工作区中将绘制出一个正圆，按下 Ctrl 键可以暂时切换到选择工具，对工作区中的对象进行选取。

(15) 在工具箱中选择【钢笔工具】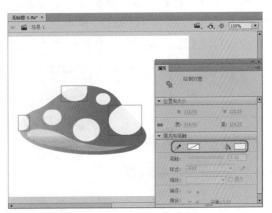，在舞台中绘制图形，如图 2-150 所示。

(16) 选择绘制的图形，在【属性】面板中，将【填充颜色】设置为 #FFFFCC，将【笔触颜色】设置为无，如图 2-151 所示。

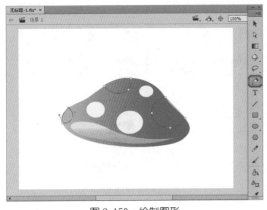

图 2-150　绘制图形

图 2-151　设置填充颜色

(17) 新建【图层 4】，在工具箱中选择【钢笔工具】，在舞台中绘制图形，如图 2-152 所示。

(18) 选择绘制的图形，在【属性】面板中，将【填充颜色】设置为 #FFFFFF，将 Alpha 值设置为 35，将【笔触颜色】设置为无，如图 2-153 所示。

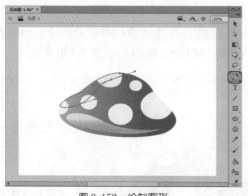

图 2-152　绘制图形

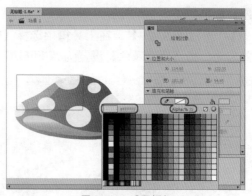

图 2-153　设置颜色

(19) 新建【图层 5】，在工具箱中选择【钢笔工具】 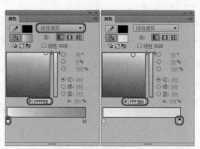，在舞台中绘制图形，如图 2-154 所示。

(20) 选择绘制的图形，在【颜色】面板中将【颜色类型】设置为【线性渐变】，单击左侧色块，将颜色设置为 #FFFFEB，单击右侧色块，将颜色设置为 #FFF5B8，如图 2-155 所示。

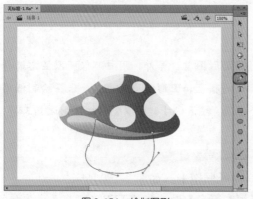

图 2-154　绘制图形

图 2-155　设置渐变颜色

(21) 在【颜色】面板中单击【笔触颜色】按钮 ，然后单击【无色】按钮 ，即可将【笔触颜色】设置为无，如图 2-156 所示。

(22) 新建【图层 6】，在工具箱中选择【钢笔工具】 ，在舞台中绘制图形，如图 2-157 所示。

图 2-156　设置笔触颜色

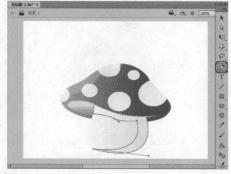

图 2-157　绘制图形

(23) 选择绘制的图形，在【属性】面板中将【填充颜色】设置为 #FFEFB9，将 Alpha 值设置为 81，将【笔触颜色】设置为无，如图 2-158 所示。

(24) 新建【图层7】，在工具箱中选择【椭圆工具】 ，在舞台中绘制两个无笔触颜色的黑色椭圆和白色椭圆，如图2-159所示。

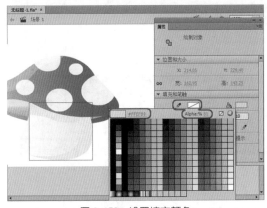

图 2-158　设置填充颜色

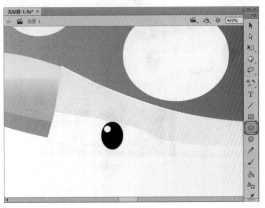

图 2-159　绘制椭圆

(25) 选择绘制的两个椭圆，在按住 Alt 键的同时，向右拖拽鼠标，即可复制选择的椭圆，效果如图 2-160 所示。

(26) 在工具箱中选择【钢笔工具】 ，在【属性】面板中将【笔触颜色】设置为黑色，将【笔触】设置为 2，然后在舞台中绘制曲线，效果如图 2-161 所示。

图 2-160　复制椭圆

图 2-161　绘制曲线

(27) 在工具箱中选择【椭圆工具】 ，在【属性】面板中将【填充颜色】设置为 #FF99CC，将【笔触颜色】设置为无，然后在舞台中绘制椭圆，效果如图 2-162 所示。

(28) 在【时间轴】面板中单击【新建图层】按钮 ，新建【图层8】，并将【图层8】拖拽至【图层1】的下方，如图 2-163 所示。

(29) 在菜单栏中选择【文件】|【导入】|【导入到舞台】命令，如图 2-164 所示。

(30) 弹出【导入】对话框，在该对话框中选择随书附带光盘中的【可爱蘑菇背景1.jpg】素材文件，单击【打开】按钮，如图 2-165 所示。

(31) 素材文件导入到舞台中后，在【属性】面板中将 X、Y 都设为 0，如图 2-166 所示。

(32) 在【时间轴】面板中新建【图层9】，并将其移至最上方，如图 2-167 所示。

图 2-162　绘制椭圆

图 2-163　新建图层并调整位置

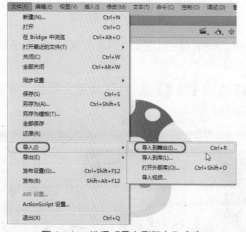

图 2-164　选择【导入到舞台】命令

图 2-165　选择素材文件

图 2-166　调整素材文件的位置

图 2-167　新建图层并调整位置

(33) 按 Ctrl+R 组合键，弹出【导入】对话框，在该对话框中选择随书附带光盘中的"可爱蘑菇背景 2.png"素材文件，单击【打开】按钮，如图 2-168 所示。

(34) 素材文件导入到舞台中后，在【属性】面板中将 X、Y 都设为 0，如图 2-169 所示。

图 2-168　选择素材文件

图 2-169　调整素材文件位置

(35) 在【时间轴】面板中锁定【图层 9】，然后选择除【图层 8】和【图层 9】以外的所有图层，如图 2-170 所示。

(36) 然后按 Ctrl+T 组合键打开【变形】面板，单击【约束】按钮，将【缩放宽度】设置为 50%，如图 2-171 所示。

图 2-170　选择图层

图 2-171　设置缩放

(37) 然后按 Ctrl+C 组合键复制选择的对象，按 Ctrl+V 组合键粘贴对象，在【变形】面板中将复制后的对象的【缩放宽度】设置为 65%，并在舞台中调整其位置，效果如图 2-172 所示。

(38) 在舞台中调整复制后的蘑菇对象的颜色，完成后的效果如图 2-173 所示。

图 2-172　复制并调整对象

图 2-173　调整颜色

(39) 在菜单栏中选择【文件】|【保存】命令，弹出【另存为】对话框，在该对话框中选择文件的存储路径，输入【文件名】为【绘制可爱蘑菇】，将【保存类型】设置为 fla，单击【保存】按钮，如图 2-174 所示。

(40) 在菜单栏中选择【文件】|【导出】|【导出图像】命令，如图 2-175 所示。

图 2-174　保存文档

图 2-175　选择【导出图像】命令

(41) 弹出【导出图像】对话框，在该对话框中选择导出路径，输入文件名，设置【保存类型】为 jpg，单击【保存】按钮，如图 2-176 所示。

(42) 弹出【导出 JPEG】对话框，设置【分辨率】为 300dpi，设置【品质】为 100，单击【确定】按钮，如图 2-177 所示。

图 2-176　导出图像

图 2-177　【导出 JPEG】对话框

案例精讲 023　绘制卡通小屋

案例文件：CDROM | 场景 | Cha02 | 绘制卡通小屋 .max

视频文件：视频教学 | Cha02 | 绘制卡通小屋 .avi

制作概述

本例将介绍卡通小屋的绘制，本例的制作比较简单，主要用到的工具是【钢笔工具】

完成后的效果如图 2-178 所示。

学习目标

■ 绘制屋顶和烟囱。

■ 绘制墙。

■ 绘制门和窗户。

图 2-178　卡通小屋

操作步骤

(1) 按 Ctrl+N 组合键，弹出【新建文档】对话框，在【类型】列表框中选择 ActionScript 3.0，直接单击【确定】按钮，如图 2-179 所示。

(2) 出现新建的空白文档后，在【时间轴】面板中将【图层1】重命名为【屋顶】，如图 2-180 所示。

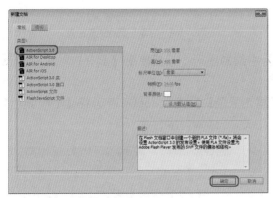

图 2-179　新建文档

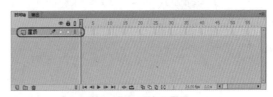

图 2-180　重命名图层

(3) 在工具箱中选择【钢笔工具】 ，在舞台中绘制图形，效果如图 2-181 所示。

(4) 选择绘制的图形，在【属性】面板中将【填充颜色】设置为#66CCFF，将【笔触颜色】设置为无，如图 2-182 所示。

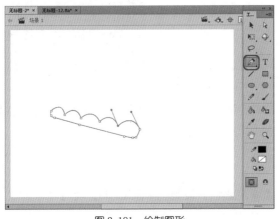

图 2-181　绘制图形

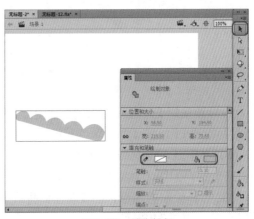

图 2-182　填充颜色

(5) 选择【椭圆工具】 ，在【属性】面板中将【填充颜色】设置为#FFCCFF，将【笔触颜色】设置为无，然后在按住 Shift 键的同时在舞台中绘制正圆，如图 2-183 所示。

（6）选择新绘制的正圆，在按住 Alt 键的同时拖动正圆，即可复制正圆，使用该方法在舞台中复制多个正圆，并调整它们的位置，效果如图 2-184 所示。

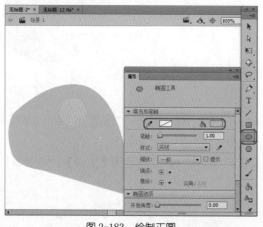
图 2-183　绘制正圆

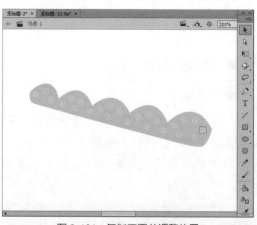
图 2-184　复制正圆并调整位置

（7）在工具箱中选择【钢笔工具】 ✍️，在舞台中绘制图形，然后使用【部分选取工具】 ▷ 调整其形状，如图 2-185 所示。

（8）选择绘制的图形，在【属性】面板中将【填充颜色】设置为 #66CCFF，将【笔触颜色】设置为无，如图 2-186 所示。

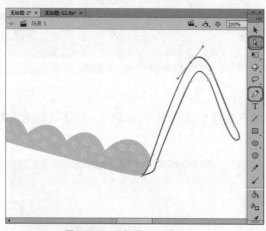
图 2-185　绘制图形并调整形状

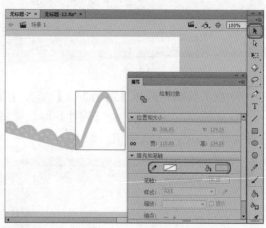
图 2-186　填充颜色

（9）继续使用【钢笔工具】 ✍️ 绘制图形，并选择绘制的图形，在【属性】面板中将【填充颜色】设置为 #6699FF，将【笔触颜色】设置为无，效果如图 2-187 所示。

（10）在工具箱中选择【钢笔工具】 ✍️，在舞台中绘制图形，并使用【部分选取工具】 ▷ 调整其形状，如图 2-188 所示。

（11）选择绘制的图形，在【属性】面板中将【填充颜色】设置为 #CCFF00，将【笔触颜色】设置为无，如图 2-189 所示。

（12）继续使用【钢笔工具】 ✍️ 绘制 4 个类似的图形，然后从右到左将它们的填充颜色分别设置为 #FF6699、#FFCC00、#CCFF00 和 #FFCC00，并取消轮廓线的填充，最终效果如图 2-190 所示。

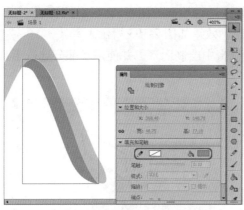

图 2-187　绘制图形并填充颜色

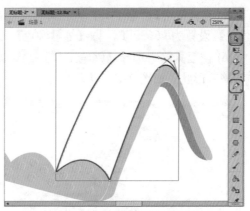

图 2-188　绘制图形并调整形状

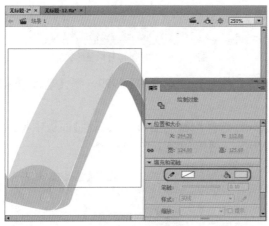

图 2-189　填充颜色

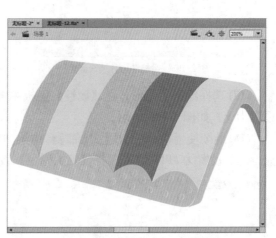

图 2-190　绘制图形并填充颜色

(13) 在【时间轴】面板中单击【新建图层】按钮 ，新建【图层 2】，并将其重命名为【烟囱】，如图 2-191 所示。

(14) 使用【钢笔工具】 在舞台中绘制图形，并选择绘制的图形，在【属性】面板中将【填充颜色】设置为 #66CCFF，将【笔触颜色】设置为无，效果如图 2-192 所示。

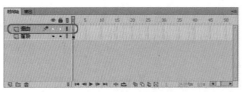

图 2-191　新建并重命名图层

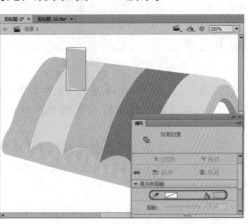

图 2-192　绘制图形并填充颜色

(15) 继续使用【钢笔工具】 ✐ 在舞台中绘制图形,并选择绘制的图形,在【属性】面板中将【填充颜色】设置为#6699FF,将【笔触颜色】设置为无,效果如图 2-193 所示。

(16) 在工具箱中选择【钢笔工具】 ✐ ,然后在舞台中绘制图形,并使用【部分选取工具】 ▸ 调整其形状,如图 2-194 所示。

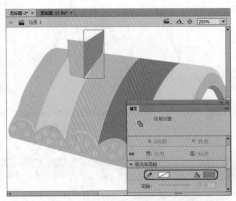

图 2-193 绘制图形并填充颜色

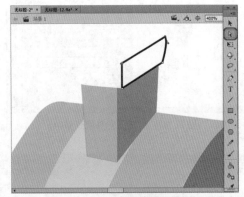

图 2-194 绘制图形并调整形状

(17) 选择绘制的图形,在【属性】面板中将【填充颜色】设置为#FF9999,将【笔触颜色】设置为无,如图 2-195 所示。

(18) 继续使用【钢笔工具】 ✐ 在舞台中绘制图形,并选择绘制的图形,在【属性】面板中将【填充颜色】设置为#FFCCCC,将【笔触颜色】设置为无,效果如图 2-196 所示。

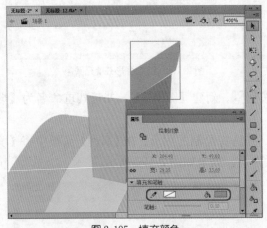

图 2-195 填充颜色

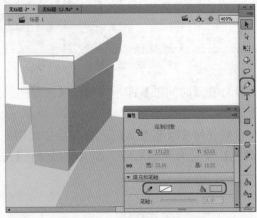

图 2-196 绘制图形并填充颜色

(19) 在工具箱中选择【矩形工具】 ▢ ,在【属性】面板中将【填充颜色】设置为#FFCC00,将【笔触颜色】设置为无,然后在舞台中绘制矩形,如图 2-197 所示。

　　　　　　如果在绘制矩形的过程中按住Shift键,则可以在工作区中绘制一个正方形,按住Ctrl键可以暂时切换到选择工具,对工作区中的对象进行选取。

(20) 在工具箱中选择【部分选取工具】 ▸ ,然后在舞台中调整矩形形状,如图 2-198 所示。

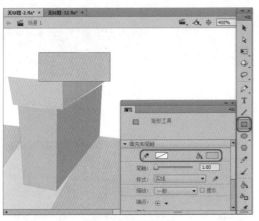

图 2-197　绘制矩形

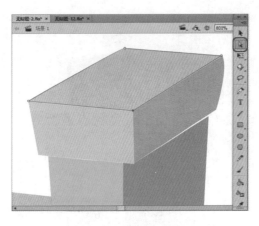

图 2-198　调整矩形形状

(21) 在工具箱中选择【钢笔工具】，然后在舞台中绘制图形，如图 2-199 所示。

(22) 选择绘制的图形，在【属性】面板中将【填充颜色】设置为 #FF9999，将【笔触颜色】设置为无，如图 2-200 所示。

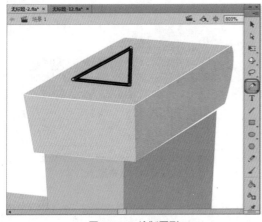

图 2-199　绘制图形

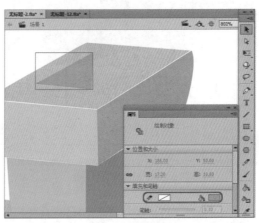

图 2-200　填充颜色

(23) 继续使用【钢笔工具】在舞台中绘制图形，并选择绘制的图形，在【属性】面板中将【填充颜色】设置为 #FFCCCC，将【笔触颜色】设置为无，效果如图 2-201 所示。

(24) 在【时间轴】面板中单击【新建图层】按钮，新建【图层 3】，并将其重命名为【墙】，如图 2-202 所示。

(25) 在工具箱中选择【钢笔工具】，然后在舞台中绘制图形，并使用【部分选取工具】调整其形状，如图 2-203 所示。

(26) 选择绘制的图形，在【属性】面板中将【填充颜色】设置为 #FFCCFF，将【笔触颜色】设置为无，如图 2-204 所示。

(27) 在工具箱中选择【钢笔工具】，然后在舞台中绘制图形，并使用【部分选取工具】调整其形状，如图 2-205 所示。

(28) 选择绘制的图形，在【属性】面板中将【填充颜色】设置为 #FF99CC，将【笔触颜色】设置为无，如图 2-206 所示。

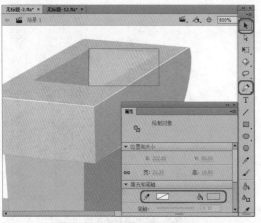

图 2-201　绘制图形并填充颜色

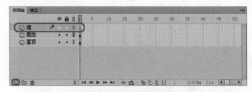

图 2-202　新建并重命名图层

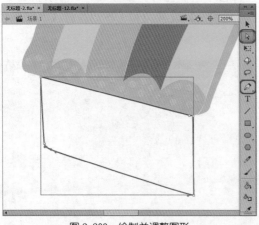

图 2-203　绘制并调整图形

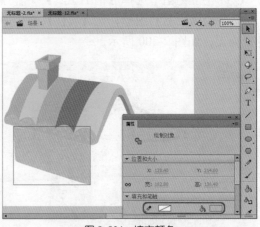

图 2-204　填充颜色

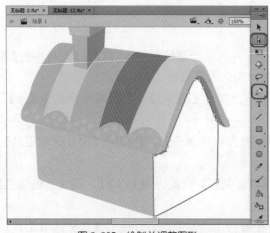

图 2-205　绘制并调整图形

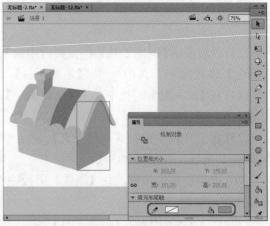

图 2-206　填充颜色

(29) 在工具箱中选择【钢笔工具】 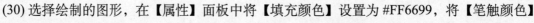，然后在舞台中绘制图形，并使用【部分选取工具】
调整其形状，如图 2-207 所示。

(30) 选择绘制的图形，在【属性】面板中将【填充颜色】设置为 #FF6699，将【笔触颜色】

设置为无，如图 2-208 所示。

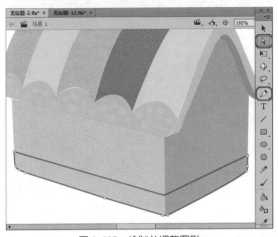

图 2-207　绘制并调整图形

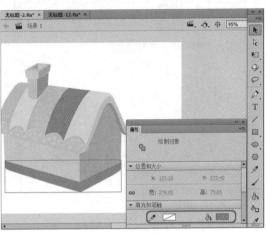

图 2-208　填充颜色

(31) 在工具箱中选择【椭圆工具】 ，在【属性】面板中将【填充颜色】设置为 #FFCCFF，将【笔触颜色】设置为无，然后在舞台中绘制椭圆，如图 2-209 所示。

(32) 选择新绘制的椭圆，在按住 Alt 键的同时拖动椭圆，即可复制椭圆，使用该方法在舞台中复制多个椭圆，并调整它们的位置，效果如图 2-210 所示。

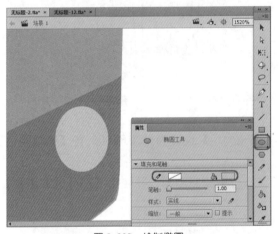

图 2-209　绘制椭圆

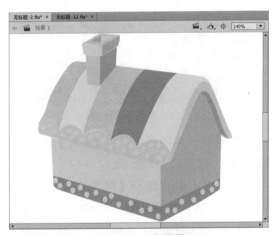

图 2-210　复制椭圆

(33) 在工具箱中选择【钢笔工具】 ，然后在舞台中绘制图形，并使用【部分选取工具】 调整其形状，如图 2-211 所示。

(34) 选择绘制的图形，在【属性】面板中将【填充颜色】设置为 #FFCCCC，将【笔触颜色】设置为无，如图 2-212 所示。

(35) 在【时间轴】面板中单击【新建图层】按钮 ，新建【图层 4】，并将其重命名为【门】，如图 2-213 所示。

(36) 在工具箱中选择【钢笔工具】 ，然后在舞台中绘制图形，并使用【部分选取工具】 调整其形状，如图 2-214 所示。

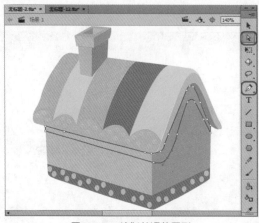

图 2-211　绘制并调整图形

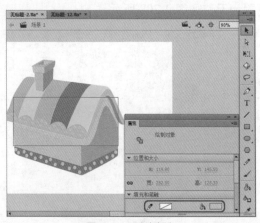

图 2-212　填充颜色

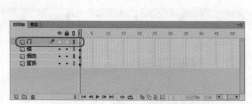

图 2-213　新建并重命名图层

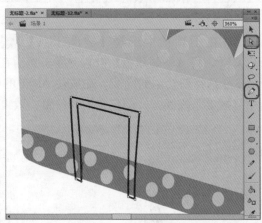

图 2-214　绘制并调整图形

（37）选择绘制的图形，在【属性】面板中将【填充颜色】设置为 #CCFF00，将【笔触颜色】设置为无，如图 2-215 所示。

（38）在工具箱中选择【钢笔工具】 ，然后在舞台中绘制图形，并使用【部分选取工具】 调整其形状，如图 2-216 所示。

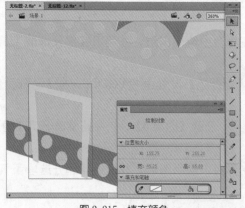

图 2-215　填充颜色

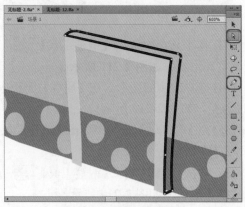

图 2-216　绘制并调整图形

(39) 选择绘制的图形，在【属性】面板中将【填充颜色】设置为#CCCC00，将【笔触颜色】设置为无，如图2-217所示。

(40) 继续使用【钢笔工具】 在舞台中绘制图形，并选择绘制的图形，在【属性】面板中将【填充颜色】设置为#CCCC00，将【笔触颜色】设置为无，效果如图2-218所示。

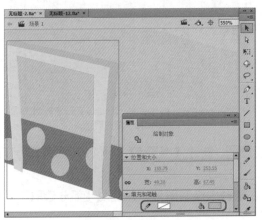
图 2-217 填充颜色

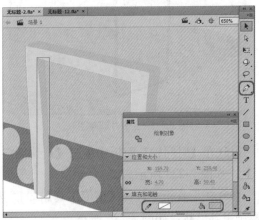
图 2-218 绘制图形并填充颜色

(41) 在工具箱中选择【钢笔工具】 ，然后在舞台中绘制图形，并使用【部分选取工具】 调整其形状，如图2-219所示。

(42) 选择绘制的图形，在【属性】面板中将【填充颜色】设置为#FFCC00，将【笔触颜色】设置为无，如图2-220所示。

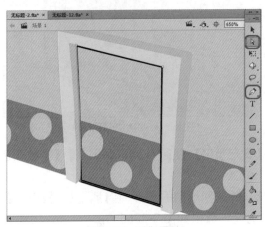
图 2-219 绘制图形

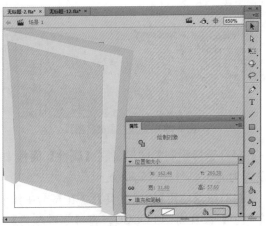
图 2-220 填充颜色

(43) 在工具箱中选择【钢笔工具】 ，然后在舞台中绘制图形，并使用【部分选取工具】 调整其形状，如图2-221所示。

(44) 选择绘制的图形，在【属性】面板中将【填充颜色】设置为#CCFF00，将【笔触颜色】设置为无，如图2-222所示。

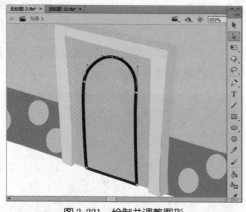

图 2-221　绘制并调整图形

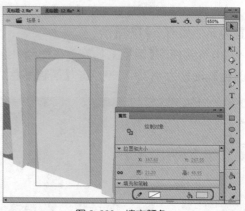

图 2-222　填充颜色

(45) 在【时间轴】面板中单击【新建图层】按钮🖳，新建【图层 5】，并将其重命名为【窗户】，如图 2-223 所示。

(46) 在工具箱中选择【钢笔工具】 ✏️，然后在舞台中绘制图形，并使用【部分选取工具】 🔦 调整其形状，如图 2-224 所示。

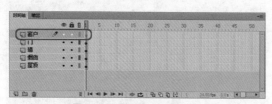

图 2-223　新建并重命名图层

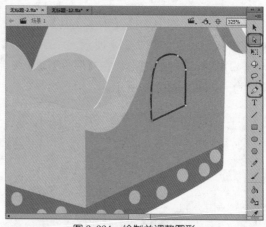

图 2-224　绘制并调整图形

(47) 选择绘制的图形，在【属性】面板中将【填充颜色】设置为 #FF6699，将【笔触颜色】设置为无，如图 2-225 所示。

(48) 继续使用【钢笔工具】✏️在舞台中绘制图形，并选择绘制的图形，在【属性】面板中将【填充颜色】设置为 #FFCCCC，将【笔触颜色】设置为无，效果如图 2-226 所示。

(49) 在工具箱中选择【线条工具】 ／，在【属性】面板中将【笔触颜色】设置为 #999999，然后在舞台中绘制两条直线，效果如图 2-227 所示。

在使用【线条工具】绘制的过程中如果按 Shift 键，可以绘制出垂直或水平的直线，或者 45 度斜线，这给绘制特殊直线提供了方便。按住 Ctrl 键可以暂时切换到选择工具，对工作区中的对象进行选取，当松开 Ctrl 键时，又会自动换回到【线条工具】。

(50) 使用同样的方法，继续使用【钢笔工具】✏️和【线条工具】／绘制窗户，效果如图 2-228 所示。至此，卡通小屋绘制完成，然后将场景文件保存即可。

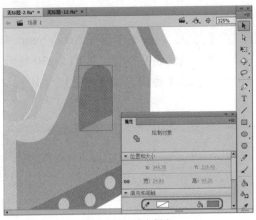

图 2-225　填充颜色

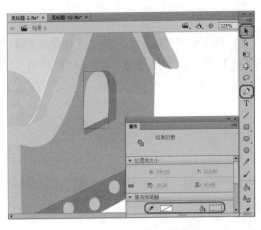

图 2-226　绘制图形并填充颜色

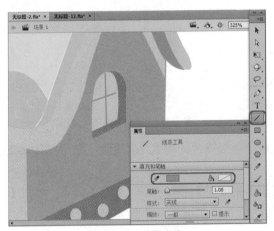

图 2-227　绘制直线

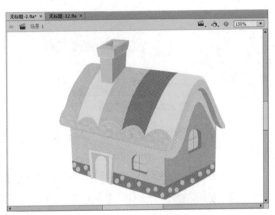

图 2-228　继续绘制窗户

案例精讲 024　绘制郊外风景

 案例文件：CDROM | 场景 | Cha02 | 绘制郊外风景 .max

 视频文件：视频教学 | Cha02 | 绘制郊外风景 .avi

制作概述

本例将介绍郊外风景的绘制，本例的制作比较繁琐，包括【草坪】、【花】和【草】等多个图层，主要用到的工具是【钢笔工具】，完成后的效果如图 2-229 所示。

图 2-229　郊外风景

学习目标

- 绘制背景。
- 绘制草坪和花草。
- 绘制大树和云彩。

操作步骤

(1) 按 Ctrl+N 组合键，弹出【新建文档】对话框，在【类型】列表框中选择 ActionScript 3.0，将【宽】设置为 600 像素，将【高】设置为 350 像素，单击【确定】按钮，如图 2-230 所示。

(2) 出现新建的空白文档后，在【时间轴】面板中将【图层 1】重命名为【背景】，如图 2-231 所示。

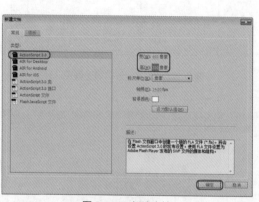

图 2-230　新建文档

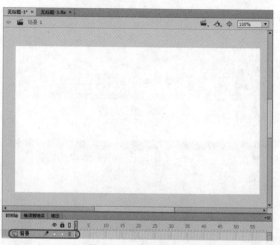

图 2-231　重命名图层

(3) 在工具箱中选择【矩形工具】█，然后绘制一个与舞台同样大小的矩形，效果如图 2-232 所示。

(4) 选择绘制的矩形，然后在工具箱中选择【颜料桶工具】█，打开【颜色】面板，单击【笔触颜色】按钮█，并单击【无色】按钮█，即可取消轮廓线填充，如图 2-233 所示。

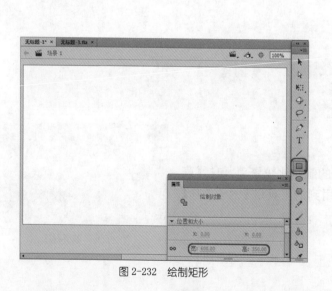

图 2-232　绘制矩形

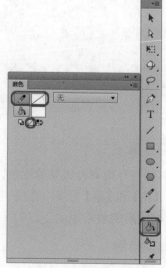

图 2-233　取消轮廓线

(5) 单击【填充颜色】按钮█，将【颜色类型】设置为【线性渐变】，在渐变条的中间位置处单击鼠标左键，即可添加色块，并将左侧色块的颜色设置为 #0099FF，将中间色块的颜色设置为#2DD6FF，将右侧色块的颜色设置为#E7FFFF，然后使用【渐变变形工具】按住 Shift 键的同时，旋转调整渐变颜色的角度，效果如图 2-234 所示。

(6) 在【时间轴】面板中锁定【背景】图层，单击【新建图层】按钮，新建【图层 2】，并将其重命名为【草坪】，如图 2-235 所示。

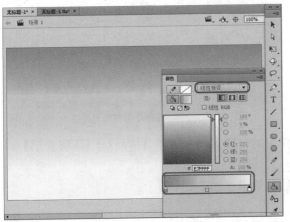

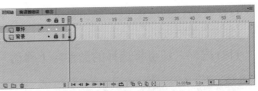

图 2-234　调整渐变颜色　　　　　　　　　　图 2-235　新建图层

(7) 在工具箱中选择【钢笔工具】，然后在舞台中绘制图形，并使用【部分选取工具】调整其形状，如图 2-236 所示。

(8) 选择绘制的图形，并选择【颜料桶工具】，在【颜色】面板中将【颜色类型】设置为【线性渐变】，在渐变条上选择中间色块，用鼠标单击并拖动到渐变条以外的区域进行删除，然后将左侧色块的颜色设置为#66C90B，将右侧色块的颜色设置为#A9EC00，单击【笔触颜色】按钮，并单击【无色】按钮，取消轮廓线填充，如图 2-237 所示。

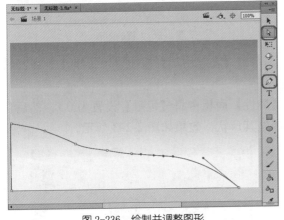

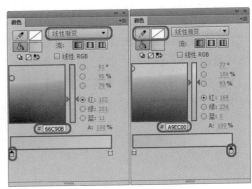

图 2-236　绘制并调整图形　　　　　　　　　图 2-237　设置渐变颜色

(9) 然后在绘制的图形底部单击鼠标左键并向右上角拖动鼠标，即可调整渐变颜色，效果如图 2-238 所示。

(10) 使用同样的方法，继续使用【钢笔工具】绘制图形，然后使用【颜料桶工具】调整渐变颜色，效果如图 2-239 所示。

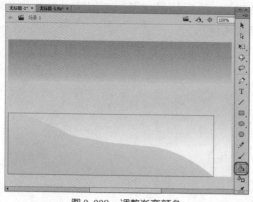

图 2-238　调整渐变颜色

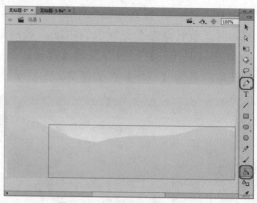

图 2-239　绘制图形并填充颜色

（11）在新绘制的图形上单击鼠标右键，从弹出的快捷菜单中选择【排列】|【下移一层】命令，如图 2-240 所示。

（12）这样，即可将选择的图形向下移动一层，效果如图 2-241 所示。

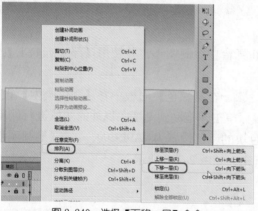

图 2-240　选择【下移一层】命令

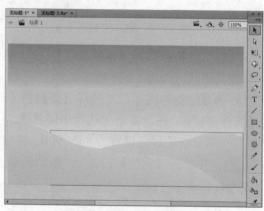

图 2-241　移动图形

（13）在【时间轴】面板中锁定【草坪】图层，单击【新建图层】按钮 □，新建【图层 2】，并将其重命名为【草】，如图 2-242 所示。

（14）在工具箱中选择【钢笔工具】 ⊘，在【属性】面板中将【笔触】设置为 0.1，然后在舞台中绘制图形，并使用【部分选取工具】 ▷ 调整其形状，效果如图 2-243 所示。

图 2-242　新建图层

图 2-243　绘制图形

(15) 选择绘制的图形，在【颜色】面板中将【颜色类型】设置为【线性渐变】，然后将左侧色块的颜色设置为#90E300，将右侧色块的颜色设置为#4DB805，并将【笔触颜色】设置为无，如图 2-244 所示。

(16) 在工具箱中选择【渐变变形工具】 ，然后在舞台中调整渐变颜色，效果如图 2-245 所示。

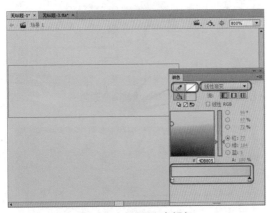

图 2-244　设置渐变颜色

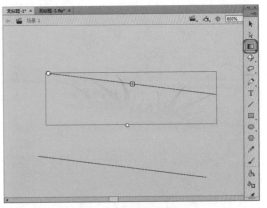

图 2-245　调整渐变色

(17) 然后复制多个绘制的图形，并调整它们的大小和位置，效果如图 2-246 所示。

(18) 在【时间轴】面板中锁定【草】图层，单击【新建图层】按钮，新建【图层 4】，并将其重命名为【花】，如图 2-247 所示。

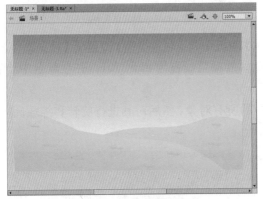

图 2-246　复制并调整图形

图 2-247　新建图层

(19) 在工具箱中选择【钢笔工具】 ，在【属性】面板中将【笔触】设置为 0.1，然后在舞台中绘制图形，并使用【部分选取工具】 调整其形状，效果如图 2-248 所示。

(20) 选择绘制的图形，在【颜色】面板中将【颜色类型】设置为【线性渐变】，然后将左侧色块的颜色设置为#FFFFFF，将右侧色块的颜色设置为#FFEE3E，并将笔触颜色设置为无，效果如图 2-249 所示。

(21) 使用【任意变形工具】 选择绘制的图形，然后调整图形的中心点，按 Ctrl+T 组合键打开【变形】面板，将【旋转】设置为 20°，如图 2-250 所示。

(22) 然后多次单击【变形】面板底部的【复制选区和变形】按钮 ，直到成为花的形状为止，效果如图 2-251 所示。

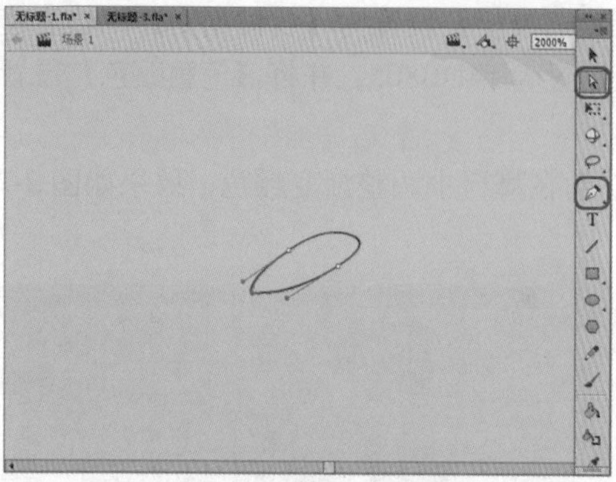

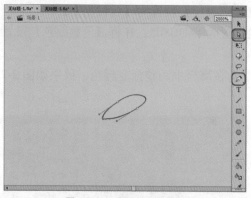

图 2-248　绘制并调整图形

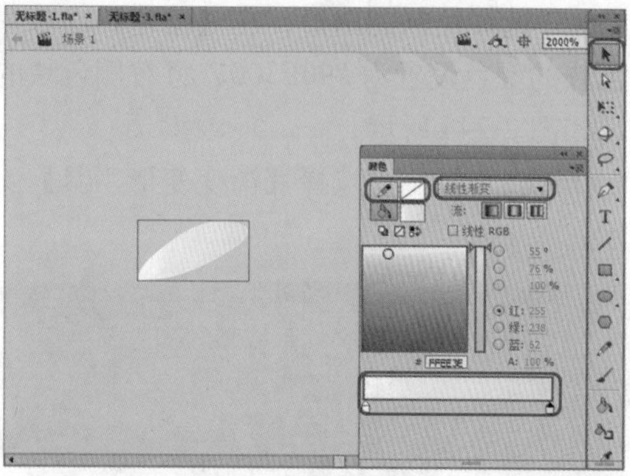

图 2-249　设置渐变颜色

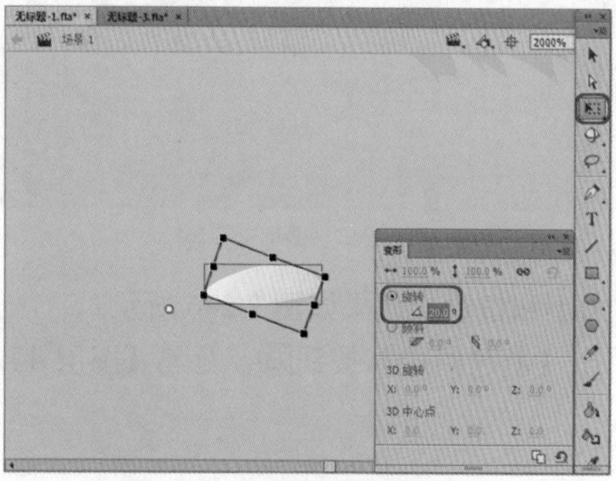

图 2-250　调整中心点和旋转角度

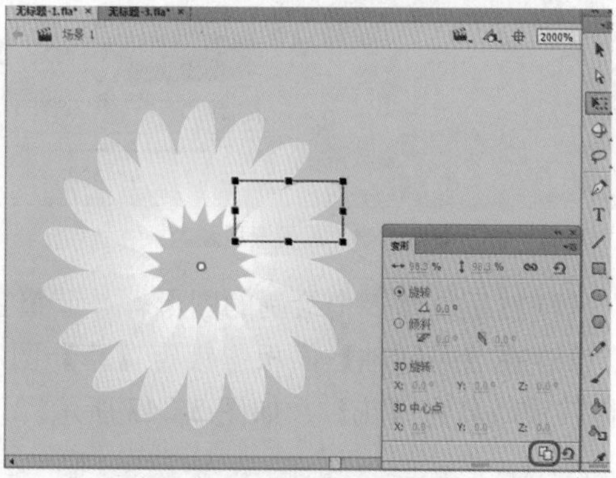

图 2-251　复制选区和变形

(23) 在工具箱中选择【椭圆工具】，在【颜色】面板中将【颜色类型】设置为【径向渐变】，然后将左侧色块的颜色设置为 #F9FF16，将右侧色块的颜色设置为 #FFC701，并在舞台中绘制椭圆，效果如图 2-252 所示。

(24) 使用【任意变形工具】选择【花】图层中的所有对象，然后对其进行旋转和缩放高度，最终效果如图 2-253 所示。

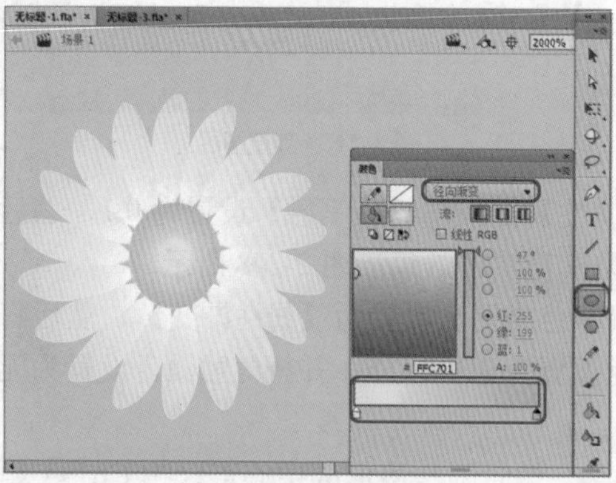

图 2-252　绘制椭圆

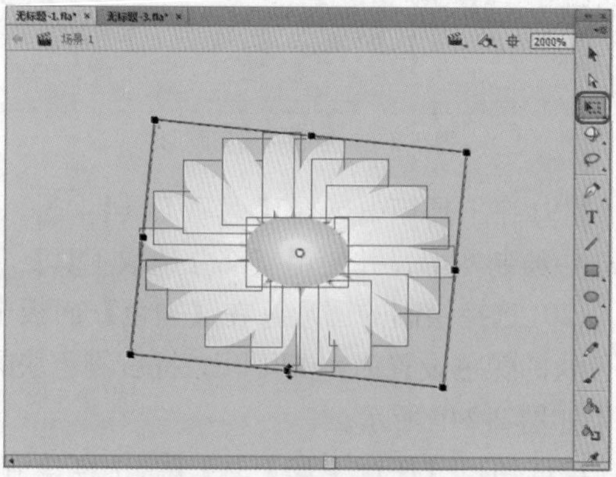

图 2-253　调整选择的图形

(25) 在工具箱中选择【钢笔工具】，在舞台中绘制图形，并使用【部分选取工具】调整其形状，效果如图 2-254 所示。

(26) 选择绘制的图形，在【颜色】面板中将【颜色类型】设置为【线性渐变】，将左侧色块的颜色设置为#90E300，将右侧色块的颜色设置为#4DBF05，将【笔触颜色】设置为无，效果如图 2-255 所示。

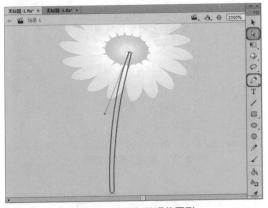

图 2-254　绘制并调整图形

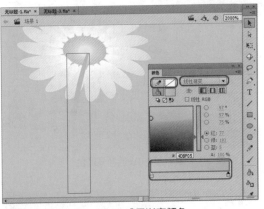

图 2-255　设置渐变颜色

(27) 在工具箱中选择【渐变变形工具】 ，然后在舞台中调整渐变颜色，效果如图 2-256 所示。

(28) 在工具箱中选择【钢笔工具】 ，在舞台中绘制图形，并使用【部分选取工具】 调整其形状，效果如图 2-257 所示。

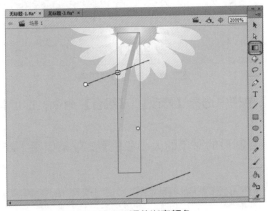

图 2-256　调整渐变颜色

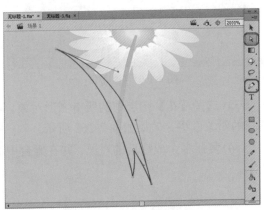

图 2-257　绘制并调整图形

(29) 选择绘制的图形，在【颜色】面板中将【颜色类型】设置为【线性渐变】，在渐变条的偏右位置处单击鼠标左键，即可添加色块，并将左侧色块的颜色设置为#61CC08，将中间色块的颜色设置为#85E30F，将右侧色块的颜色设置为#B5FF4D，将【笔触颜色】设置为无，效果如图 2-258 所示。

(30) 然后复制新绘制的图形，并调整其位置，效果如图 2-259 所示。

(31) 在工具箱中选择【钢笔工具】 ，在舞台中绘制图形，并使用【部分选取工具】 调整其形状，效果如图 2-260 所示。

(32) 选择绘制的图形，在【颜色】面板中将【颜色类型】设置为【线性渐变】，将左侧色块的颜色设置为#61CC08，将中间色块向左移动至渐变条的中间位置处，并将颜色设置为

#A5F22E，将右侧色块的颜色设置为#A5F22E，将【笔触颜色】设置为无，效果如图2-261所示。

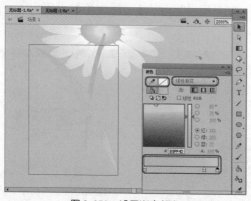

图2-258　设置渐变颜色

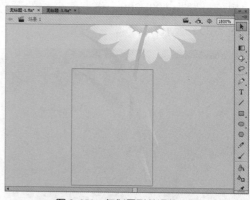

图2-259　复制图形并调整位置

图2-260　绘制图形

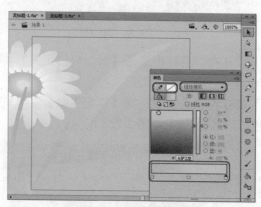

图2-261　设置渐变颜色

(33) 选择【花】图层中的所有图形对象，在菜单栏中选择【修改】|【组合】命令，即可将选择的对象成组，效果如图2-262所示。

(34) 复制多个成组后的对象，并在舞台中调整复制后的对象的大小和位置，效果如图2-263所示。

图2-262　成组对象

图2-263　复制并调整对象

(35) 在【时间轴】面板中锁定【花】图层，单击【新建图层】按钮，新建【图层5】，并将其重命名为【树】，如图 2-264 所示。

(36) 在工具箱中选择【钢笔工具】，在舞台中绘制图形，并选择绘制的图形，在【属性】面板中，将【填充颜色】设置为#775D30，将【笔触颜色】设置为无，如图 2-265 所示。

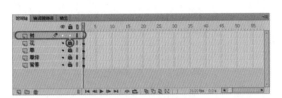

图 2-264　新建图层

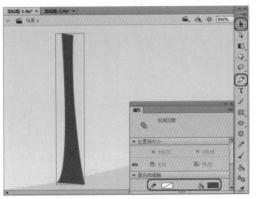

图 2-265　绘制图形并填充颜色

(37) 继续使用【钢笔工具】在舞台中绘制图形，并选择绘制的图形，在【属性】面板中，将【填充颜色】设置为#4DB805，将【笔触颜色】设置为无，如图 2-266 所示。

(38) 复制新绘制的图形，将其填充颜色更改为#A9EC00，并使用【任意变形工具】调整其形状，效果如图 2-267 所示。

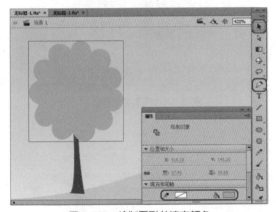

图 2-266　绘制图形并填充颜色

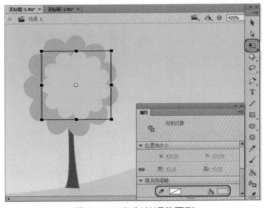

图 2-267　复制并调整图形

(39) 将【树】图层中的所有对象成组，然后复制多个成组后的对象，并在舞台中调整复制后的对象的大小和位置，效果如图 2-268 所示。

(40) 在【时间轴】面板中将【树】图层移至【草坪】图层的下方，并锁定【树】图层，单击【新建图层】按钮，新建【图层6】，将其重命名为【白云】，然后将该图层移至最上方，如图 2-269 所示。

(41) 在工具箱中选择【钢笔工具】，在舞台中绘制图形，并选择绘制的图形，在【颜色】面板中将【颜色类型】设置为【线性渐变】，将中间色块删除，并将左侧色块的颜色设置为#FFFFFF，将右侧色块的颜色同样设置为#FFFFFF，将 Alpha 值设置为 38，最后将【笔触颜色】设置为无，效果如图 2-270 所示。

(42) 然后复制两个新绘制的云彩对象，并使用【任意变形工具】调整其形状，最后调整其位置，效果如图 2-271 所示。至此，郊外风景绘制完成，然后将场景文件保存即可。

图 2-268　复制并调整图形

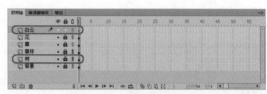

图 2-269　新建并调整图层

图 2-270　绘制图形并填充颜色

图 2-271　复制并调整图形

案例精讲 025　绘制卡通奶牛

✎ 案例文件：CDROM | 场景 |Cha02 | 绘制卡通奶牛 .fla

▶ 视频文件：视频教学 | Cha02 | 绘制卡通奶牛 .avi

制作概述

本例将介绍卡通奶牛的制作，在制作卡通奶牛时，在【时间轴】面板中创建各个图层，并使用【钢笔工具】、【选择工具】和【椭圆工具】等来绘制图形，完成后的效果如图 2-272 所示。

学习目标

图 2-272　卡通奶牛

- 学习如何制作卡通奶牛。
- 掌握卡通奶牛的制作流程，掌握【钢笔工具】、【选择工具】和【椭圆工具】的使用。

操作步骤

(1) 从菜单栏中选择【文件】|【新建】命令，在弹出的【新建文档】对话框中，选择 ActionScript 3.0 类型，将【宽】设置为 550 像素，【高】设置为 400 像素，如图 2-273 所示。

(2) 在新建文档的【时间轴】面板中双击【图层 1】字样，并将其重命名为【脑袋】，效果如图 2-274 所示。

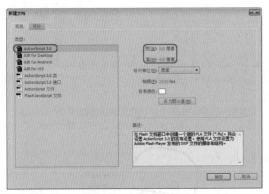
图 2-273 新建文档

图 2-274 重命名图层

(3) 在工具箱中选择【椭圆工具】 ，并单击【对象绘制】按钮 ，在舞台中绘制椭圆，效果如图 2-275 所示。

(4) 在工具箱中选择【选择工具】 ，在舞台中选择绘制的图形，然后选择工具箱下方的【填充颜色】，在弹出的对话框中将颜色设置为 #FCE1EB，效果如图 2-276 所示。

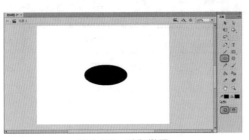
图 2-275 绘制椭圆

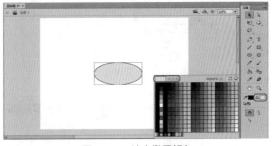
图 2-276 填充椭圆颜色

(5) 选择绘制的椭圆，按 Ctrl+T 组合键，在弹出的【变形】对话框中将【旋转】设置为 −9 度，如图 2-277 所示。

(6) 在工具箱中选择【钢笔工具】，在舞台中的椭圆上方绘制一个呈半圆状的图形，效果如图 2-278 所示。

(7) 在舞台中选择绘制的图形，确认其处于选中状态，按 Ctrl+F3 组合键，在弹出的【属性】面板中，将【填充和笔触】下的【笔触】设置为 5，效果如图 2-279 所示。

(8) 确认图形处于选中状态，单击鼠标右键，从弹出的快捷菜单中选择【排列】|【移至底层】命令，效果如图 2-280 所示。

(9) 再次使用【钢笔工具】，在舞台中绘制图形，效果如图 2-281 所示。

(10) 选择【选择工具】，在舞台中选择绘制的图形，确认其处于选中状态，在工具箱中单击按钮右侧的方块，在弹出的对话框中将颜色设置为 #000000，效果如图 2-282 所示。

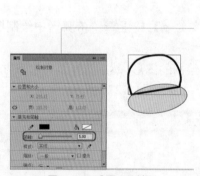

图 2-277　旋转图形

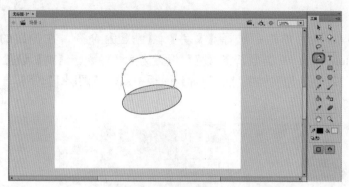

图 2-278　绘制图形

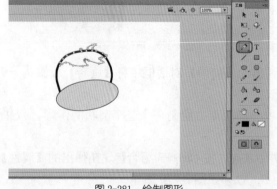

图 2-279　设置【笔触】

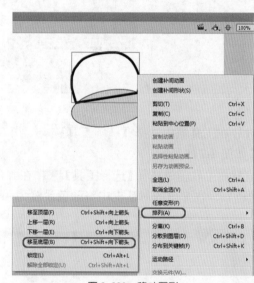

图 2-280　移动图形

图 2-281　绘制图形

图 2-282　填充颜色

(11) 在【时间轴】面板中单击【新建图层】按钮，新建一个图层，并命名为【面部】，然后锁定【脑袋】图层，如图 2-283 所示。

(12) 在工具箱中选择【椭圆工具】，在舞台中绘制椭圆，完成后，效果如图 2-284 所示。

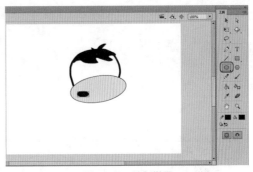

图 2-283　添加图层　　　　　　　　　　　图 2-284　绘制椭圆

（13）使用【选择工具】，在舞台中选择绘制的椭圆，按 Ctrl+T 组合键，在弹出的【变形】面板中将【旋转】设置为 20，如图 2-285 所示。

（14）确认绘制的椭圆处于选中状态，选择工具箱下方的【填充颜色】和【笔触颜色】，将它们的颜色都设置为 #F19ABD，效果如图 2-286 所示。

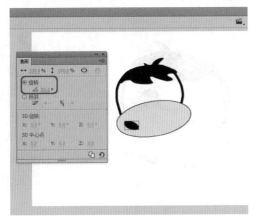

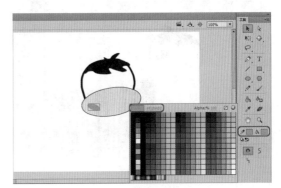

图 2-285　旋转椭圆　　　　　　　　　　　图 2-286　填充颜色

（15）使用同样的方法再次绘制椭圆，其效果如图 2-287 所示。

（16）在工具箱中选择【钢笔工具】，在舞台中绘制图形，并在【属性】面板中设置属性效果，如图 2-288 所示。

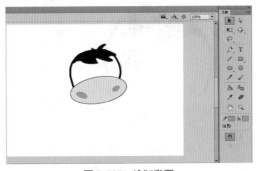

图 2-287　绘制椭圆　　　　　　　　　　　图 2-288　绘制图形

（17）再次在【时间轴】面板中单击【新建图层】按钮，创建图层【眼睛】，并将【面部图层】锁定，效果如图 2-289 所示。

(18) 在工具箱中选择【钢笔工具】，在舞台中绘制图形，效果如图 2-290 所示。

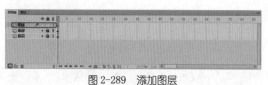

图 2-289　添加图层

图 2-290　绘制图形

(19) 在工具箱中选择【选择工具】，选择绘制的图形，并选择下方的【填充颜色】，在弹出的对话框中将颜色设置为 #000000，效果如图 2-291 所示。

(20) 在工具箱中选择【椭圆工具】，在舞台中绘制一个椭圆，效果如图 2-292 所示。

图 2-291　填充颜色

图 2-292　绘制椭圆

(21) 选择绘制的椭圆，在工具箱中选择【填充颜色】，在弹出的对话框中将颜色设置为 #FFFFFF，并使用【选择工具】将其移动到眼睛的适当位置，效果如图 2-293 所示。

(22) 使用【钢笔工具】，在舞台中绘制图形，作为眼睛的反光部分，效果如图 2-294 所示。

图 2-293　填充颜色

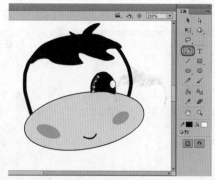

图 2-294　绘制图形

(23) 在工具箱中选择【选择工具】，在舞台中选择绘制的图形，再在工具箱中选择【填充颜色】，在弹出的对话框中将颜色设置为 #FFFFFF，效果如图 2-295 所示。

(24) 在工具箱中选择【钢笔工具】，在舞台中绘制图形，效果如图 2-296 所示。

图 2-295　填充颜色

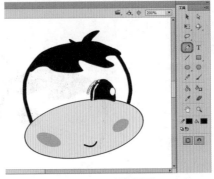
图 2-296　绘制图形

(25) 在工具箱中选择【选择工具】，在舞台中选择绘制的图形，然后在工具箱中选择【填充颜色】，在弹出的对话框中将颜色设置为 #000000，效果如图 2-297 所示。

(26) 使用同样的方法绘制另一个眼睛，效果如图 2-298 所示。

图 2-297　填充颜色

图 2-298　绘制图形

(27) 在【时间轴】面板中，单击【新建图层】按钮，新建一个图层，并将其命名为【耳朵】，并将除【耳朵】之外的所有图层全部锁定，效果如图 2-299 所示。

(28) 在工具箱中选择【钢笔工具】，在舞台中绘制图形，效果如图 2-300 所示。

图 2-299　添加图层

图 2-300　绘制图形

(29) 在工具箱中选择【选择工具】，在舞台中选择绘制的图形，按 Ctrl+F3 组合键，在弹出的【属性】面板中将【笔触】设置为 3，效果如图 2-301 所示。

(30) 再次使用【钢笔工具】在舞台中绘制图形，效果如图 2-302 所示。

图 2-301　设置【笔触】

图 2-302　绘制图形

(31) 在工具箱中选择【选择工具】，在舞台中选择绘制的图形，再在工具箱中选择【填充颜色】，在弹出的对话框中将颜色设置为 #C0D3F6，效果如图 2-303 所示。

(32) 使用同样的方法绘制另一个耳朵，效果如图 2-304 所示。

图 2-303　填充颜色

图 2-304　绘制图形

(33) 在【时间轴】面板中，单击【新建图层】按钮，新建一个图层并将其命名为【身体】，并将除【身体】之外的所有图层全部锁定，效果如图 2-305 所示。

(34) 在工具箱中选择【钢笔工具】，在舞台中绘制图形，作为身体，效果如图 2-306 所示。

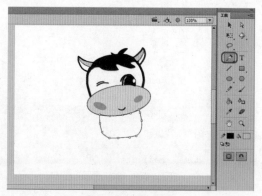

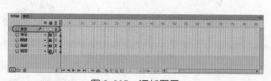

图 2-305　添加图层

图 2-306　绘制图形

(35) 使用【选择工具】将绘制的图形选中，按 Ctrl+F3 组合键，在弹出的【属性】对话框中，将【笔触】设置为 2.00，效果如图 2-307 所示。

(36) 再次使用【钢笔工具】在舞台中绘制图形，效果如图 2-308 所示。

图 2-307 设置【笔触】

图 2-308 绘制图形

(37) 在工具箱中选择【选择工具】，在舞台中选择绘制的图形，在工具箱的下方选择【填充颜色】按钮，在弹出的对话框中将颜色设置为 #FEE13A，效果如图 2-309 所示。

(38) 使用【钢笔工具】在舞台中绘制图形，效果如图 2-310 所示。

图 2-309 填充颜色

图 2-310 绘制图形

(39) 在工具箱中选择【选择工具】，在舞台中选择绘制的图形，将其颜色设置为 #000000，效果如图 2-311 所示。

(40) 在工具箱中选择【刷子工具】，将工具箱下方的【刷子大小】设置为第六个图案，在舞台中绘制黑斑，作为身体上的黑斑，效果如图 2-312 所示。

图 2-311 填充颜色

图 2-312 绘制斑点

(41) 使用【钢笔工具】在舞台中绘制图形，效果如图 2-313 所示。

(42) 使用【选择工具】在舞台中选择绘制的图形，将其颜色设置为 #D58D21，并将【笔触】设置为无，效果如图 2-314 所示。

图 2-313　绘制图形

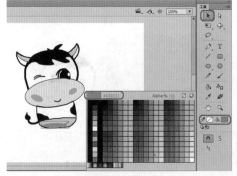

图 2-314　填充颜色

(43) 在【时间轴】面板中，单击【新建图层】按钮，新建一个图层并将其命名为【四肢】，然后将除【四肢】之外的所有图层全部锁定，效果如图 2-315 所示。

(44) 在工具箱中选择【钢笔工具】，在舞台中绘制图形，效果如图 2-316 所示。

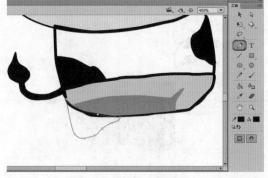

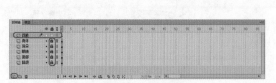

图 2-315　添加图层

图 2-316　绘制图形

(45) 使用【选择工具】，在舞台中选择绘制的图形，按 Ctrl+F3 组合键，在弹出的【属性】面板中将【笔触】设置为 2，效果如图 2-317 所示。

(46) 确认图形处于选中状态，在工具箱的最下方选择【填充颜色】，在弹出的对话框中将颜色设置为 #FFFFFF，效果如图 2-318 所示。

图 2-317　设置【笔触】

图 2-318　填充颜色

(47) 在工具箱中选择【钢笔工具】，再次在舞台中绘制图形，效果如图 2-319 所示。

(48) 确认图形处于选中状态，在工具箱的最下方选择【填充颜色】，在弹出的对话框中将颜色设置为 #FFFFFF，效果如图 2-320 所示。

图 2-319　绘制图形

图 2-320　填充颜色

(49) 使用同样的方法绘制上肢，效果如图 2-321 所示。

(50) 绘制完成后，在工具箱中选择【刷子工具】，在舞台中连续绘制图形，效果如图 2-322 所示。

(51) 在菜单栏中选择【文件】|【保存】命令，弹出【另存为】对话框，在该对话框中选择文件的存储路径，输入【文件名】为【绘制奶牛】，将【保存类型】设置为 fla，单击【保存】按钮。

图 2-321　绘制上肢

图 2-322　绘制图形

案例精讲 026　绘制卡通星空

案例文件：CDROM | 场景 | Cha02 | 绘制卡通星空 .fla

视频文件：视频教学 | Cha02 | 绘制卡通星空 .avi

制作概述

本例将介绍卡通星空的绘制，在【时间轴】面板中创建图层，并使用【钢笔工具】、【椭圆工具】和【选择工具】等来绘制图形，完成后的效果如图 2-323 所示。

图 2-323　卡通星空

学习目标

■　学习如何绘制卡通星空。

■ 掌握卡通星空的制作流程，掌握【钢笔工具】、【椭圆工具】和【选择工具】等的使用。

操作步骤

(1) 从菜单栏中选择【文件】|【新建】命令，在弹出的【新建文档】对话框中，选择 ActionScript 3.0 类型，将【宽】设置为 700 像素，【高】设置为 450 像素，如图 2-324 所示。

(2) 从菜单栏中选择【文件】|【导入】|【导入到舞台】命令，在弹出的【导入】对话框中选择随书附带光盘中的 CDROM| 素材 |Cha02|1.jpg 文件，如图 2-325 所示。

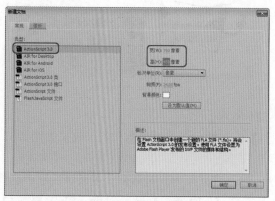
图 2-324　创建文档

图 2-325　导入素材

(3) 在工具箱中选择【选择工具】，在舞台中选择导入的文件，按 Ctrl+F3 组合键，在弹出的【属性】对话框中，将【宽】设置为 700，【高】设置为 450，效果如图 2-326 所示。

(4) 在【时间轴】面板中，单击下方的【新建图层】按钮，创建一个新图层并命名为【星星】，并将【图层 1】命名为【背景】并锁定，如图 2-327 所示。

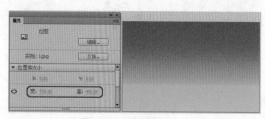
图 2-326　设置素材大小

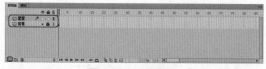
图 2-327　创建图层

(5) 在工具箱中选择【钢笔工具】，并打开工具箱中的【对象绘制】按钮，在舞台中绘制图形，效果如图 2-328 所示。

(6) 在工具箱中选择【选择工具】，选择绘制的图形，在工具箱中将【笔触颜色】和【填充颜色】都设置为 #FAE469，如图 2-329 所示。

(7) 在工具箱中选择【钢笔工具】，并打开工具箱中的【对象绘制】按钮，在舞台中绘制图形，效果如图 2-330 所示。

(8) 在工具箱中选择【选择工具】，选择绘制的图形，在工具箱中将【笔触颜色】和【填充颜色】都设置为 #FDF588，如图 2-331 所示。

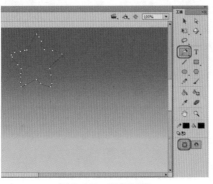

图 2-328　绘制图形

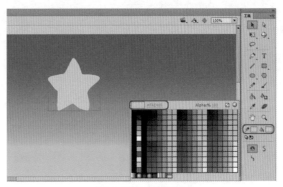

图 2-329　填充颜色

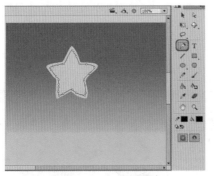

图 2-330　绘制图形

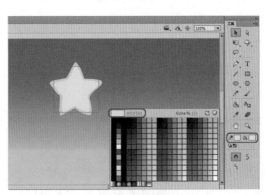

图 2-331　填充颜色

(9) 在工具箱中选择【钢笔工具】，并打开工具箱中的【对象绘制】按钮，在舞台中绘制图形，效果如图 2-332 所示。

(10) 在工具箱中选择【选择工具】，选择绘制的图形，在工具箱中将【笔触颜色】和【填充颜色】都设置为 #FAF9BC，如图 2-333 所示。

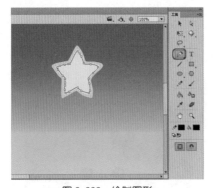

图 2-332　绘制图形

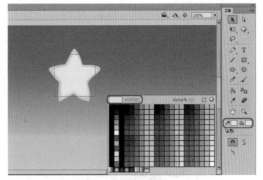

图 2-333　填充颜色

(11) 在【时间轴】面板中，单击【创建图层】按钮，创建一个新图层并命名为【眼睛及嘴】，并将【星星】图层锁定，如图 2-334 所示。

(12) 在工具箱中选择【椭圆工具】，在舞台中绘制椭圆，效果如图 2-335 所示。

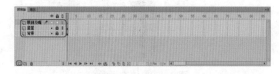

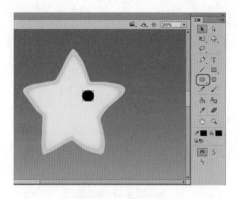

图 2-334　创建图层　　　　　　　　　　　　　　图 2-335　绘制椭圆

(13) 使用【选择工具】，在舞台中选择绘制的椭圆，将其颜色设置为#49313C，效果如图 2-336 所示。

(14) 继续使用【椭圆工具】，在舞台中绘制椭圆，并将其颜色设置为#37192F，效果如图 2-337 所示。

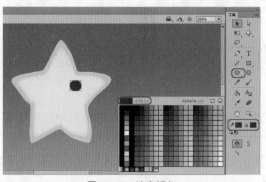

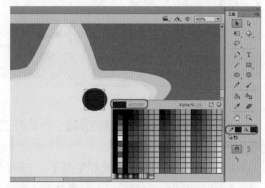

图 2-336　填充颜色　　　　　　　　　　　　　　图 2-337　绘制并填充颜色

(15) 再次使用【椭圆工具】，在舞台中绘制椭圆，并将其颜色设置为#291671，效果如图 2-338 所示。

(16) 继续在舞台中绘制椭圆，并复制出连一个眼睛，效果如图 2-339 所示。

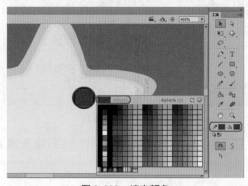

图 2-338　填充颜色　　　　　　　　　　　　　　图 2-339　绘制图形

(17) 在工具箱中选择【钢笔工具】，在舞台中绘制星星的嘴，如图 2-340 所示。

(18) 在工具箱中选择【选择工具】，选择绘制的图形，将【笔触颜色】设置为#965B35，将【填充颜色】设置为#ED9C9D，效果如图 2-341 所示。

图 2-340　绘制图形

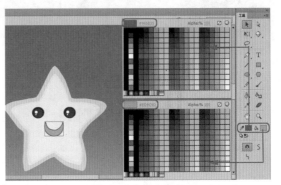

图 2-341　填充颜色

(19) 绘制完成后，在【时间轴】面板中创建文件夹按钮，并命名为【星星】，将图层【星星】和图层【眼睛和嘴】移动到【星星】文件夹中，如图 2-342 所示。

(20) 将图层的锁定打开，在舞台中选择绘制的星星，将其进行复制粘贴，并使用【任意变形工具】将其进行缩放和旋转，效果如图 2-343 所示。

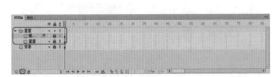

图 2-342　创建文件夹

图 2-343　复制图形

(21) 在【时间轴】面板中，将【星星】文件夹锁定，单击【创建图层】按钮，创建一个新图层并命名为【月亮】，如图 2-344 所示。

(22) 在工具箱中选择【钢笔工具】，在舞台中绘制图形，效果如图 2-345 所示。

图 2-344　创建图层

图 2-345　绘制图形

(23) 在工具箱中选择【选择工具】，在舞台中选择绘制的图形，并将其【填充颜色】和【笔触颜色】都设置为#FEFFCA，效果如图 2-346 所示。

(24) 再次使用【钢笔工具】，在舞台中绘制图形，作为月亮的眼睛，效果如图 2-347 所示。

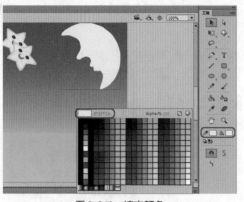

图 2-346　填充颜色

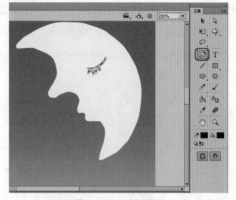

图 2-347　绘制图形

(25) 使用【选择工具】在舞台中选择绘制的图形，将其【填充颜色】设置为黑色，效果如图 2-348 所示。

(26) 在工具箱中选择【椭圆工具】，在舞台中绘制一个椭圆，并将其【填充颜色】设置为 #FE9CCC，效果如图 2-349 所示。

(27) 从菜单栏中选择【文件】|【保存】命令，弹出【另存为】对话框，在该对话框中选择文件的存储路径，输入【文件名】为【绘制卡通星空】，将【保存类型】设置为 fla，单击【保存】按钮。

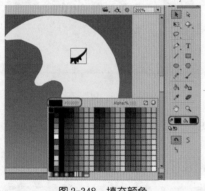

图 2-348　填充颜色

图 2-349　绘制并填充颜色

案例精讲 027　绘制卡通仙人球

✎ 案例文件：CDROM | 场景 | Cha02 | 绘制卡通仙人球 .fla

🎬 视频文件：视频教学 | Cha02 | 绘制卡通仙人球 .avi

制作概述

下面介绍如何绘制仙人球，在本例中使用了【任意变形工具】、【椭圆工具】、【矩形工具】、【钢笔工具】和【颜料桶工具】，通过对本例的学习，了解如何使用以上工具，完成后的效果如图 2-350 所示。

图 2-350　绘制卡通仙人球

学习目标

- 学习【任意变形工具】的使用和【钢笔工具】的使用。
- 掌握绘制卡通仙人掌的制作流程及颜色设置。

操作步骤

(1) 启动软件后,在欢迎界面中,单击【新建】选项组中的【ActionScript 3.0】按钮,如图 2-351 所示,即可新建场景。

(2) 进入工作界面后,在工具箱中单击【属性】按钮 ,在打开的面板中将【属性】选项组中的【大小】设置为 490×427 像素,如图 2-352 所示。

图 2-351　选择新建类型

图 2-352　设置场景大小

(3) 在工具箱中选择【矩形工具】 ■ ,然后单击【属性】按钮 ,打开【属性】面板,单击【填充和笔触】选项组下的【笔触颜色】色块,在弹出的界面中,将颜色设置为 #743827,并将【笔触】设置为 8,如图 2-353 所示。

(4) 将【笔触颜色】设置完成后,单击【填充颜色】色块,在弹出的界面中,将颜色设置为 #CE666,如图 2-354 所示。

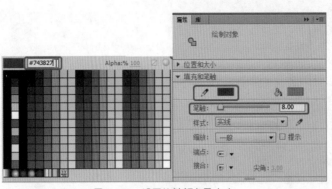

图 2-353　设置笔触颜色及大小

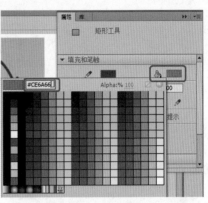

图 2-354　设置填充颜色

(5) 设置完成后，在【时间轴】面板中单击【新建图层】按钮 ，新建图层后，在舞台中绘制一个矩形，如图 2-355 所示。

(6) 在工具箱中选择【任意变形工具】 ，然后按住 Ctrl 键调整绘制出矩形的控制点，调整矩形后的效果如图 2-356 所示。

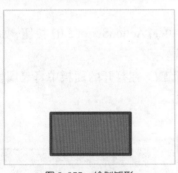

图 2-355　绘制矩形

图 2-356　将矩形变形

(7) 使用同样的方法，新建图层并在工具箱中选择【矩形工具】 后，打开【属性】面板，将【填充颜色】设置为 #AD5656，并将【笔触颜色】设置为无，如图 2-357 所示。

(8) 在舞台中绘制矩形，然后选择工具箱中的【任意变形工具】 ，按住 Ctrl 键调整矩形的控制点，调整矩形后的效果如图 2-358 所示。

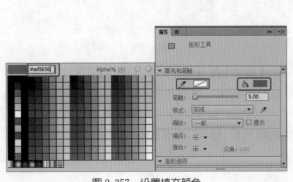

图 2-357　设置填充颜色

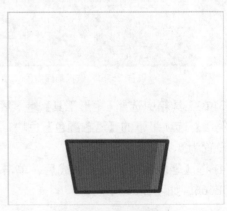

图 2-358　绘制并调整矩形

(9) 新建图层，并在工具箱中选择【钢笔工具】 后，打开【属性】面板，将【笔触颜色】设置为#743827，并将【笔触】设置为5，如图2-359所示。

(10) 将颜色和笔触设置完成后，在舞台中绘制图形，效果如图2-360所示。

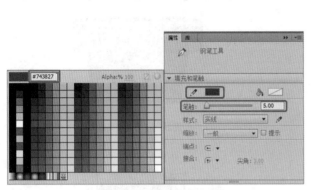

图2-359 设置笔触颜色及大小

图2-360 使用【钢笔工具】绘制图形

(11) 绘制完成后，在工具箱中选择【颜料桶工具】，然后打开【属性】面板，将【填充颜色】设置为#CE6A66，如图2-361所示。

(12) 将颜色设置完成后，使用【颜料桶工具】在绘制的图形中填充颜色，效果如图2-362所示。

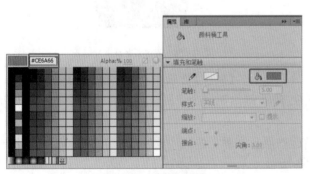

图2-361 设置填充颜色

图2-362 为图形填充颜色

(13) 以同样的方法新建图层后，使用【钢笔工具】，在【属性】面板中，将其【笔触】设置为0.10，然后绘制图形并填充颜色，将【填充颜色】设置为#AD5656，绘制并填充后的效果如图2-363所示。

(14) 新建图层，再次使用【钢笔工具】，将【笔触颜色】设置为#743827，将【笔触】设置为5，在舞台中绘制图形，效果如图2-364所示。

(15) 在工具箱中选择【颜料桶工具】，在属性面板中将【填充颜色】设置为#3D9800，为绘制的图形填充颜色，效果如图2-365所示。

(16) 使用同样的方法，新建图层，将【笔触颜色】设置为#348100，将【填充颜色】设置为#348100，将【笔触】设置为0.10，绘制图形并为其填充颜色，填充图形后的效果如图2-366所示。

图 2-363　绘制并填充图形

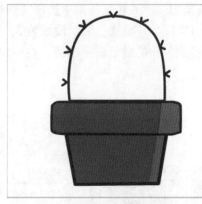

图 2-364　绘制图形

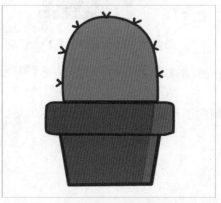

图 2-365　为绘制的图形填充颜色

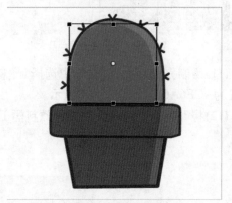

图 2-366　绘制图形并填充颜色

(17) 新建图层，在工具箱中选择【椭圆工具】，在【属性】面板中将【笔触颜色】设置为无，【填充颜色】设置为黑色，然后在舞台中按住 Shift 键绘制一个正圆，绘制后的效果如图 2-367 所示。

(18) 继续使用【椭圆工具】 ，然后新建图层，在黑色的圆中绘制三个大小不同的小圆，并将它们的颜色设置为白色，效果如图 2-368 所示。

图 2-367　绘制正圆

图 2-368　绘制三个小圆

(19) 新建图层，使用【铅笔工具】 ，在【属性】面板中将【笔触颜色】设置为

#743827，将【笔触】设置为5，然后在舞台中绘制图形，绘制完成后的效果如图2-369所示。

(20) 使用【钢笔工具】，绘制右侧的眼睛，在【属性】面板中将【笔触颜色】设置为黑色，将【笔触】设置为0.10，在舞台中进行绘制，并在图形中填充黑色，效果如图2-370所示。

图2-369　使用铅笔绘制图形

图2-370　绘制右侧的眼睛

(21) 然后使用【铅笔工具】，将【笔触颜色】设置为黑色，将【笔触】设置为5，绘制出右侧眼睛上方的睫毛，效果如图2-371所示。

(22) 新建图层，使用【钢笔工具】在舞台中绘制图形，并将【笔触颜色】设置为黑色，将【笔触】设置为黑色，在舞台中进行绘制，效果如图2-372所示。

图2-371　绘制睫毛

图2-372　使用【钢笔工具】绘制图形

(23) 新建图层，在工具箱中选择【椭圆工具】，在【属性】面板中将【笔触颜色】设置为无，将【填充颜色】设置为#FF99CC，然后在舞台中进行绘制，绘制后的效果如图2-373所示。

(24) 按住Alt键，使用【选择工具】，将刚绘制的图形向右拖动，对其进行复制，效果如图2-374所示。

(25) 根据前面讲述的方法新建图层后，使用【钢笔工具】绘制图形，设置【笔触颜色】为#52A801，将【笔触】设置为5，绘制后的效果如图2-375所示。

(26) 在【时间轴】面板中，将新绘制的图形移动至被遮挡图形的下面，效果如图2-376所示。

(27) 绘制完成后，新建图层，从菜单栏中选择【文件】|【导入】|【导入到舞台】命令，如图2-377所示。

(28) 在打开的【导入】对话框中，选择素材文件【沙滩海岸】并打开，效果如图2-378所示。

图 2-373　绘制图形

图 2-374　复制图形

图 2-375　使用【钢笔工具】绘制图形

图 2-376　调整图层

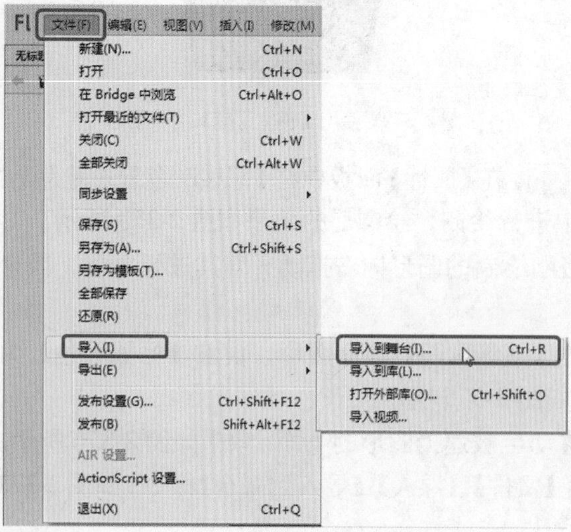

图 2-377　选择【导入到舞台】命令

图 2-378　导入图片

(29) 在【时间轴】面板中，将导入的图片拖动调整至所有图层的最下面，效果如图2-379所示。

(30) 选择先前绘制的所有图形，从菜单栏中选择【修改】|【转换为元件】命令，在打开的对话框中，将【类型】设置为【图形】，如图2-380所示，然后单击【确定】按钮。

图 2-379　调整图层

图 2-380　将绘制的图形转换为元件

(31) 使用【任意变形工具】 ，按住Shift键，对已经转换为元件的图形进行缩放调整位置，效果如图2-381所示。

(32) 然后新建图层，使用【钢笔工具】绘制图形，将【笔触颜色】设置为黑色，将【笔触】设置为0.10，在舞台中进行绘制，效果如图2-382所示。

图 2-381　调整缩放图形

图 2-382　绘制图形

(33) 使用【颜料桶工具】，将【填充颜色】设置为黑色，为绘制的图形填充颜色，如图2-383所示。

(34) 使用【任意变形工具】 ，选中刚绘制的图形，对图形进行缩放并调整位置，效果如图2-384所示。

(35) 确认选中刚才绘制的图形，打开【颜色】面板，选中【笔触颜色】按钮 ，将下方的A设置为0，如图2-385所示。

(36) 然后在【颜色】面板中，选中【填充颜色】按钮 ，将下方的A设置为50，如图2-386所示。

图 2-383　填充颜色

图 2-384　调整图形

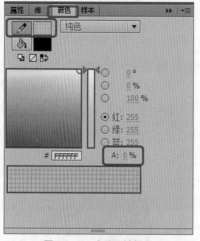

图 2-385　设置笔触颜色

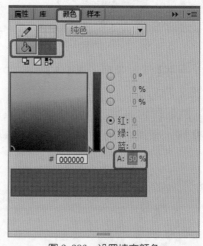

图 2-386　设置填充颜色

案例精讲 028　绘制红苹果

> 📄 **案例文件：** CDROM | 场景 | Cha02 | 绘制红苹果 .fla
>
> 💿 **视频文件：** 视频教学 | Cha02 | 绘制红苹果 .avi

制作概述

下面介绍如何绘制红苹果，在本例中使用了【部分选取工具】、【椭圆工具】、【钢笔工具】和【选择工具】，通过对本例的学习，学会使用以上工具，完成后的效果如图 2-387 所示。

图 2-387　绘制红苹果

学习目标

■ 学习使用【部分选取工具】和【选择工具】。

■ 掌握卡通苹果的制作流程以及高光的使用和颜色的设置。

操作步骤

(1) 启动软件后，在欢迎界面中，单击【新建】选项组中的【ActionScript 3.0】按钮，如图 2-388 所示，即可新建场景。

(2) 进入工作界面后，在工具箱中单击【属性】按钮 ，在打开的面板中将【属性】选项组中的【大小】设置为 1024×981 像素，如图 2-389 所示。

图 2-388 选择新建类型

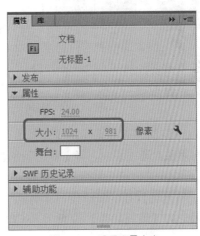

图 2-389 设置场景大小

(3) 在工具箱中选择【椭圆工具】 ，在舞台中按住 Shift 键绘制一个正圆，绘制后的效果如图 2-390 所示。

(4) 在工具箱中选择【部分选取工具】 ，然后在绘制的正圆边缘处单击，即可显示控制点，调整控制点，效果如图 2-391 所示。

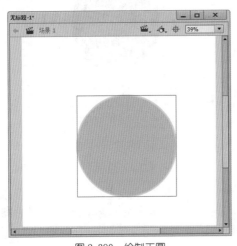

图 2-390 绘制正圆

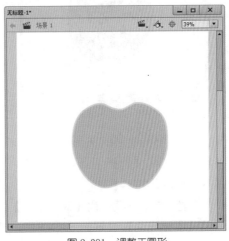

图 2-391 调整正圆形

(5) 调整完成后，在工具箱中选择【选择工具】 ，在舞台中选中绘制的图形，然后打开

【属性】面板，在【填充和笔触】选项组中，将【填充颜色】设置为#993333，将【笔触颜色】设置为无，如图 2-392 所示。

(6) 将颜色设置完成后，在【时间轴】面板中单击【新建图层】 按钮，新建图层，在工具箱中选择【钢笔工具】 ，在舞台中绘制图形，如图 2-393 所示。

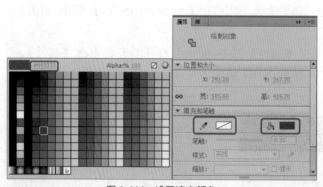

图 2-392　设置填充颜色　　　　　　　图 2-393　绘制图形

(7) 绘制完成后，使用【选择工具】 ，在舞台中选中绘制的图形，在【属性】面板的【填充和笔触】选项组中，将【填充颜色】设置为#4F4B23，【笔触颜色】设置为无，效果如图 2-394 所示。

(8) 新建图层，继续使用【钢笔工具】绘制图形，并使用【选择工具】 ，选中绘制的图形，将图形的【填充颜色】设置为#8CC955，将【笔触颜色】设置为无，效果如图 2-395 所示。

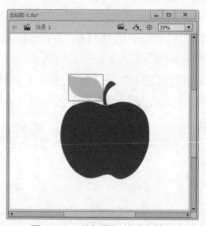

图 2-394　为图形填充颜色　　　　　　　图 2-395　绘制图形并填充颜色

(9) 确认选中刚绘制的图形，按 Ctrl+C 组合键进行复制，新建图层，按 Ctrl+Shift+V 组合键进行粘贴，使用【选择工具】 ，选中复制的图形，设置其【填充颜色】为#6BAD46，然后使用【任意变形工具】 ，调整图形，效果如图 2-396 所示。

(10) 新建图层，继续使用【钢笔工具】绘制图形，并使用【选择工具】 ，选中绘制的图形，将图形的【填充颜色】设置为#8CC955，将【笔触颜色】设置为无，效果如图 2-397 所示。

(11) 使用同样的方法，新建图层并绘制图形，将【填充颜色】设置为#B1DA63，效果如图 2-398 所示。

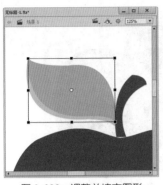

图 2-396　调整并填充图形

图 2-397　绘制图形并填充颜色

图 2-398　再次绘制图形并填充

(12) 新建多个图层，并在不同图层上使用【钢笔工具】继续绘制不同形状的图形，分别设置【填充颜色】为 #D8CA92、#524F29、#7E7538、#D9C890，效果如图 2-399 所示。

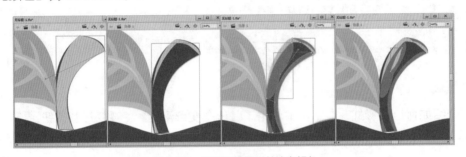

图 2-399　绘制不同图形并填充颜色

(13) 新建图层，并使用【钢笔工具】绘制图形，使用【选择工具】，选中绘制的图形，打开【颜色】面板，将它们的【填充颜色】设置为白色，将 A 设置为 75%，将【笔触颜色】设置为无，如图 2-400 所示。

(14) 继续新建图层并使用【钢笔工具】绘制图形，在【颜色】面板中，将【填充颜色】设置为白色，将【A】设置为 15，将【笔触颜色】设置为无，效果如图 2-401 所示。

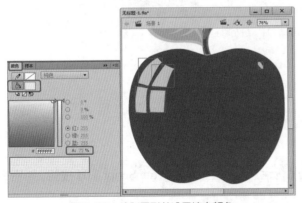

图 2-400　绘制图形并设置填充颜色

图 2-401　再次绘制图形并设置填充颜色

(15) 使用同样的方法绘制图形并填充白色，将 A 设置为 50，效果如图 2-402 所示。

(16) 使用同样的方法绘制并填充 #7E3333 颜色，将 A 设置为 50，效果如图 2-403 所示。

图 2-402　绘制图形并设置填充颜色

图 2-403　继续绘制图形并设置填充颜色

案例精讲 029　绘制彩虹

案例文件：CDROM | 场景 | Cha02 | 绘制彩虹 .fla

视频文件：视频教学 | Cha02 | 绘制彩虹 .avi

制作概述

　　下面介绍如何绘制彩虹，在本例中使用了【任意变形工具】、【变形】按钮、【钢笔工具】和【选择工具】，通过对本例的学习，学会使用以上工具，完成后的效果如图 2-404 所示。

图 2-404　绘制彩虹

学习目标

- 学习【变形】面板的使用。
- 掌握在绘制图形的过程中颜色的调整。

操作步骤

　　(1) 启动软件后，在欢迎界面中，单击【新建】选项组中的【ActionScript 3.0】按钮，如图 2-405 所示，即可新建场景。

　　(2) 进入工作界面后，在工具箱中单击【属性】按钮，在打开的面板中将【属性】选项组中的【大小】设置为 1024×576 像素，如图 2-406 所示。

　　(3) 在工具箱中选择【矩形工具】，在舞台中绘制矩形，如图 2-407 所示。

　　(4) 然后选择【任意变形工具】，按住 Ctrl 键，在舞台中调整绘制的矩形，效果如图 2-408

所示。

图 2-405　选择新建类型

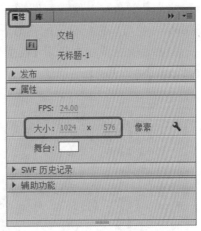

图 2-406　设置场景大小

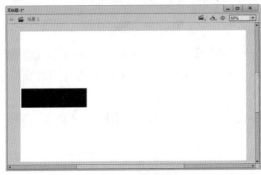

图 2-407　绘制矩形

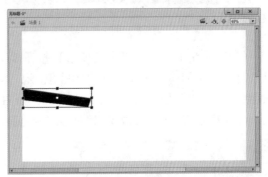

图 2-408　调整矩形

（5）使用【选择工具】 选中绘制的矩形，然后打开【颜色】面板，击【填充颜色】按钮 ，选择【线性渐变】，将【笔触颜色】设置为无，如图 2-409 所示。

（6）在【颜色】面板中，确认选中【填充颜色】，设置下方的渐变颜色，将左右两侧的色块颜色都设置为白色，并将左侧色块的 A 设置为 0，右侧色块的 A 设置为 80，如图 2-410 所示。

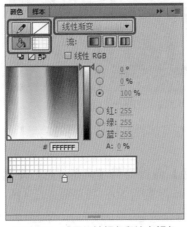

图 2-409　设置笔触颜色和填充颜色

图 2-410　调整渐变颜色

(7) 将颜色调整完成后，使用【选择工具】 在舞台上单击，在【属性】面板中设置【舞台】的背景颜色，以便观察图形在舞台中的显示效果，在这里将【舞台】的背景颜色设置为 #336666，也可以根据自己的喜好进行设置，效果如图 2-411 所示。

(8) 然后在工具箱中使用【任意变形工具】，在舞台中选中绘制的图形，调整图形的中心点，效果如图 2-412 所示。

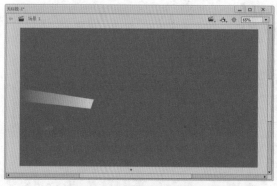

图 2-411 调整舞台颜色观看效果

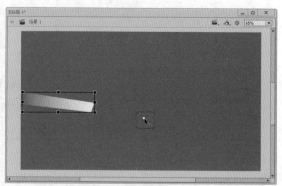

图 2-412 调整中心点

(9) 然后在工具箱中单击【变形】按钮 ，打开【变形】面板，在面板底部单击【重置选区和变形】按钮 ，即可复制选中的图形，然后将【缩放宽度】设置为 96%，将【缩放高度】设置为 96%，将【旋转】设置为 15.0°，如图 2-413 所示。

(10) 然后使用相同的方法对图形进行复制旋转调整，完成后的效果如图 2-414 所示。

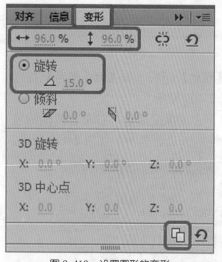

图 2-413 设置图形的变形

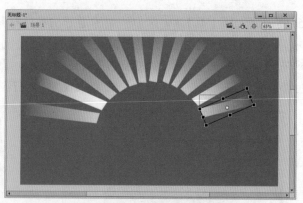

图 2-414 对绘制的图形进行多次变形

(11) 新建图层，在工具箱中选择【钢笔工具】 ，在【属性】面板中将【笔触】设置为 5，在舞台中绘制图形，效果如图 2-415 所示。

(12) 使用【选择工具】选中刚绘制的图形，在【颜色】面板中将【填充颜色】设置为红色，将【笔触颜色】也设置为红色，并将【笔触颜色】下的 A 设置为 50，效果如图 2-416 所示。

(13) 使用同样的方法新建图层，并绘制图形，分别填充黄色 (#FFFF71)、绿色 (#00FF00)、青色 (#00FFFF)、紫色 (#660099) 和粉色 (#FF66FF)，效果如图 2-417 所示。

(14) 然后使用【选择工具】在舞台上单击，打开【属性】面板，将舞台的背景颜色设置为
#3399CC，效果如图 2-418 所示。

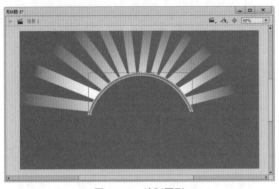
图 2-415　绘制图形

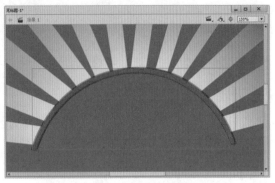
图 2-416　设置图形的填充颜色

图 2-417　绘制图形并填充不同颜色后的效果

图 2-418　设置舞台背景颜色

(15) 新建图层，选择【钢笔工具】，在【属性】面板中设置【笔触】为 20，绘制图形，效
果如图 2-419 所示。

(16) 使用【选择工具】选中绘制的图形，打开【颜色】面板，将【笔触颜色】和【填充颜色】
均设置为白色，并将【笔触颜色】的 A 设置为 50，效果如图 2-420 所示。

图 2-419　绘制图形并填充颜色

图 2-420　设置颜色

(17) 然后使用相同的方法绘制图形并填充颜色，效果如图 2-421 所示。

(18) 从菜单栏中选择【文件】|【保存】命令，在弹出的对话框中选择保存位置，设置文件名称，最后单击【保存】按钮即可，如图 2-422 所示。

图 2-421　绘制图形并填充颜色

图 2-422　保存文件

第3章
逐帧动画的制作

逐帧动画也叫帧帧动画，逐帧动画需要用户更改影片每一帧中的舞台内容。简单的逐帧动画并不需要用户定义过多的参数，只需设置好每一帧，即可播放动画。本章将要介绍逐帧动画的制作。

案例精讲 030　制作气球飘动动画

制作概述

本例将介绍如何制作气球飘动动画，该案例主要通过创建影片剪辑元件，然后导入序列图片来制作气球飘动的效果。完成后的效果如图 3-1 所示。

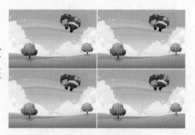

图 3-1　制作气球飘动动画

学习目标

- 创建影片剪辑元件。
- 导入序列图片。

操作步骤

(1) 从菜单栏中选择【文件】|【新建】命令，弹出【新建文档】对话框，在【类型】列表框中选择 ActionScript 3.0 选项，然后在右侧的设置区域中将【宽】设置为 600 像素，将【高】设置为 392 像素，如图 3-2 所示。

(2) 单击【确定】按钮，即可新建一个文档，按 Ctrl+R 组合键，弹出【导入】对话框，在该对话框中选择"气球飘动背景 .jpg"素材文件，单击【打开】按钮，选中该素材文件，按 Ctrl+K 组合键，在弹出的面板中单击【水平中齐】、【垂直中齐】、【匹配宽和高】按钮，如图 3-3 所示。

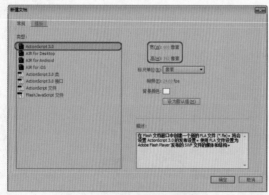

图 3-2　【新建文档】对话框

图 3-3　导入素材文件并进行调整

(3) 按 Ctrl+F8 组合键，在弹出的对话框中将【名称】设置为【气球飘动】，将【类型】设置为【影片剪辑】，如图 3-4 所示。

（4）设置完成后，单击【确定】按钮，从菜单栏中选择【文件】|【导入】|【导入到舞台】命令，在弹出的对话框中选择【气球飘动】文件夹中的"0010001.png"素材文件，如图3-5所示。

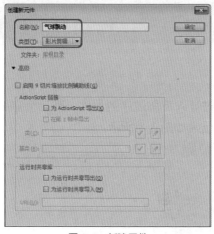

图3-4 新建元件

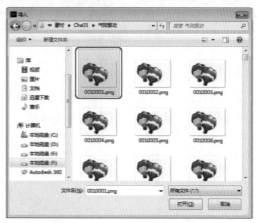

图3-5 选择素材文件

（5）单击【打开】按钮，在弹出的对话框中单击【是】按钮，如图3-6所示。

（6）返回至场景1中，在【时间轴】面板中单击【新建图层】按钮，在【库】面板中选择【气球飘动】，按住鼠标将其拖拽至舞台中，并调整其大小和位置，效果如图3-7所示。

图3-6 单击【是】按钮

图3-7 添加影片剪辑元件

知识链接

　　动画在长期的发展过程中，基本原理未发生过很大的变化，不论是早期手绘动画还是现代的电脑动画，都是由若干张图片连续放映产生的。逐帧动画是一种常见的动画形式，其原理是在连续的关键帧中分解动画动作，也就是在时间轴的每帧上逐帧绘制不同的内容，使其连续播放而成动画。因为逐帧动画的帧序列内容不一样，不但给制作增加了负担，而且最终输出的文件量也很大，但它的优势也很明显：逐帧动画具有非常大的灵活性，几乎可以表现任何想表现的内容，它类似于电影的播放模式，很适合于表现细腻的动画。例如人物或动物急剧转身、头发及衣服的飘动、走路、说话以及精致的3D效果等。

案例精讲 031　制作下雨效果

> 案例文件：CDROM | 场景 | Cha03 | 制作下雨效果 .fla
>
> 视频文件：视频教学 | Cha03| 制作下雨效果 .avi

制作概述

本案例将介绍如何制作下雨效果，该案例主要通过导入下雨的序列文件，然后为序列文件添加传统补间，从而使其以渐现形式显示。完成后的效果如图 3-8 所示。

图 3-8　制作下雨效果

学习目标

- 导入序列图片。
- 创建传统补间。

操作步骤

(1) 从菜单栏中选择【文件】|【新建】命令，弹出【新建文档】对话框，在【类型】列表框中选择 ActionScript 3.0 选项，然后在右侧的设置区域中将【宽】、【高】分别设置为 617、432 像素，如图 3-9 所示。

(2) 单击【确定】按钮，按 Ctrl+R 组合键，在弹出的对话框中选择"下雨 .jpg"素材文件，单击【打开】按钮，选中该素材文件，按 Ctrl+K 组合键，在弹出的面板中单击【水平中齐】、【垂直中齐】、【匹配宽和高】按钮，如图 3-10 所示。

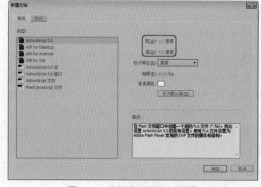

图 3-9　【新建文档】对话框

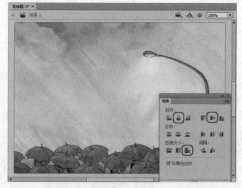

图 3-10　添加素材文件并进行设置

(3) 继续选中该对象，按 F8 键，在弹出的对话框中将【名称】设置为【背景】，将【类型】设置为【图形】，如图 3-11 所示。

(4) 单击【确定】按钮，在【时间轴】面板中选择【图层 1】的第 50 帧，右击鼠标，从弹出的快捷菜单中选择【插入帧】命令，如图 3-12 所示。

图 3-11　转换为元件

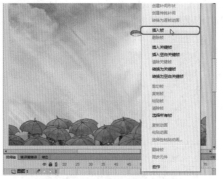

图 3-12　选择【插入帧】命令

(5) 选择该图层的第 20 帧，按 F6 键插入关键帧，选中第 1 帧上的元件，在【属性】面板中将【样式】设置为 Alpha，将 Alpha 设置为 0，如图 3-13 所示。

(6) 选中该图层的第 10 帧，右击鼠标，从弹出的快捷菜单中选择【创建传统补间】命令，创建传统补间后的效果如图 3-14 所示。

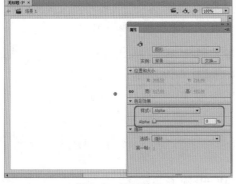

图 3-13　设置样式

图 3-14　创建传统补间

（7）按 Ctrl+F8 组合键，在弹出的对话框中将【名称】设置为【下雨】，将【类型】设置为【影片剪辑】，如图 3-15 所示。

（8）设置完成后，单击【确定】按钮，按 Ctrl+R 组合键，在弹出的对话框中选择【下雨】文件夹中的"0010001.png"素材文件，单击【打开】按钮，在弹出的对话框中单击【是】按钮，即可将选中的素材添加至舞台中，如图 3-16 所示。

图 3-15　创建新元件

图 3-16　添加素材文件

（9）返回至【场景 1】中，在【时间轴】面板中单击【新建图层】按钮，新建图层 2，选中该图层的第 20 帧，右击鼠标，从弹出的快捷菜单中选择【插入空白关键帧】命令，如图 3-17 所示。

（10）在【库】面板中选择【下雨】影片剪辑元件，在舞台中调整其位置和大小，如图 3-18 所示。

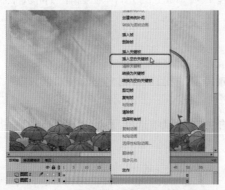
图 3-17　选择【插入空白关键帧】命令

图 3-18　添加影片剪辑元件

（11）选中该图层的第 40 帧，按 F6 键插入关键帧，选中第 20 帧上的元件，在【属性】面板中将【样式】设置为 Alpha，将 Alpha 值设置为 0，如图 3-19 所示。

（12）选中该图层的第 30 帧，右击鼠标，从弹出的快捷菜单中选择【创建传统补间】命令，创建传统补间后的效果如图 3-20 所示。

（13）在【时间轴】面板中选中【图层 2】，右击鼠标，从弹出的快捷菜单中选择【复制图层】命令，如图 3-21 所示。

（14）复制完成后，调整【图层 2 复制】图层中第 20、40 帧上的元件的位置和大小，如图 3-22 所示。

图 3-19　添加样式

图 3-20　创建传统补间

图 3-21　选择【复制图层】命令

图 3-22　调整对象的位置和大小

(15) 使用同样的方法再对【图层 2】进行复制，并对该图层上的元件进行调整，效果如图 3-23 所示。

(16) 在【时间轴】面板中单击【新建图层】按钮，新建图层 3，选中第 50 帧，按 F6 键，插入关键帧，选中该关键帧，按 F9 键，在弹出的面板中输入"stop();"，如图 3-24 所示，对完成后的场景进行输出和保存即可。

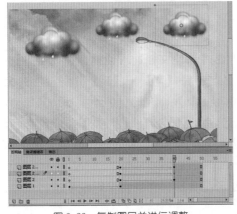

图 3-23　复制图层并进行调整

图 3-24　输入代码

案例精讲 032　生长的向日葵

案例文件：CDROM | 场景 | Cha03 | 生长的向日葵 .fla

视频文件：视频教学 | Cha03 | 生长的向日葵 .avi

制作概述

本案例将介绍如何制作向日葵生长动画，该案例主要通过将导入的序列图片制作成影片剪辑元件，然后再导入其他素材文件，为导入的素材文件制作不同的效果，从而形成向日葵生长效果。完成后的效果如图 3-25 所示。

图 3-25　生长的向日葵

学习目标

- 导入序列文件。
- 添加素材并设置不同的效果。

操作步骤

(1) 从菜单栏中选择【文件】|【新建】命令，弹出【新建文档】对话框，在【类型】列表框中选择 ActionScript 3.0 选项，然后在右侧的设置区域中将【宽】、【高】分别设置为 550、400 像素，单击【确定】按钮，在工具箱中单击【矩形工具】，在舞台中绘制一个与舞台同样大小的矩形，选中该图形，在【颜色】面板中将填充类型设置为【线性渐变】，将左侧色块的颜色值设置为 #21B1EF，将右侧色块的颜色值设置为 #FFFFFF，将笔触颜色设置为无，如图 3-26 所示。

(2) 继续选中该图形，在工具箱中单击【渐变变形工具】，在舞台中对渐变进行调整，效果如图 3-27 所示。

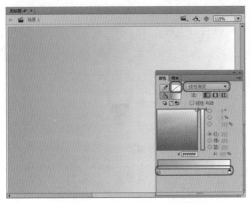

图 3-26 绘制图形并填充渐变

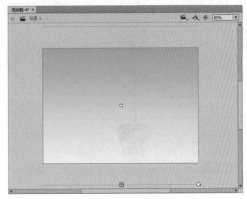

图 3-27 调整渐变

(3) 选中图层 1 的第 60 帧，按 F5 键插入帧，在【时间轴】面板中单击【新建图层】按钮，新建图层 2，按 Ctrl+R 组合键，在弹出的对话框中选择 "阳光 .png" 素材文件，单击【打开】按钮，在舞台中调整该对象的位置，效果如图 3-28 所示。

(4) 按 Ctrl+F8 组合键，在弹出的对话框中将【名称】设置为【生长】，将【类型】设置为【影片剪辑】，如图 3-29 所示。

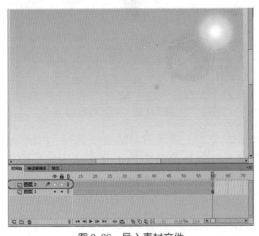

图 3-28 导入素材文件

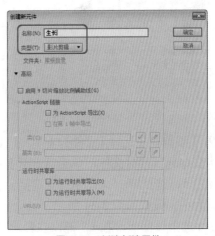

图 3-29 创建新建元件

(5) 设置完成后，单击【确定】按钮，按 Ctrl+R 组合键，在弹出的对话框中选择【生长】文件夹中的 "0010001.png" 素材文件，单击【打开】按钮，在弹出的对话框中单击【是】按钮，即可导入选中的素材文件，效果如图 3-30 所示。

(6) 新建图层 2，选中第 154 帧，按 F6 键插入关键帧，并输入 "stop();" 代码，返回至【场景 1】中，在【时间轴】面板中单击【新建图层】按钮，新建图层 3，选择第 44 帧，按 F6 键插入关键帧，在【库】面板中选择【生长】影片剪辑元件，按住鼠标将其拖拽至舞台中，并调整其位置，如图 3-31 所示。

(7) 在【时间轴】面板中单击【新建图层】按钮，新建图层 4，在【库】面板中选择 "0010001.png" 素材文件，按住鼠标将其拖拽至舞台中，并调整其位置和大小，效果如图 3-32 所示。

(8) 选中【图层 4】的第 44 帧，右击鼠标，从弹出的快捷菜单中选择【插入空白关键帧】命令，如图 3-33 所示。

图 3-30　导入素材文件后的效果

图 3-31　添加影片剪辑元件

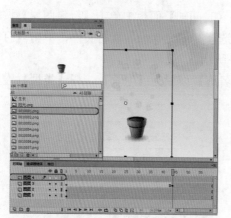

图 3-32　添加素材文件

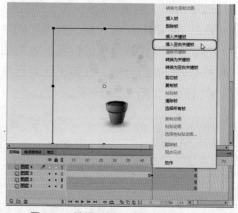

图 3-33　选择【插入空白关键帧】命令

(9) 从菜单栏中选择【文件】|【导入】|【导入到库】命令，在弹出的对话框中选择"水滴.png"和"水壶.png"素材文件，单击【打开】按钮，在【时间轴】面板中单击【新建图层】按钮，新建图层 5，选择第 15 帧，按 F6 键插入关键帧，将"水滴.png"素材文件拖拽至舞台中，并调整其大小，效果如图 3-34 所示。

(10) 选中该图像，按 F8 键，在弹出的对话框中将【名称】设置为【水滴】，将【类型】设置为【图形】，如图 3-35 所示。

图 3-34　添加素材文件

图 3-35　转换为元件

(11) 设置完成后，单击【确定】按钮，选中该元件，在【属性】面板中将 X、Y 分别设置为 285.95、103.2，将【样式】设置为 Alpha，将 Alpha 值设置为 10，如图 3-36 所示。

(12) 在【时间轴】面板中选择【图层 5】的第 18 帧，按 F6 键插入关键帧，在【属性】面板中将 Alpha 设置为 100，如图 3-37 所示。

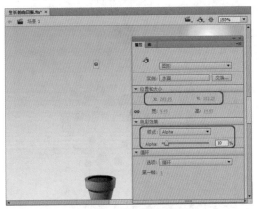

图 3-36　设置位置和样式

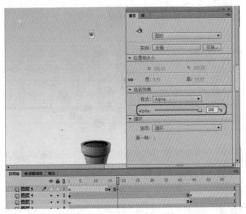

图 3-37　设置 Alpha 值

(13) 选择该图层的第 16 帧，右击鼠标，从弹出的快捷菜单中选择【创建传统补间】命令，如图 3-38 所示。

(14) 选中第 30 帧，按 F6 键插入关键帧，选中该帧上的元件，在【属性】面板中将 Y 设置为 290，如图 3-39 所示。

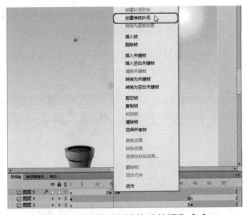

图 3-38　选择【创建传统补间】命令

图 3-39　设置位置

(15) 选中第 25 帧，右击鼠标，从弹出的快捷菜单中选择【创建传统补间】命令，创建传统补间后的效果如图 3-40 所示。

(16) 选中第 31 帧，按 F7 键插入空白关键帧，将【图层 5】复制两次，并调整关键帧的位置，调整后的效果如图 3-41 所示。

(17) 在【时间轴】面板中单击【新建图层】按钮，在【库】面板中选择"水壶 .png"，按住鼠标将其拖拽至舞台中，并调整其大小和位置，将其转换为图形元件，如图 3-42 所示。

(18) 选中该图层的第 15 帧，按 F6 键插入关键帧，在【变形】面板中将【旋转】设置为 31，如图 3-43 所示。

图 3-40　创建传统补间

图 3-41　复制图层并进行调整

图 3-42　调整对象的位置和大小并转换为元件

图 3-43　设置旋转角度

(19) 选择该图层的第 10 帧，右击鼠标，从弹出的快捷菜单中选择【创建传统补间】命令，如图 3-44 所示。

(20) 在【时间轴】面板中选择第 43 帧，按 F6 键插入关键帧，然后选择第 45 帧，按 F6 键插入关键帧，选中该帧上的元件，在【属性】面板中将【样式】设置为 Alpha，将 Alpha 值设置为 0，如图 3-45 所示。

图 3-44　创建传统补间

图 3-45　插入关键帧并设置元件属性

(21) 选中第 44 帧，右击鼠标，从弹出的快捷菜单中选择【创建传统补间】命令，创建传统补间后的效果如图 3-46 所示。

(22) 在【时间轴】面板中单击【新建图层】按钮，选中该图层的第 50 帧，按 F6 键插入关键帧，选中该关键帧，按 F9 键，在弹出的面板中输入"stop();"，如图 3-47 所示。关闭该面板，对完成后的场景进行导出并保存即可。

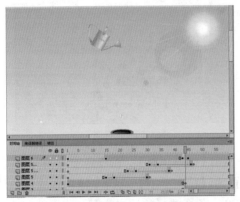

图 3-46　创建传统补间后的效果

图 3-47　输入代码

案例精讲 033　敲打动画

案例文件：CDROM | 场景 | Cha03 | 敲打动画 .fla

视频文件：视频教学 | Cha03 | 敲打动画 .avi

制作概述

本例将介绍如何制作敲打动画，该案例主要通过将导入的素材转换为元件，并为其添加关键帧，然后在不同关键帧上进行相应的调整，来实现敲打动画效果。完成后的效果如图 3-48 所示。

学习目标

- 导入素材文件。
- 转换为元件。
- 插入关键帧并进行相应的设置。

图 3-48　敲打动画

操作步骤

(1) 从菜单栏中选择【文件】|【新建】命令，弹出【新建文档】对话框，在【类型】列表框中选择 ActionScript 3.0 选项，然后在右侧的设置区域中将【宽】、【高】分别设置为 497、520 像素，单击【确定】按钮，在按 Ctrl+R 组合键，将"猴子 .jpg"素材文件导入舞台中，并调整其位置和大小，如图 3-49 所示。

(2) 选中第 75 帧，按 F5 键插入帧，按 Ctrl+F8 组合键，在弹出的对话框中将【名称】命名为【形状】，将【类型】设置为【图形】，如图 3-50 所示。

图 3-49　导入素材

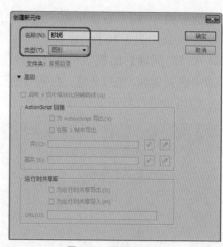

图 3-50　创建新元件

(3) 设置完成后，单击【确定】按钮，在工具箱中单击【钢笔工具】，在舞台中绘制一个图形，选中绘制的图形，在【颜色】面板中将填充类型设置为【径向渐变】，将左侧色标的颜色值设置为 #F7DE72，将右侧色标的颜色值设置为 #FFF6D2，将笔触颜色设置为无，如图 3-51 所示。

知识链接

　　使用钢笔工具还可以对存在的图形轮廓进行修改。当用钢笔工具单击某矢量图形的轮廓线时，轮廓的所有节点会自动出现，然后就可以进行调整了。可以调整直线段以更改线段的角度或长度，或者调整曲线段以更改曲线的斜率和方向。移动曲线点上的切线手柄，可以调整该点两边的曲线。移动转角点上的切线手柄只能调整该点的切线手柄所在的那一边的曲线。

　　(4) 在【时间轴】面板中选中该图层，右击鼠标，从弹出的快捷菜单中选择【复制图层】命令，选中复制后的图层上的对象，调整其大小和位置，在【颜色】面板中将左侧色标的颜色值设置为 #FFC166，将右侧色标的颜色值设置为 #FFF6D2，然后使用【渐变变形工具】对渐变进行调整，效果如图 3-52 所示。

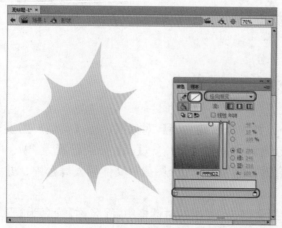

图 3-51　绘制图形并填充渐变

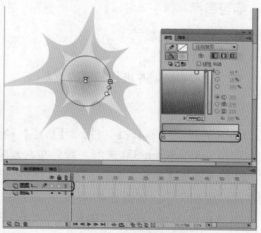

图 3-52　复制图层并调整

(5) 使用同样的方法，再对复制后的图层进行复制，并对其进行相应的调整，效果如图 3-53 所示。

(6) 返回至【场景 1】中，按 Ctrl+F8 组合键，在弹出的对话框中将【名称】设置为【图形动画】，将【类型】设置为【影片剪辑】，如图 3-54 所示。

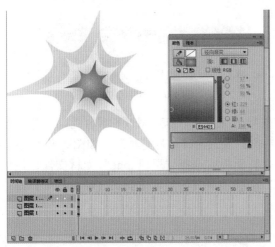

图 3-53　复制图层并进行调整　　　　　　　图 3-54　创建新元件

(7) 设置完成后，单击【确定】按钮，在【库】面板中选择【形状】图形元件，按住鼠标将其拖拽至舞台中，并调整其位置，在【变形】面板中将【缩放宽度】、【缩放高度】都设置为 30，如图 3-55 所示。

(8) 在【时间轴】面板中选择【图层 1】的第 4 帧，按 F6 键插入关键帧，在【变形】面板中将【缩放宽度】、【缩放高度】都设置为 100，如图 3-56 所示。

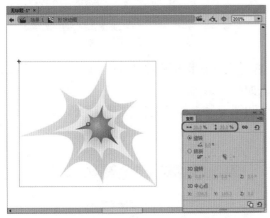

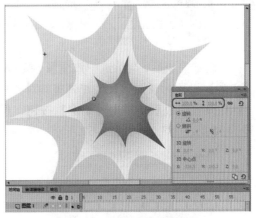

图 3-55　添加元件并调整位置和大小　　　　　图 3-56　设置缩放宽度和高度

(9) 选中该图层的第 2 帧，右击鼠标，从弹出的快捷菜单中选择【创建传统补间】命令，如图 3-57 所示。

(10) 在【时间轴】面板中选择该图层的第 5 帧，按 F6 键，插入关键帧，选中该帧上的元件，在【变形】面板中将【缩放宽度】和【缩放高度】都设置为 30，如图 3-58 所示。

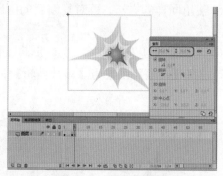

图 3-57　选择【创建传统补间】命令　　　　　图 3-58　设置缩放参数

　　(11) 将"星星 .png"和"锤子 .png"素材文件导入至库中，按 Ctrl+F8 组合键，在弹出的对话框中将【名称】设置为【星星动画】，将【类型】设置为【影片剪辑】，如图 3-59 所示。

　　(12) 设置完成后，单击【确定】按钮，在【库】面板中选择"星星 .png"素材文件，按住鼠标将其拖拽至舞台中，选中该图像，在【变形】面板中将【缩放宽度】和【缩放高度】都设置为 18.8，如图 3-60 所示。

图 3-59　创建新元件

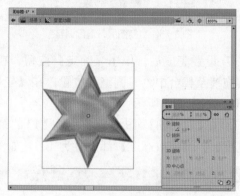

图 3-60　设置缩放参数

　　(13) 设置完成后，继续选中该图像，按 F8 键，在弹出的对话框中将【名称】设置为【星星】，将【类型】设置为【图形】，并调整其对齐方式，如图 3-61 所示。

　　(14) 设置完成后，单击【确定】按钮，选中该图形元件，在【属性】面板中将 X、Y 分别设置为 310.5、283.2，如图 3-62 所示。

图 3-61　转换为元件

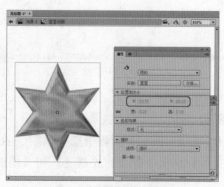

图 3-62　调整元件的位置

(15) 选中该图层的第3帧，按F6键插入关键帧，选中该帧上的元件，在【属性】面板中将X、Y分别设置为280.25、250.8，将【样式】设置为【高级】，并设置其参数，如图3-63所示。

知识链接

　　【高级】选项：该选项用于调节实例的红色、绿色、蓝色和透明度值。可以对元件创建微妙色彩效果的动画。

　　当前的红、绿、蓝和Alpha的值都乘以百分比值，然后加上右列中的常数值，产生新的颜色值。例如，如果当前的红色值是100，若将左侧的滑块设置为50%并将右侧滑块设置为100%，则会产生一个新的红色值150（[100 × 0.5] + 100 = 150）。

---

(16) 选中第2帧，右击鼠标，从弹出的快捷菜单中选择【创建传统补间】命令，选择该图层的第5帧，按F6键插入关键帧，选中该帧上的元件，在【属性】面板中将X、Y分别设置为256.75、225.6，将【样式】设置为【高级】，并设置其参数，如图3-64所示。

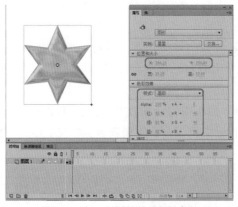

图3-63　插入关键帧并设置其参数

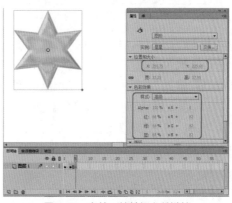

图3-64　在第5帧处插入关键帧

(17) 使用同样的方法依次进行调整，调整后的效果如图3-65所示。

(18) 选中该图层的第23帧，按F6键插入关键帧，选中该帧上的元件，在【属性】面板中将X、Y分别设置为209.45、416.05，将【样式】设置为Alpha，将Alpha设置为0，如图3-66所示。

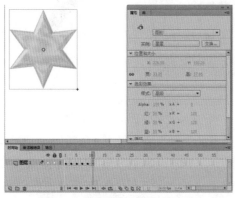

图3-65　创建其他关键帧后的效果

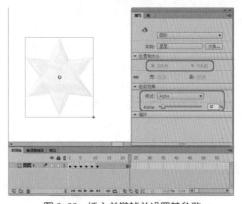

图3-66　插入关键帧并设置其参数

(19) 在【时间轴】面板中选择该图层的第15帧，右击鼠标，从弹出的快捷菜单中选择【创建传统补间】命令，如图 3-67 所示。

(20) 按 Ctrl+F8 组合键，在弹出的对话框中将【名称】设置为【敲打】，将【类型】设置为【影片剪辑】，如图 3-68 所示。

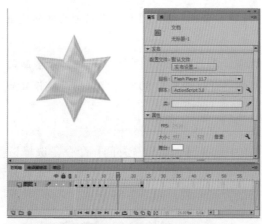

图 3-67　创建传统补间

图 3-68　创建新元件

(21) 设置完成后，单击【确定】按钮，在【库】面板中选择"锤子 .png"素材文件，按住鼠标将其拖拽至舞台中，选中该对象，按 F8 键，在弹出的对话框中将【名称】设置为【锤子】，将【类型】设置为【图形】，并调整其对齐方式，如图 3-69 所示。

(22) 设置完成后，单击【确定】按钮，在【变形】面板中将【缩放宽度】、【缩放高度】都设置为 79.6，将【旋转】设置为 −29.6，在【属性】面板中将 X、Y 分别设置为 −114.35、−75.9，如图 3-70 所示。

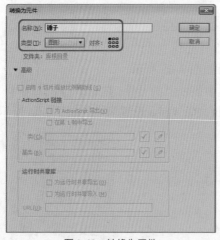

图 3-69　转换为元件

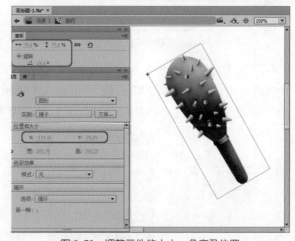

图 3-70　调整元件的大小、角度及位置

(23) 选中第 2 帧，按 F6 键插入关键帧，选中该帧上的元件，在【变形】面板中将【旋转】设置为 −23.3，在【属性】面板中将 X、Y 分别设置为 −83.4、−99.15，如图 3-71 所示。

(24) 选中该图层的第 8 帧，按 F6 键插入关键帧，选中该帧上的元件，在【变形】面板中将【旋转】设置为 13.3，在【属性】面板中将 X、Y 分别设置为 127.95、−168.95，如图 3-72 所示。

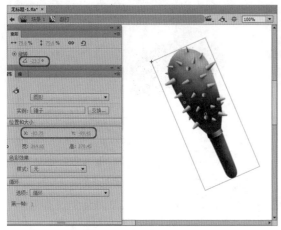
图 3-71　设置角度和位置

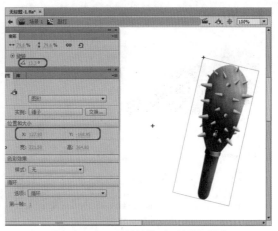
图 3-72　插入关键帧并对元件进行调整

(25) 选中第 5 帧，右击鼠标，从弹出的快捷菜单中选择【创建传统补间】命令，如图 3-73 所示。

(26) 使用同样的方法在不同帧上插入关键帧，并调整锤子的位置和角度，如图 3-74 所示。

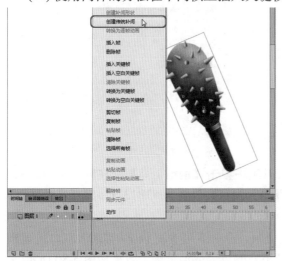
图 3-73　选择【创建传统补间】命令

图 3-74　插入其他关键帧并进行调整

(27) 在【时间轴】面板中单击【新建图层】按钮，新建图层 2，选择该图层的第 11 帧，按 F7 键插入空白关键帧，在【库】面板中选中【星星动画】影片剪辑元件，按住鼠标将其拖拽至舞台中，并调整其大小和位置，如图 3-75 所示。

(28) 再在【时间轴】面板中选择该图层的第 31 帧，按 F7 键插入空白关键帧，在【库】面板中选择【形状动画】元件，按住鼠标将其拖拽至舞台中，并调整其大小和位置，选中该图层的第 35 帧，按 F7 键插入空白关键帧，效果如图 3-76 所示。

(29) 使用同样的方法创建其他图层，并对其进行相应的调整，效果如图 3-77 所示。

(30) 按 Ctrl+F8 组合键，在弹出的对话框中将【名称】设置为【嘴】，将【类型】设置为【影片剪辑】，如图 3-78 所示。

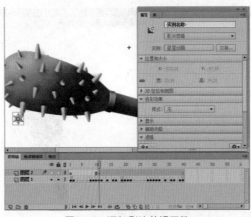

图 3-75　添加影片剪辑元件

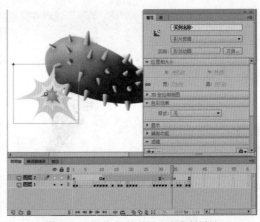

图 3-76　添加元件并插入空白关键帧

图 3-77　创建其他图层并调整

图 3-78　创建新元件

(31) 设置完成后，单击【确定】按钮，在工具箱中单击【钢笔工具】，在舞台中绘制三个图形，选中绘制的图形，在【属性】面板中将【填充颜色】设置为 #3B1311，将【笔触颜色】设置为无，如图 3-79 所示。

(32) 选中该图层的第 33 帧，按 F6 键插入关键帧，选中第 43 帧，按 F7 键插入空白关键帧，用【钢笔工具】在舞台中绘制一个图形，并为其填充颜色、取消笔触，效果如图 3-80 所示。

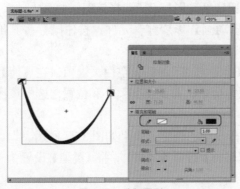

图 3-79　绘制图形

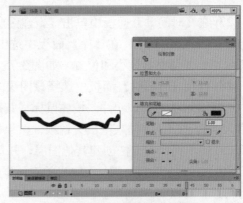

图 3-80　插入关键帧并绘制图形

(33) 选中该图层的第 38 帧，右击鼠标，从弹出的快捷菜单中选择【创建补间形状】命令，如图 3-81 所示。

(34) 选中该图层的第 75 帧，按 F5 键插入关键帧，新建图层 2，选中第 75 帧，按 F6 键插入关键帧，按 F9 键，在弹出的面板中输入"stop();"，如图 3-82 所示。

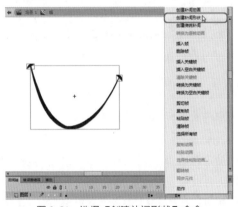

图 3-81　选择【创建补间形状】命令

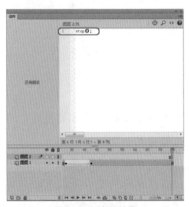

图 3-82　输入代码

(35) 按 Ctrl+F8 组合键，在弹出的对话框中将【名称】设置为【晕】，将【类型】设置为【影片剪辑】，如图 3-83 所示。

(36) 设置完成后，单击【确定】按钮，在工具箱中单击【钢笔工具】，在舞台中绘制一条螺旋线，将【笔触颜色】设置为黑色，将【笔触】设置为 0.6，如图 3-84 所示。

图 3-83　新建元件

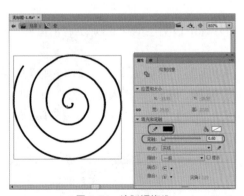

图 3-84　绘制螺旋线

(37) 选中该图形，按 F8 键，在弹出的对话框中将【名称】设置为【螺旋线】，将【类型】设置为【图形】，并调整其对齐方式，如图 3-85 所示。

(38) 设置完成后，单击【确定】按钮，在舞台中调整元件的位置，选择该图层的第30帧，按F6键插入关键帧，选择第15帧，右击鼠标，从弹出的快捷菜单中选择【创建传统补间】命令，选择第1帧，在【属性】面板中将【旋转】设置为【顺时针】，将【旋转次数】设置为3，如图3-86所示。

图 3-85　转换为元件

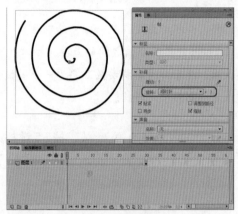

图 3-86　设置旋转

知识链接

　　选中带有传统补间的关键帧后，在【属性】面板中将会显示【补间】选项组，该选项组中各个选项的功能如下。

　　【缓动】：应用于有速度变化的动画效果。当移动滑块在0值以上时，实现的是由快到慢的效果；当移动滑块在0值以下时，实现的是由慢到快的效果。

　　【旋转】：设置对象的旋转效果，包括【无】、【自动】、【顺时针】和【逆时针】4个选项。

　　【旋转次数】：该选项用于设置旋转的次数。

　　【贴紧】：使物体可以附着在引导线上。

　　【同步】：设置元件动画的同步性。

　　【调整到路径】：在路径动画效果中，使对象能够沿着引导线的路径移动。

　　【缩放】：应用于有大小变化的动画效果。

(39) 选中该图层的第35帧，右击鼠标，从弹出的快捷菜单中选择【插入帧】命令，如图3-87所示。

(40) 返回至场景1中，在【时间轴】面板中单击【新建图层】按钮，新建图层，选中该图层的第30帧，按F7键插入空白关键帧，在工具箱中单击【椭圆工具】，在舞台中绘制两个椭圆，将【填充颜色】设置为白色，将【笔触】颜色设置为无，并调整其大小和位置，效果如图3-88所示。

(41) 在【时间轴】面板中单击【新建图层】按钮，新建图层，选中该图层的第30帧，按F7键插入空白关键帧，在【库】面板中选择【晕】影片剪辑元件，按住鼠标将其拖拽至舞台中，并调整其位置，效果如图3-89所示。

(42) 在【时间轴】面板中单击【新建图层】按钮，新建图层，在【库】面板中选择【锤子】图形元件，按住鼠标将其拖拽至舞台中，并调整其位置、大小及角度，效果如图3-90所示。

图 3-87　选择【插入帧】命令

图 3-88　新建图层并绘制图形

图 3-89　添加元件并调整其位置

图 3-90　新建图层并添加元件

(43) 选中该图层的第 20 帧，按 F7 键插入空白关键帧，在【库】面板中选择【敲打】影片剪辑元件，按住鼠标将其拖拽至舞台中，并调整其位置和大小，效果如图 3-91 所示。

(44) 在【时间轴】面板中单击【新建图层】按钮，新建一个图层，使用【钢笔工具】在舞台中绘制一个图形，选中绘制的图形，在【属性】面板中将【填充颜色】设置为 #3B1311，将【笔触颜色】设置为无，如图 3-92 所示。

图 3-91　添加元件并调整其位置和大小

图 3-92　绘制图形并填充颜色

(45) 在【时间轴】面板中单击【新建图层】按钮，新建一个图层，在【库】面板中选择【嘴】影片剪辑元件，按住鼠标将其拖拽至舞台中，并调整其位置，效果如图 3-93 所示。

(46) 在【时间轴】面板中单击【新建图层】按钮，新建一个图层，选中该图层的最后一帧，按 F6 键插入关键帧，按 F9 键，在弹出的面板中输入代码，如图 3-94 所示。然后对完成后的场景进行导出并保存即可。

图 3-93　新建图层并添加元件

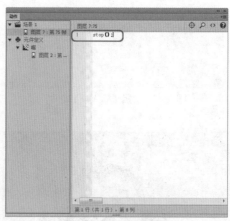

图 3-94　输入代码

案例精讲 034　电视动画片

案例文件：CDROM | 场景 | Cha03 | 电视动画片 .fla

视频文件：视频教学 | Cha03 | 电视动画片 .avi

制作概述

本例将介绍如何制作电视动画片动画，其中主要应用了关键帧的设置，完成后的效果如图 3-95 所示。

学习目标

■　学习电视动画片的制作。

■　掌握关键帧的设置。

图 3-95　电视动画片

操作步骤

(1) 启动软件，按 Ctrl+N 组合键，弹出【新建文档】对话框，将【类型】设为 ActionScript 3.0，将【宽】设为 500 像素，将【高】设为 345 像素，单击【确定】按钮，如图 3-96 所示。

(2) 从菜单栏执行【文件】|【导入】|【导入到库】命令，选择随书附带光盘中的 CDROM|素材 |Cha03| 电视动画文件夹，选择所有的图像，单击【打开】按钮，将其导入到【库】面板中，如图 3-97 所示。

(3) 在场景中按 Ctrl+F8 组合键，弹出【创建新元件】对话框，将【名称】设为【动画】，将【类型】设为【影片剪辑】，单击【确定】按钮，如图 3-98 所示。

（4）进入【动画】元件影片剪辑中，打开【库】面板，选择"元件10001.png"文件，拖入到舞台中，打开【对齐】面板，单击【水平中齐】和【垂直中齐】按钮，如图3-99所示。

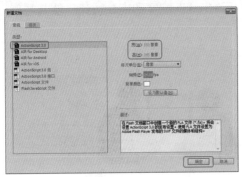

图 3-96　新建文档

图 3-97　选择导入的素材文件

图 3-98　创建新元件

图 3-99　设置对齐

（5）在第2帧位置，按F6键插入关键帧，将"元件10002.png"文件拖入到舞台中，将"元件10001.png"文件删除，然后打开【对齐】面板，单击【水平中齐】和【垂直中齐】按钮，使其与舞台对齐，如图3-100所示。

（6）在第3帧位置按F6键插入关键帧，打开【库】面板，选择"元件10003.png"文件，拖入到舞台中，将"元件10002.png"文件删除，打开【对齐】面板，单击【水平中其】和【垂直中齐】按钮使其与舞台对齐，如图3-101所示。

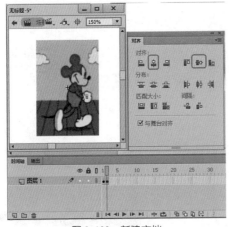

图 3-100　新建文档

图 3-101　选择导入的元件文件并对齐

(7) 使用同样的方法添加其他的关键帧，完成后的效果如图 3-102 所示。

(8) 返回到【场景 1】中，打开【库】面板，选择【背景】素材拖入到文档中，打开【对齐】面板，单击【水平中齐】和【垂直中齐】按钮，然后单击【匹配宽和高】按钮，使其与舞台对齐，如图 3-103 所示。

图 3-102　设置关键帧

图 3-103　添加背景素材并对齐

(9) 选择【图层 1】的第 55 帧，按 F5 键插入帧，新建【图层 2】，将制作好的【动画】元件拖入到舞台中，调整其位置和大小，这里可以对齐并适当变形，如图 3-104 所示。

(10) 动画制作完成后，将场景文件进行保存。

图 3-104　导入元件并对齐

案例精讲 035　太阳动画

📝 案例文件：CDROM | 场景 | Cha03 | 太阳动画 .fla

💿 视频文件：视频教学 | Cha03 | 太阳动画 .avi

制作概述

本例将介绍太阳逐帧动画的制作，该例的制作比较简单，主要是插入关键帧然后绘制图形，完成后的效果如图 3-105 所示。

学习目标

■　导入素材图片。

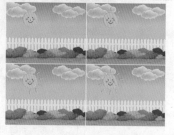

图 3-105　太阳动画

■ 插入关键帧。

■ 绘制图形。

操作步骤

(1) 按 Ctrl+N 组合键弹出【新建文档】对话框，在【类型】列表框中选择 ActionScript 3.0，将【宽】设置为 600 像素，将【高】设置为 450 像素，将【帧频】设置为 6fps，单击【确定】按钮，如图 3-106 所示。

(2) 出现新建的空白文档，然后按 Ctrl+R 组合键，弹出【导入】对话框，在该对话框中选择随书附带光盘中的"太阳动画背景.jpg"素材文件，单击【打开】按钮，如图 3-107 所示。

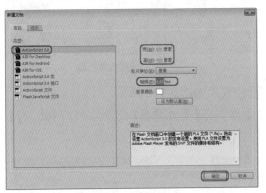

图 3-106　新建文档

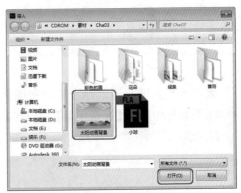

图 3-107　选择素材文件

(3) 将选择的素材文件导入到舞台中后，按 Ctrl+K 组合键，打开【对齐】面板，勾选【与舞台对齐】复选框，并单击【水平中齐】 和【垂直中齐】按钮 ，效果如图 3-108 所示。

(4) 在【时间轴】面板中将【图层 1】重命名为【背景】，并锁定该图层，然后选择第 13 帧，按 F6 键插入关键帧，单击【新建图层】按钮 ，新建【图层 2】，将其重命名为【太阳】，并选择【太阳】图层的第 1 帧，效果如图 3-109 所示。

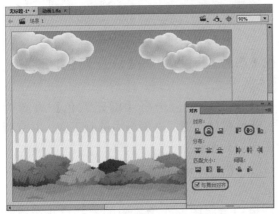

图 3-108　调整素材文件的对齐

图 3-109　新建并设置图层

(5) 在工具箱中选择【椭圆工具】 ，在【属性】面板中将【笔触颜色】设置为 #FF9900，将【填充颜色】设置为 #FFE005，然后在按住 Shift 键的同时在舞台中绘制正圆，效果如图 3-110 所示。

(6) 再次选择【椭圆工具】 ，在【属性】面板中将【填充颜色】设置为 #5E3400，将【笔触颜色】设置为无，然后在按住 Shift 键的同时在舞台中绘制正圆，效果如图 3-111 所示。

图 3-110　绘制正圆

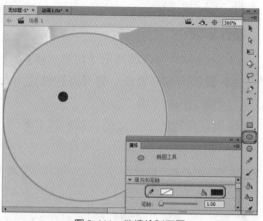

图 3-111　继续绘制正圆

(7) 复制新绘制的正圆，并在舞台中调整其位置，效果如图 3-112 所示。

(8) 在工具箱中选择【线条工具】，在【属性】面板中将【笔触颜色】设置为 #5E3400，将【笔触】设置为 3，然后在舞台中绘制线条，如图 3-113 所示。

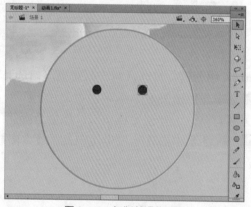

图 3-112　复制并调整正圆

图 3-113　绘制线条

(9) 在工具箱中选择【刷子工具】，在【属性】面板中将【填充颜色】设置为 #5E3400，然后在舞台中绘制曲线，效果如图 3-114 所示。

(10) 在工具箱中选择【椭圆工具】，在【属性】面板中将【填充颜色】设置为 #FF9999，将【笔触颜色】设置为无，然后在按住 Shift 键的同时，在舞台中绘制正圆，并复制绘制的正圆，然后在舞台中调整其位置，效果如图 3-115 所示。

(11) 在【时间轴】面板中选择【太阳】图层的第 4 帧，并按 F6 键插入关键帧，如图 3-116 所示。

(12) 在工具箱中选择【刷子工具】，在舞台中绘制图形作为太阳的光芒，并选择绘制的图形，在【属性】面板中将【笔触颜色】设置为 #FFAA01，将【填充颜色】设置为 #FFE005，将【笔触】设置为 1，效果如图 3-117 所示。

图 3-114　绘制曲线

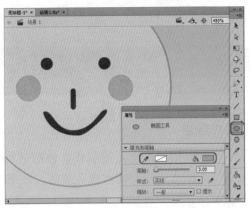

图 3-115　绘制并复制正圆

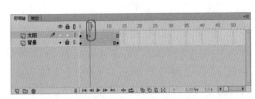

图 3-116　插入关键帧

图 3-117　绘制并设置图形

(13) 选择【太阳】图层的第 5 帧，按 F6 键插入关键帧，然后使用【刷子工具】 在舞台中绘制图形，并选择绘制的图形，在【属性】面板中将【笔触颜色】设置为 #FFAA01，将【填充颜色】设置为 #FFE005，将【笔触】设置为 1，效果如图 3-118 所示。

(14) 结合前面介绍的方法，继续插入关键帧并绘制图形，效果如图 3-119 所示。至此，太阳动画就制作完成了，然后导出影片并将场景文件保存即可。

图 3-118　绘制并设置图形

图 3-119　插入关键帧并绘制图形

案例精讲 036　谢幕动画

✎ 案例文件：CDROM | 场景 | Cha03 | 谢幕动画 .fla

🎬 视频文件：视频教学 | Cha03 | 谢幕动画 .avii

制作概述

本例将介绍谢幕动画的制作，该例的制作主要是通过导入序列图片和制作传统补间动画完成的，效果如图 3-120 所示。

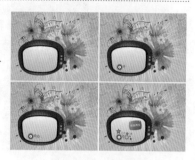

学习目标

- 导入背景图片。
- 导入序列图片。
- 制作传统补间动画。

图 3-120　谢幕动画

操作步骤

(1) 按 Ctrl+N 组合键，弹出【新建文档】对话框，在【类型】列表框中选择 ActionScript 3.0，将【宽】设置为 765 像素，将【高】设置为 590 像素，单击【确定】按钮，如图 3-121 所示。

(2) 出现新建的空白文档，然后按 Ctrl+R 组合键，弹出【导入】对话框，在该对话框中打开随书附带光盘中的"卡通电视 .png"素材文件，按 Ctrl+T 组合键打开【变形】面板，将【缩放宽度】和【缩放高度】设置为 50%，按 Ctrl+K 组合键打开【对齐】面板，勾选【与舞台对齐】复选框，并单击【水平中齐】🔲 和【垂直中齐】🔲 按钮，效果如图 3-122 所示。

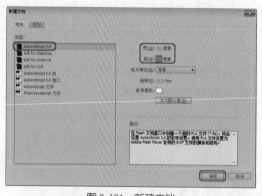

图 3-121　新建文档

图 3-122　导入并设置素材文件

(3) 在【时间轴】面板中选择第 42 帧，按 F6 键插入关键帧，然后锁定【图层 1】，并单击【新建图层】按钮🔲，新建【图层 2】，如图 3-123 所示。

(4) 在工具箱中选择【矩形工具】🔲，在【颜色】面板中将【笔触颜色】设置为 #FF9900，单击【填充颜色】按钮🔲，将【颜色类型】设置为【线性渐变】，然后将左侧色块颜色设置为 #FFFFFF，将右侧色块颜色设置为 #FEDE4A，如图 3-124 所示。

(5) 设置完成后在舞台中绘制矩形，效果如图 3-125 所示。

(6) 从菜单栏中选择【插入】|【新建元件】命令，弹出【创建新元件】对话框，输入【名称】为【逐帧动画】，将【类型】设置为【影片剪辑】，单击【确定】按钮，如图 3-126 所示。

图 3-123　新建图层

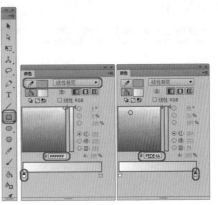

图 3-124　设置颜色

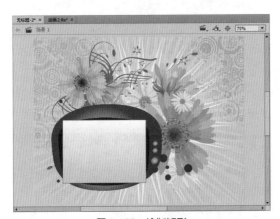

图 3-125　绘制矩形

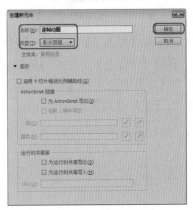

图 3-126　创建新元件

(7) 出现创建的影片剪辑元件，按 Ctrl+R 组合键，弹出【导入】对话框，在该对话框中选择随书附带光盘中【彩色的圆】文件夹中的"0010001.png"文件，单击【打开】按钮，如图 3-127 所示。

(8) 然后在弹出的信息提示对话框中单击【是】按钮，如图 3-128 所示。

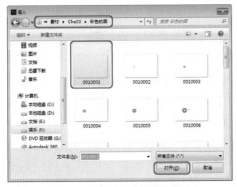

图 3-127　选择文件并打开

图 3-128　单击【是】按钮

(9) 导入序列图片后的效果如图 3-129 所示。

(10) 在【时间轴】面板中选择第 28 帧，按 F9 键打开【动作】面板，然后输入代码"stop();"，如图 3-130 所示。

图 3-129　导入的序列图片

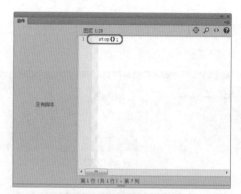

图 3-130　输入代码

(11) 返回到【场景 1】中，在【时间轴】面板中锁定【图层 2】，然后单击【新建图层】按钮，新建【图层 3】，如图 3-131 所示。

(12) 在【库】面板中将【逐帧动画】影片剪辑元件拖拽至舞台中，在【变形】面板中将【缩放宽度】和【缩放高度】设置为 40%，然后在舞台中调整元件的位置，如图 3-132 所示。

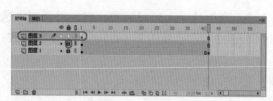

图 3-131　新建图层

图 3-132　调整影片剪辑元件

(13) 在【时间轴】面板中锁定【图层 3】，然后单击【新建图层】按钮，新建【图层 4】，并选择第 28 帧，按 F6 键插入关键帧，如图 3-133 所示。

(14) 按 Ctrl+R 组合键，弹出【导入】对话框，在该对话框中打开随书附带光盘中的"谢谢观赏 .png"素材文件，按 Ctrl+T 组合键打开【变形】面板，将【缩放宽度】和【缩放高度】设置为 22%，并在舞台中调整其位置，效果如图 3-134 所示。

(15) 确认导入的素材图片处于选择状态，按 F8 键，弹出【转换为元件】对话框，输入【名称】为【谢谢观赏】，将【类型】设置为【图形】，单击【确定】按钮，如图 3-135 所示。

(16) 在【时间轴】面板中选择【图层 4】的第 42 帧，按 F6 键插入关键帧，然后在舞台中调整图形元件的位置，如图 3-136 所示。

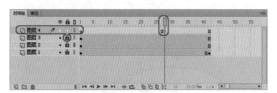

图 3-133　新建图层并插入关键帧

图 3-134　调整素材文件

图 3-135　转换为元件

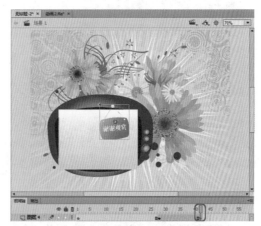

图 3-136　插入关键帧并调整元件位置

（17）然后选择【图层 4】的第 35 帧，从单击鼠标右键，在弹出的快捷菜单中选择【创建传统补间】命令，即可创建传统补间动画，效果如图 3-137 所示。

（18）选择【图层 4】的第 42 帧，按 F9 键打开【动作】面板。然后输入代码"stop();"，如图 3-138 所示。

图 3-137　创建传统补间动画

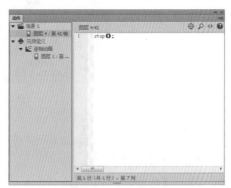

图 3-138　输入代码

(19) 在【时间轴】面板中选择【图层 1】，将其移至【图层 4】的上方，如图 3-139 所示。

(20) 至此，完成了谢幕动画的制作，按 Ctrl+Enter 键测试影片，效果如图 3-140 所示。然后导出影片并将场景文件保存即可。

图 3-139　移动图层

图 3-140　测试影片

案例精讲 037　律动的音符

案例文件：CDROM | 场景 | Cha03 | 律动的音符 .fla

视频文件：视频教学 | Cha03 | 律动的音符 .avi

制作概述

本例将介绍律动的音符动画的制作，该例的制作主要是通过导入两组序列图片完成的，效果如图 3-141 所示。

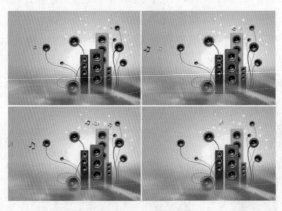

图 3-141　律动的音符

学习目标

■　导入背景图片。

■　导入【曲线】序列图片。

■　导入【音符】序列图片。

操作步骤

(1) 按 Ctrl+N 组合键，弹出【新建文档】对话框，在【类型】列表框中选择 ActionScript 3.0，将【宽】设置为 550 像素，将【高】设置为 380 像素，将【帧频】设置为 6fps，单击【确定】按钮，如图 3-142 所示。

(2) 出现新建的空白文档，然后按 Ctrl+R 组合键，弹出【导入】对话框，在该对话框中打开随书附带光盘中的"音乐背景 .jpg"素材文件，按 Ctrl+T 组合键打开【变形】面板，将【缩放宽度】和【缩放高度】设置为 31%，并在【属性】面板中将【位置和大小】选项组中的 X 和 Y 分别设置为 −45 和 −2，如图 3-143 所示。

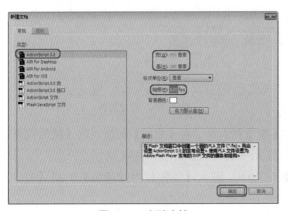

图 3-142　新建文档

图 3-143　导入并设置素材文件

(3) 按 Ctrl+F8 组合键，弹出【创建新元件】对话框，输入【名称】为【曲线】，将【类型】设置为【影片剪辑】，单击【确定】按钮，如图 3-144 所示。

(4) 按 Ctrl+R 组合键，弹出【导入】对话框，在该对话框中选择随书附带光盘中【线条】文件夹中的"0010053.png"文件，单击【打开】按钮，如图 3-145 所示。

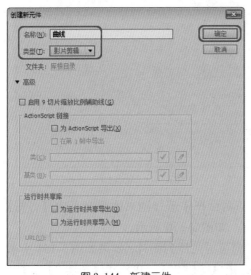

图 3-144　新建元件

图 3-145　选择文件

(5) 在弹出的信息提示对话框中单击【是】按钮，即可导入序列图片，效果如图 3-146 所示。

（6）返回到【场景 1】中，在【时间轴】面板中锁定【图层 1】，然后单击【新建图层】按钮，新建【图层 2】，如图 3-147 所示。

图 3-146　导入的序列图片

图 3-147　新建图层

（7）在【库】面板中将【曲线】影片剪辑元件拖拽至舞台中，在【变形】面板中将【缩放宽度】和【缩放高度】设置为 21.5%，然后在舞台中调整元件的位置，如图 3-148 所示。

（8）按 Ctrl+F8 组合键，弹出【创建新元件】对话框，输入【名称】为【音符】，将【类型】设置为【影片剪辑】，单击【确定】按钮，如图 3-149 所示。

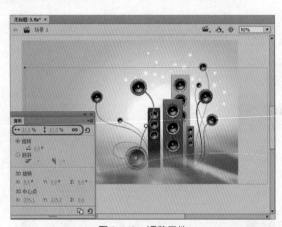

图 3-148　调整元件

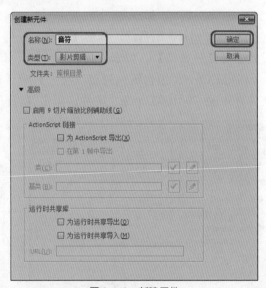

图 3-149　新建元件

（9）按 Ctrl+R 组合键，弹出【导入】对话框，在该对话框中选择随书附带光盘中【音符】文件夹中的 "0010001.png" 文件，单击【打开】按钮，如图 3-150 所示。

（10）在弹出的信息提示对话框中单击【是】按钮，即可导入序列图片，效果如图 3-151 所示。

（11）返回到【场景 1】中，在【时间轴】面板中锁定【图层 2】，并新建【图层 3】，然后在【库】面板中将【音符】影片剪辑元件拖拽至舞台中，在【变形】面板中将【缩放宽度】和【缩放高度】设置为 6%，然后在舞台中调整元件的位置，如图 3-152 所示。

(12) 在【时间轴】面板中锁定【图层 3】，并新建【图层 4】，然后在【库】面板中将【音符】影片剪辑元件拖拽至舞台中，在【变形】面板中将【缩放宽度】和【缩放高度】设置为 11%，并在舞台中调整元件的位置，如图 3-153 所示。至此，完成了该动画的制作，然后导出影片并将场景文件保存。

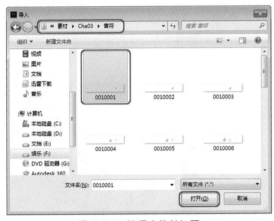
图 3-150 选择文件并打开

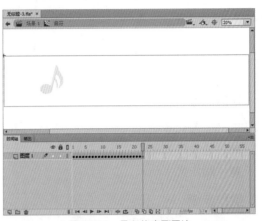
图 3-151 导入的序列图片

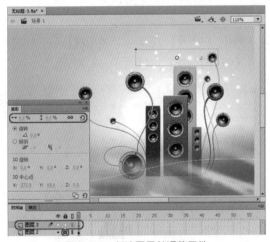
图 3-152 新建图层并调整元件

图 3-153 调整元件

案例精讲 038 旋转的花朵

 案例文件：CDROM | 场景 | Cha03 | 旋转的花朵 .fla

 视频文件：视频教学 | Cha03 | 旋转的花朵 .avii

制作概述

本例将介绍旋转的花朵动画的制作，该例的制作主要是通过导入序列图片和制作文字动画完成的，效果如图 3-154 所示。

图 3-154　旋转的花朵

学习目标

- 导入背景图片。
- 导入序列图片。
- 制作文字动画。

操作步骤

(1) 按 Ctrl+N 组合键，弹出【新建文档】对话框，在【类型】列表框中选择 ActionScript 3.0，将【宽】设置为 563 像素，将【高】设置为 355 像素，将【帧频】设置为 8fps，将【背景颜色】设置为黑色，单击【确定】按钮，如图 3-155 所示。

(2) 即可新建空白文档，然后按 Ctrl+R 组合键，弹出【导入】对话框，在该对话框中选择随书附带光盘中的"花朵背景.jpg"素材文件，单击【打开】按钮，如图 3-156 所示。

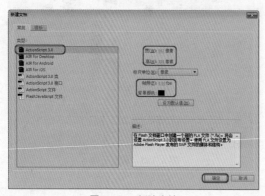

图 3-155　新建文档

图 3-156　选择素材文件并打开

(3) 将选择的素材文件导入到舞台中后，按 Ctrl+T 组合键打开【变形】面板，将【缩放宽度】和【缩放高度】设置为 55%，按 Ctrl+K 组合键打开【对齐】面板，单击【水平中齐】和【垂直中齐】按钮，效果如图 3-157 所示。

(4) 按 Ctrl+F8 组合键，弹出【创建新元件】对话框，输入【名称】为【花朵】，将【类型】设置为【影片剪辑】，单击【确定】按钮，如图 3-158 所示。

(5) 按 Ctrl+R 组合键，弹出【导入】对话框，在该对话框中选择随书附带光盘中【花朵】文件夹中的"0010001.png"文件，单击【打开】按钮，如图 3-159 所示。

(6) 在弹出的信息提示对话框中单击【是】按钮，即可导入序列图片，效果如图 3-160 所示。

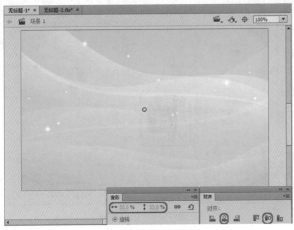

图 3-157　调整素材文件

图 3-158　新建元件

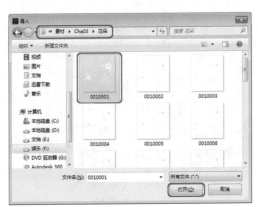

图 3-159　选择文件

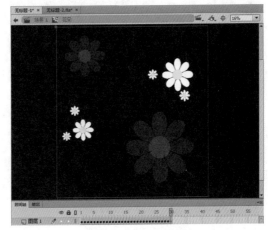

图 3-160　导入序列图片

（7）返回到【场景 1】中，并新建【图层 2】，在【库】面板中将【花朵】影片剪辑元件拖拽至舞台中，在【变形】面板中将【缩放宽度】和【缩放高度】设置为 23%，然后在舞台中调整元件的位置，如图 3-161 所示。

（8）从菜单栏中选择【文件】|【打开】命令，在弹出的【打开】对话框中选择随书附带光盘中的【小球 .fla】素材文件，单击【打开】按钮，如图 3-162 所示。

（9）打开选择的素材文件后，按 Ctrl+A 组合键选择所有的对象，并从菜单栏中选择【编辑】|【复制】命令，如图 3-163 所示。

（10）返回到当前制作的场景中，新建【图层 3】，然后从菜单栏中选择【编辑】|【粘贴到当前位置】命令，即可将选择的对象粘贴到当前制作的场景中，如图 3-164 所示。

（11）按 Ctrl+F8 组合键，弹出【创建新元件】对话框，输入【名称】为【文字】，将【类型】设置为【影片剪辑】，单击【确定】按钮，如图 3-165 所示。

（12）创建了影片剪辑元件后，在工具箱中选择【文本工具】 T ，在【属性】面板中将【系列】设置为【方正琥珀简体】，将【大小】设置为 29 磅，将【颜色】设置为白色，然后在舞台中输入文字，效果如图 3-166 所示。

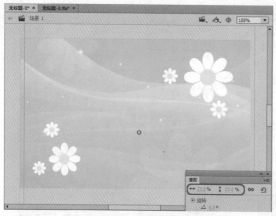

图 3-161　调整元件

图 3-162　选择素材文件

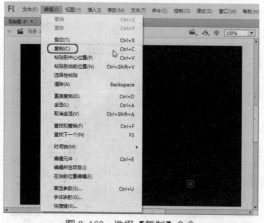

图 3-163　选择【复制】命令

图 3-164　粘贴对象

图 3-165　创建新元件

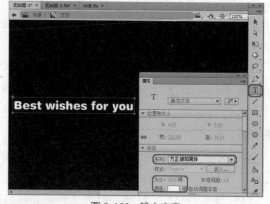

图 3-166　输入文字

　　(13) 在【时间轴】面板中选择第 30 帧，按 F6 键插入关键帧，然后单击【新建图层】按钮
，新建【图层 2】，如图 3-167 所示。

　　(14) 在工具箱中选择【矩形工具】🔲，在【属性】面板中将【填充颜色】设置为白色，将笔触【颜色设置】为无，然后在舞台中绘制矩形，效果如图 3-168 所示。

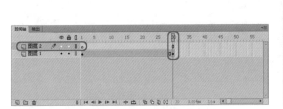
图 3-167　插入关键帧并新建图层

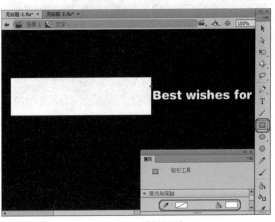
图 3-168　绘制矩形

　　(15) 确认新绘制的矩形处于选中状态，按 F8 键，弹出【转换为元件】对话框，输入【名称】为【矩形】，将【类型】设置为【图形】，单击【确定】按钮，如图 3-169 所示。

　　(16) 在【时间轴】面板中选择【图层 2】的第 23 帧，按 F6 键插入关键帧，然后在舞台中调整【矩形】图形元件的位置，效果如图 3-170 所示。

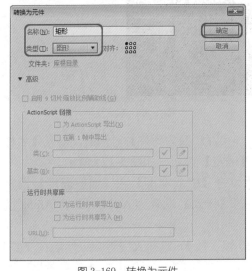
图 3-169　转换为元件

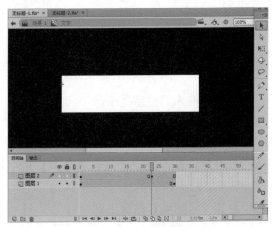
图 3-170　调整元件

　　(17) 然后选择【图层 2】的第 15 帧，并单击鼠标右键，从弹出的快捷菜单中选择【创建传统补间】命令，即可创建传统补间动画，如图 3-171 所示。

　　(18) 然后在【图层 2】名称上单击鼠标右键，从弹出的快捷菜单中选择【遮罩层】命令，即可创建遮罩动画，效果如图 3-172 所示。

　　(19) 在【时间轴】面板中新建【图层 3】，并选择【图层 3】的第 23 帧，按 F6 键插入关键帧，如图 3-173 所示。

　　(20) 在工具箱中选择【文本工具】 T ，在【属性】面板中将【大小】设置为 18 磅，然后在舞台中输入文字，效果如图 3-174 所示。

图 3-171　创建传统补间动画

图 3-172　创建遮罩动画

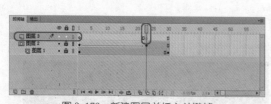

图 3-173　新建图层并插入关键帧

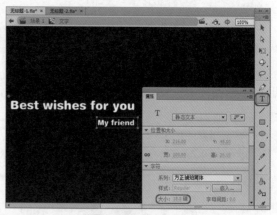

图 3-174　输入文字

(21) 确认输入的文字处于选中状态，按 F8 键，弹出【转换为元件】对话框，输入【名称】为【文字 1】，将【类型】设置为【图形】，单击【确定】按钮，如图 3-175 所示。

(22) 然后按 Ctrl+T 组合键，打开【变形】面板，将【缩放宽度】和【缩放高度】设置为 10%，在【属性】面板中将【色彩效果】选项组下的【样式】设置为 Alpha，并将 Alpha 值设置为 0%，如图 3-176 所示。

(23) 在【时间轴】面板中选择【图层 3】的第 30 帧，按 F6 键插入关键帧，然后在【变形】面板中将【缩放宽度】和【缩放高度】设置为 100%，在【属性】面板中将【色彩效果】选项组下的【样式】设置为【无】，如图 3-177 所示。

(24) 在【时间轴】面板中选择【图层 3】的第 25 帧，并单击鼠标右键，从弹出的快捷菜单中选择【创建传统补间】命令，即可创建传统补间动画，效果如图 3-178 所示。

(25) 然后选择【图层 3】的第 30 帧，按 F9 键打开【动作】面板，并输入代码 "stop();"，如图 3-179 所示。

(26) 返回到【场景 1】中，新建【图层 4】，然后在【库】面板中将【文字】影片剪辑元件拖拽至舞台中，并调整其位置，如图 3-180 所示。至此，完成了该动画的制作，然后导出影片并将场景文件保存。

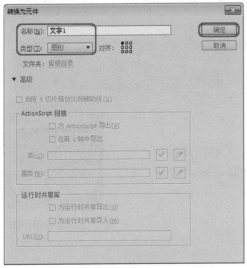

图 3-175　转换为元件

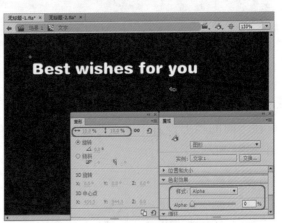

图 3-176　设置图形元件

图 3-177　插入关键帧并设置元件

图 3-178　创建传统补间动画

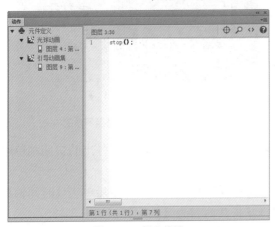

图 3-179　输入代码

图 3-180　调整元件

案例精讲 039　制作数字倒计时动画

✏️ 案例文件：CDROM | 场景 |Cha03| 制作数字倒计时动画 .fla

🌐 视频文件：视频教学 | Cha03 |制作数字倒计时动画 .avi

制作概述

本例介绍数字倒计时动画的制作，主要用到了关键帧的编辑，通过在不同的帧上设置不同的数字，最终得到倒计时动画的效果，如图 3-181 所示。

图 3-181　数字倒计时动画

学习目标

- 制作倒计时动画效果。
- 熟练掌握关键帧的编辑。

操作步骤

（1）启动 Flash CC 软件，按 Ctrl+N 组合键，打开【新建文档】对话框，将【宽】设置为 400 像素，【高】设置为 300 像素，将【帧频】设置为 1fps，【背景颜色】设置为白色，单击【确定】按钮，如图 3-182 所示。

（2）从菜单栏中选择【文件】|【导入】|【导入到舞台】命令，打开【导入】对话框，选择随书附带光盘中的 CDROM| 素材 |Cha03| 倒计时背景 .jpg 文件，将背景图片导入至舞台中，单击【打开】按钮。然后在【对齐】面板中，打开【对齐】面板，单击【水平中齐】按钮 ⬒ 和【垂直中齐】按钮 ⬌，将其调整至舞台的中央，如图 3-183 所示。

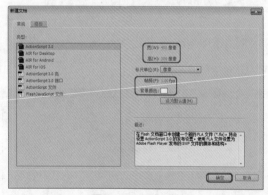

图 3-182　新建文档

图 3-183　导入的素材并调整至舞台的中央

（3）在【时间轴】面板中，选择【图层 1】的第 6 帧，单击鼠标右键，从弹出的快捷菜单中选择【插入帧】命令，如图 3-184 所示。

（4）在【时间轴】面板中，将【图层 1】重名为【背景】并将其锁定，然后单击【时间轴】面板下方的【新建图层】按钮 📄，新建一个图层，并将其命名为【数字】，如图 3-185 所示。

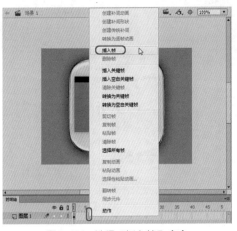

图 3-184　选择【插入帧】命令

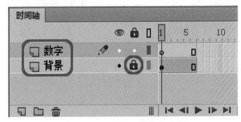

图 3-185　创建【数字】图层

(5) 确定新创建的【数字】图层处于选中状态，选择第 1 个关键帧，如图 3-186 所示。

(6) 在工具箱中选择【文本工具】工具，在舞台中输入文本"00:05"。确定新创建的文本处于选中状态，打开【属性】面板，在【字符】选项下将【系列】设置为"方正大黑简体"，【大小】设置为 50 磅，【颜色】设置为白色，如图 3-187 所示。

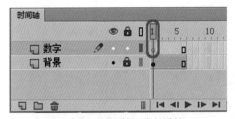

图 3-186　选择第 1 个关键帧

图 3-187　输入文本

(7) 按 Ctrl+A 组合键，选择舞台中的所有对象，打开【对齐】面板，单击【水平中齐】按钮和【垂直中齐】按钮，将选择的对象居中对齐，如图 3-188 所示。

(8) 在舞台中选择文本"00:05"，在【属性】面板中打开【滤镜】项，单击【添加滤镜】按钮，从弹出的菜单中选择【投影】命令。在【投影】选项下将【模糊 X】和【模糊 Y】都设置为 20 像素，其他参数使用默认值，如图 3-189 所示。

(9) 在【时间轴】面板中，选择【数字】图层的第 2 个帧，单击鼠标右键，从弹出的快捷菜单中选择【插入关键帧】命令，为第 2 帧添加关键帧，如图 3-190 所示。

(10) 使用【选择工具】，在舞台中双击文本"00:05"，使其处于编辑状态，然后将"00:05"改为"00:04"，更改完数字后，将其调整至舞台的中央，如图 3-191 所示。

(11) 然后使用相同的方法，在其他帧处插入关键帧并更改文本数字，如图 3-192 所示。最后对场景文件进行保存。

图 3-188　对齐文本

图 3-189　设置【投影】

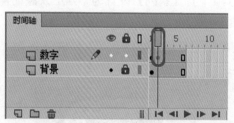

图 3-190　添加关键帧

图 3-191　更改文本

图 3-192　设置关键帧

第4章
简单动画

本章重点

- ◆ 制作飘动的云彩
- ◆ 制作引导线心形动画
- ◆ 制作流星雨动画
- ◆ 制作三维空间动画
- ◆ 制作聊天动画
- ◆ 制作下雨动画效果
- ◆ 制作飘雪效果
- ◆ 制作商场宣传动画
- ◆ 制作汽车行驶动画
- ◆ 制作篮球动画
- ◆ 制作蝴蝶飞舞动画
- ◆ 疯狂的兔子
- ◆ 旋转的摩天轮

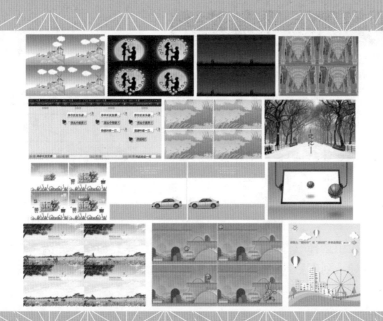

本章将介绍 Flash 中简单动画的制作，主要包括传统补间动画和引导层动画等，通过本章的学习，读者可以了解和掌握 Flash 中基本动画的制作流程。

案例精讲 040　制作飘动的云彩

案例文件：CDROM | 场景 | Cha04 | 制作飘动的云彩 .fla

视频文件：视频教学 | Cha04 | 制作飘动的云彩 .avi

制作概述

本例介绍一下飘动的云彩的制作，主要是插入关键帧和创建传统补间动画，通过对本例的学习，将学会使用相关的命令，完成后的效果如图 4-1 所示。

图 4-1　制作飘动的云彩

学习目标

■　学习如何使用插入关键帧和创建传统补间命令。

■　掌握传统补间命令的使用和关键帧的使用。

操作步骤

(1) 启动软件后，在欢迎界面中单击【新建】选项组中的【ActionScript 3.0】按钮，如图 4-2 所示，即可新建场景。

还可以在欢迎界面中按 Ctrl+N 组合键新建文件，设置新建类型、设置文件的宽度和高度。

(2) 进入工作界面后，在工具箱中单击【属性】按钮 ，在打开的面板中将【属性】选项组中的【大小】设置为 723 × 541(像素)，如图 4-3 所示。

图 4-2　选择新建类型

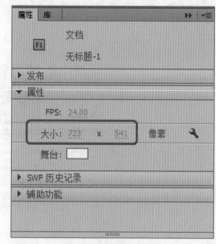

图 4-3　设置场景大小

(3) 然后从菜单栏中选择【文件】|【导入】|【导入到库】命令，如图 4-4 所示。

(4) 在弹出的【导入到库】对话框中选择"草原背景 .jpg"素材文件，单击【打开】按钮，如图 4-5 所示。

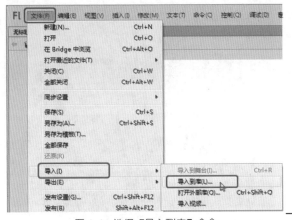

图 4-4　选择【导入到库】命令　　　　　　图 4-5　选择素材文件

(5) 在【库】面板中选择【草原背景 .jpg】素材文件并按住鼠标左键将其拖拽到舞台中央，然后按 Ctrl+K 组合键，弹出【对齐】面板，在该面板中勾选【与舞台对齐】复选框，然后单击【水平中齐】按钮和【垂直中齐】按钮，如图 4-6 所示。

(6) 在图层面板中新建图层，选择【钢笔工具】 ，在【属性】面板中将【笔触】设置为 15，然后在舞台中绘制图形，如图 4-7 所示。

图 4-6　设置对齐　　　　　　　　　　图 4-7　绘制图形

(7) 绘制完成后，使用【选择工具】选中绘制的图形，打开颜色面板，将【笔触颜色】和【填充颜色】均设置为白色，并将【笔触颜色】下的【A】设置为 50，效果如图 4-8 所示。

(8) 在工具箱中选择【任意变形工具】，对舞台中绘制的图形进行调整，调整后的效果如图 4-9 所示。

(9) 确认选中图形按 Ctrl+C 组合键对其进行复制，新建两个图层，并在新建的每个图层中按 Ctrl+V 组合键进行粘贴，效果如图 4-10 所示。

(10) 选择【图层 1】的第 100 帧，然后单击鼠标右键，从弹出的快捷菜单中选择【插入关键帧】命令，如图 4-11 所示。

(11) 在时间轴面板中选择【图层 2】的第 1 帧，在舞台中调整图形的大小和位置，效果如图 4-12 所示。

(12) 选择【图层 2】的第 100 帧，然后按 F6 键插入关键帧，并将云彩拖拽至如图 4-13 所示的位置。

图 4-8　设置图形的填充

图 4-9　调整图形

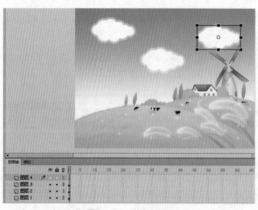

图 4-10　进行粘贴

图 4-11　选择【插入关键帧】命令

图 4-12　调整图形的大小和位置

图 4-13　移动对象

(13) 在【图层 2】中选择第 50 帧，然后单击鼠标右键，从弹出的快捷菜单中选择【创建传统补间】命令，如图 4-14 所示。

(14) 这样即可创建传统补间，效果如图 4-15 所示。

(15) 使用同样的方法，在其他图层创建传统补间动画，效果如图 4-16 所示。

(16) 至此，传统补间动画就制作完成了，按 Ctrl+Enter 组合键测试影片，如图 4-17 所示。

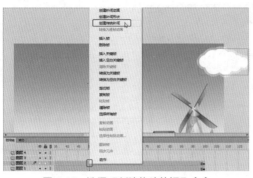

图 4-14 选择【创建传统补间】命令

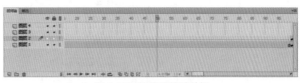

图 4-15 创建了传统补间

图 4-16 创建其他传统补间动画

图 4-17 测试影片

(17) 测试完成后，从菜单栏中选择【文件】|【保存】命令，在弹出对话框中选择一个保存位置，并输入文件名，然后单击【保存】按钮，如图 4-18 所示。

(18) 保存完成后，从菜单栏中选择【文件】|【导出】|【导出影片】命令，如图 4-19 所示。

图 4-18 【另存为】对话框

图 4-19 选择【导出影片】命令

(19) 弹出【导出影片】对话框，在该对话框中选择一个导出路径，并将【保存类型】设置为【SWF 影片 (*.swf)】，然后单击【保存】按钮，如图 4-20 所示。

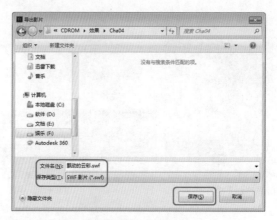

图 4-20　导出影片

案例精讲 041　制作引导线心形动画

案例文件：CDROM | 场景 | Cha04 | 制作引导线心型动画 .fla

视频文件：视频教学 | Cha04 | 制作引导线心型动画 .avi

制作概述

下面介绍运用引导线与新建元件和图层，制作一个心形动画，制作完成后的效果如图 4-21 所示。

图 4-21　制作引导线心形动画

学习目标

■　学习如何通过创建传统引导层绘制引导线。

■　掌握通过引导线制作动画的方法。

操作步骤

(1) 启动软件后，在欢迎界面中单击【新建】选项组中的【ActionScript 3.0】按钮，即可新建场景，在属性面板中将【舞台】的背景颜色设置为黑色，如图 4-22 所示。

(2) 从菜单栏中选择【插入】|【新建元件】命令，在弹出的对话框中将【名称】命名为心形，【类型】设置为【图形】，单击【确定】按钮，如图 4-23 所示，进入心形元件的编辑场景。

图 4-22 设置舞台背景为黑色

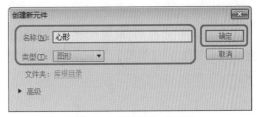

图 4-23 新建元件对话框

(3) 在工具箱中选择【椭圆形工具】 ，在【属性】面板中将【笔触颜色】设置为无，将【填充颜色】设置为红色，在舞台中按住 Shift 键绘制一个红色的圆，如图 4-24 所示。

(4) 按住 Alt 键，使用【选择工具】 拖拽绘制的圆，对其进行复制，效果如图 4-25 所示。

(5) 使用【部分选取工具】 和【转换锚点工具】将这两个圆形调整成心形，效果如图 4-26 所示。

图 4-24 绘制的圆

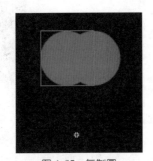

图 4-25 复制圆

图 4-26 将圆形调整为心形

(6) 然后选中这两个图形，从菜单栏中选择【修改】|【合并对象】|【联合】命令将这两个图形合并在一起，如图 4-27 所示。

(7) 在工具箱中选择【颜料桶工具】 ，打开【颜色】面板，将【填充颜色】设置为【径向渐变】。颜色设为由白色到红色，如图 4-28 所示。

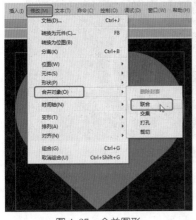

图 4-27 合并图形

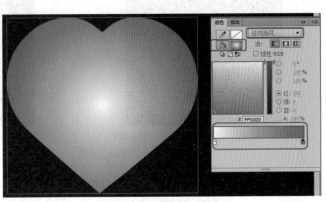

图 4-28 设置图形的颜色

如果在选择【颜料桶工具】之前已经选中了舞台中的图形，那么再选中【颜料桶工具】设置它的颜色时，舞台中的图形颜色会随着修改的颜色而变化。

(8)颜色调整完成后，从菜单栏中选择【插入】|【新建元件】命令，在打开的对话框中，将【名称】设置为【心动】。【类型】设置为【影片剪辑】，设置完成后，单击【确定】按钮，如图4-29所示。

通过按 Ctrl+R 组合键，也可以打开【创建新元件】对话框。

(9)在【时间轴】面板中选择【图层 1】，右键单击，从弹出的快捷菜单中选择【添加传统运动引导层】命令，如图4-30所示。

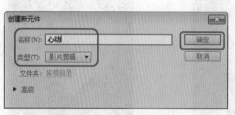

图4-29 插入【心动】元件

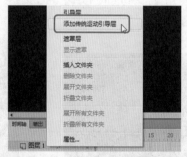

图4-30 添加传统运动引导层

(10)在【时间轴】面板中选中添加的【引导层：图层 1】，使用【椭圆工具】绘制一个圆，将【填充颜色】设置为无。将【笔触】设置为0.1，如图4-31所示。

(11)选中绘制的圆，按住 Alt 键进行复制。选中这两个圆形，从菜单栏中选择【修改】|【合并对象】|【联合】命令，将选中的图形合并到一起，然后双击图形，选中中间的两条线，如图4-32所示，按 Delete 键删除。

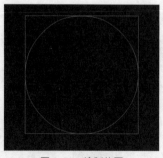

图4-31 绘制的圆

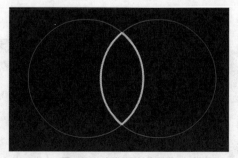

图4-32 复制圆并删除线

复制对象时，还可以通过按 Ctrl+C 组合键进行复制，按 Ctrl+V 可以粘贴到中心位置，按 Ctrl+Shift+V 组合键，可以粘贴到当前的位置。

(12) 然后单击左上角的【←】按钮，使用【部分选取工具】【↖】将舞台中的图形调整成心形，效果如图 4-33 所示。

(13) 再次双击舞台中的图形，选择左侧的半边心形，将其删除，效果如图 4-34 所示，然后单击左上角的【←】按钮。

(14) 确认选中图形，单击【对齐】按钮【≣】，打开【对齐】面板，勾选【与舞台对齐】，然后单击【水平中齐】和【垂直中齐】按钮，使用图形对齐舞台中心。

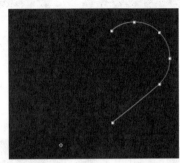

图 4-33　将圆形调整为心形　　　　　　　　　　图 4-34　再次删除多余图形并对齐舞台

(15) 选中创建的图形，在引导层的第 110 帧处，按 F5 键插入帧，如图 4-35 所示。

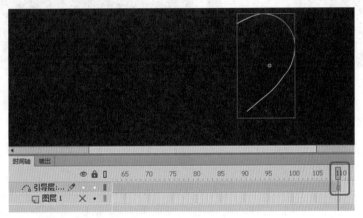

图 4-35　在第 110 帧处插入帧

(16) 在【时间轴】面板中选中【图层 1】的第一帧，在【库】面板中，把心形的元件拖到【图层 1】上，并使用【任意变形工具】调整心形元件的大小，如图 4-36 所示。

(17) 确认选中【图层 1】的第一帧，把心动元件拖到心形的上端起点位置处。在【图层 1】的 50 帧处插入关键帧，然后把心动元件拖到心形的下端终点处，如图 4-37 所示。

(18) 选择【图层 1】的第 25 帧并单击鼠标右键，从弹出的快捷菜单中选择【创建传统补间】命令，如图 4-38 所示。

(19) 选中【图层 1】的第 1 帧至第 50 帧，单击鼠标右键，从弹出的快捷菜单中选择【复制帧】命令，如图 4-39 所示。

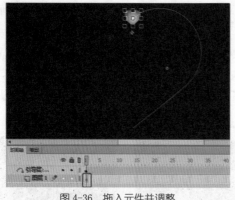

图 4-36 插入元件并调整

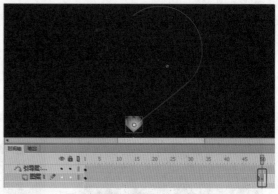

图 4-37 插入关键帧并调整元件

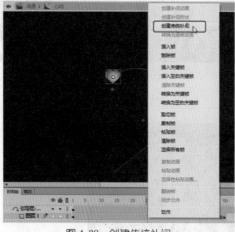

图 4-38 创建传统补间

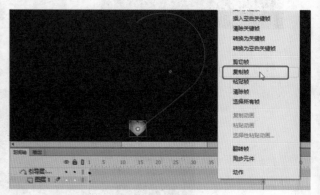

图 4-39 复制帧

(20) 在 52 帧处右击，从弹出的快捷菜单中选择【粘贴帧】命令，然后在【图层 1】上方新建 10 个图层，如图 4-40 所示。

(21) 选中【图层 1】所有的帧，单击鼠标右键。从弹出的快捷菜单中选择【复制帧】命令。选择第 2 层的第 5 帧，单击鼠标右键，从弹出的快捷菜单中选择【粘贴帧】命令，即可将第一层所有的帧全部复制粘贴至第 2 个图层上，如图 4-41 所示。

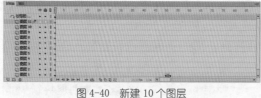

图 4-40 新建 10 个图层

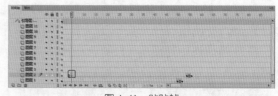

图 4-41 粘贴帧

(22) 然后使用同样的方法，在第 3,4,5,6,7,8,9,10,11 层的第 10,15,20,25,30,35,40,45,50 帧上粘贴复制的帧，效果如图 4-42 所示。

(23) 设置完成后，在左上角单击 按钮，然后在【库】面板中，将【心动】元件拖到舞台中。按 Ctrl+Enter 键即可测试效果，如图 4-43 所示。

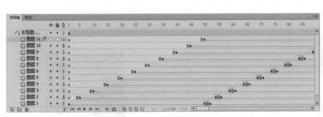

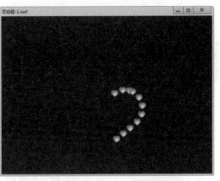

图 4-42　粘贴完成后的效果　　　　　　　　图 4-43　将元件拖入场景的测试效果

(24) 然后使用同样的方法新建元件，将【名称】设置为心动 2，并在时间轴面板中新建【引导层】，在 110 帧处插入关键帧。复制【心动】影片剪辑中的引导线，在【心动 2】影片剪辑中的引导层的第 1 帧粘贴引导线，并对该引导线使用【任意变形工具】进行调整，如图 4-44 所示。

(25) 选择【图层 1】的第 1 帧，在【库】面板中，将【心形】元件拖入图层 1，调整它大小和的位置，如图 4-45 所示。

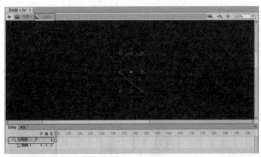

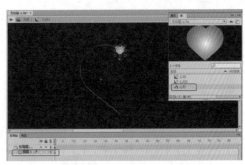

图 4-44　复制粘贴调整引导线　　　　　　　　图 4-45　拖入元件并调整元件

(26) 使用前面介绍的方法，插入关键帧，并创建传统补间动画，然后新建多个图层，复制粘贴帧动画，效果如图 4-46 所示。

(27) 制作完成后，在左上角单击 ← 按钮，打开【库】面板，将【心动 2】元件拖动至舞台中，使其与【心动】元件在舞台中重合，如图 4-47 所示。

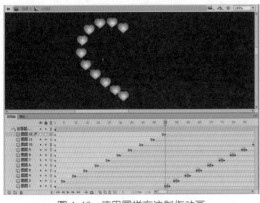

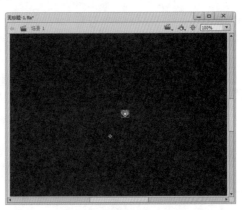

图 4-46　使用同样方法制作动画　　　　　　　　图 4-47　在舞台中拖入元件

CG设计案例课堂

(28) 调整完成后，按 Ctrl+Enter 组合键即可测试效果，如图 4-48 所示。

(29) 在时间轴面板中新建图层，并将新建的图层拖至图层 1 的下面，选中新建的图层，从菜单栏中选择【文件】|【导入】|【导入到舞台】命令，如图 4-49 所示。

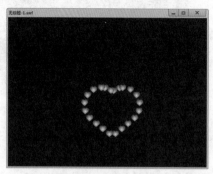

图 4-48 测试动画效果

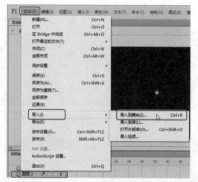

图 4-49 新建图层并选择【导入到舞台】命令

(30) 在打开的窗口中选择随书附带光盘中的 CDROM| 素材 |Cha04|B6.jpg 素材文件，如图 4-50 所示，然后单击【打开】按钮。

(31) 将素材打开后，通过选中舞台和导入的素材图片，在【属性】面板中调整图片和舞台的宽度和高度，并使图片对齐舞台，调整元件的位置，然后按 Ctrl+Enter 组合键测试效果，如图 4-51 所示。

图 4-50 打开素材文件

图 4-51 测试效果

案例精讲 042 制作流星雨动画

 案例文件：CDROM | 场景 | Cha04 | 制作流星雨动画 .fla

 视频文件：视频教学 | Cha04 | 制作流星雨动画 .avi

制作概述

下面介绍运用新建元件、图层和任意变形工具，制作流星雨动画的方法，制作完成后的效果如图 4-52 所示。

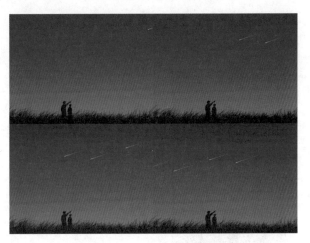

图 4-52　制作流星雨动画

学习目标

■　学习如何创建并使用元件。

■　掌握使用元件的方法。

操作步骤

(1) 启动软件后在欢迎界面中，单击【新建】选项组中的【ActionScript 3.0】按钮，如图 4-53 所示，即可新建场景。

(2) 进入工作界面后，在工具箱中单击【属性】按钮，在打开的面板中将【属性】选项组中的【大小】设置为 800×600 像素，【舞台】背景颜色设置为黑色，如图 4-54 所示。

图 4-53　选择新建类型

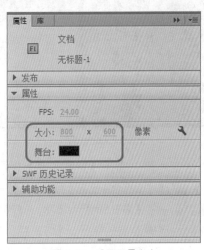

图 4-54　设置场景大小

(3) 然后从菜单栏中选择【文件】|【导入】|【导入到舞台】命令，如图 4-55 所示。

(4) 在弹出的【导入】对话框中，选择素材文件中的"星空背景 .jpg"素材文件，单击【打开】按钮，如图 4-56 所示。

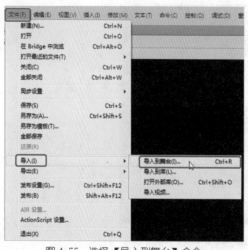

图 4-55　选择【导入到舞台】命令

图 4-56　选择素材文件并打开

　　(5) 然后按 Ctrl+K 组合键，弹出【对齐】面板，在该面板中勾选【与舞台对齐】复选框，然后单击【水平中齐】按钮和【垂直中齐】按钮，如图 4-57 所示。

　　(6) 从菜单栏中选择【插入】|【新建元件】命令，在弹出的对话框中将【名称】命名为【流星 1】，【类型】设置为【图形】，单击【确定】按钮，如图 4-58 所示，进入【流星 1】元件的编辑场景。

图 4-57　设置对齐

图 4-58　创建元件

　　(7) 在工具箱中选择【矩形工具】▣，在舞台中绘制一个矩形，然后在工具箱中使用【选择工具】 ▶ 选中舞台中绘制的矩形，打开【属性】面板，单击 ⊖ 按钮，取消【宽】和【高】的锁定链接，将【宽】设置为 178，【高】设置为 2，如图 4-59 所示。

　　(8) 确认选中绘制的矩形，打开【颜色】面板，将【笔触颜色】设置为无，将【填充颜色】设置为【线性渐变】，在下方将渐变条上的色标颜色由左侧向右设置，颜色分别为白色、蓝色 (#55A6FF)、灰色 (#2E2E2E)，并将蓝色色标的【A】设置为 50，灰色色标的【A】设置为 0，矩形的参数设置如图 4-60 所示。

　　(9) 然后使用【任意变形工具】按住 Alt 键拖动绘制的矩形，把矩形复制出两个，并使用该工具调整复制得到的矩形，效果如图 4-61 所示。

　　(10) 调整完成后，按 Ctrl+F8 组合键打开【创建新元件】对话框，将【名称】输入为【流星 2】，

【类型】设置为【影片剪辑】，然后单击【确定】按钮，如图 4-62 所示。

图 4-59　设置矩形的大小

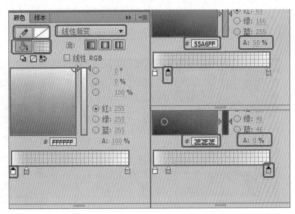

图 4-60　设置矩形的颜色

图 4-61　复制并调整矩形

图 4-62　新建元件并设置

(11) 进入【流星 2】元件后，打开【库】面板，将【流星 1】元件拖至【流星 2】元件的舞台中，如图 4-63 所示。

(12) 然后在【时间轴】面板中选择【图层 1】的第 1 帧，调整【流星 1】元件的位置，如图 4-64 所示。

图 4-63　拖入元件

图 4-64　调整元件的位置

(13) 选择【图层 1】的第 25 帧，按 F6 键插入关键帧，然后在舞台中调整【流星 1】元件的位置，效果如图 4-65 所示。

(14) 调整完成后，在【图层 1】的第 1 帧至第 25 帧之间的任意帧上右击，从弹出的快捷菜单中选择【创建传统补间】，如图 4-66 所示。

(15) 然后单击左上角的← 按钮，选择【图层 1】的第 300 帧，按 F5 键插入帧，打开【库】面板，将【流星 2】元件拖至舞台中，使用【任意变形工具】调整位置和角度，效果如图 4-67 所示。

(16) 在时间轴面板中新建图层，选择【图层 1】的所有帧，右键单击，选择【复制帧】命令，在新建图层的第 20 帧位置右键单击，选择【粘贴帧】命令，在【库】面板中将【流星 2】

元件拖至新图层中，并进行调整，效果如图4-68所示。

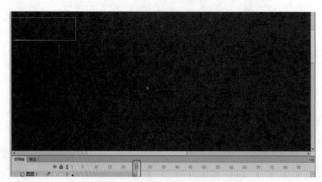
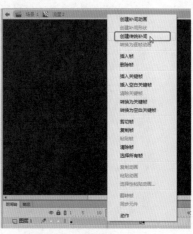

图4-65　选择帧并调整元件位置　　　　　　　　　图4-66　创建传统补间

图4-67　插入帧并调整拖入的元件　　　　　　图4-68　新建图层粘贴帧并调整拖入的元件

(17) 调整完成后，按Ctrl+Enter组合键测试影片，效果如图4-69所示。

图4-69　测试影片的效果

案例精讲 043　制作三维空间动画

案例文件：CDROM | 场景 | Cha04 | 制作三维空间动画 .fla

视频文件：视频教学 | Cha04 | 制作三维空间动画 .avii

制作概述

下面介绍如何运用新建元件、图层和变形面板，来制作三维空间动画，制作完成后的效果如图 4-70 所示。

图 4-70　制作三维空间动画

学习目标

■　学习如何插入关键帧并创建传统补间，以及变形面板的使用。

■　掌握制作三维空间动画的方法。

操作步骤

(1) 启动软件后，在欢迎界面中单击【新建】选项组中的【ActionScript 3.0】按钮，新建文件后打开【属性】面板，将【大小】设置为 800×600 像素，然后从菜单栏中选择【文件】|【导入】|【导入到舞台】命令，在打开的对话框中将"走廊背景 .png"素材文件导入到舞台中，然后打开【对齐】面板，勾选【与舞台对齐】，然后分别单击【水平中齐】🖳、【垂直中齐】🖳和【匹配宽和高】按钮🖳，如图 4-71 所示。

(2) 然后按 Ctrl+R 组合键，在打开的对话框中将【门 .png】素材文件导入到舞台中，使用【任意变形工具】调整"门 .png"素材的大小和位置，效果如图 4-72 所示。

(3) 调整完成后，从菜单栏中选择【视图】|【标尺】命令，在文件中显示标尺，然后在标尺中拖出辅助线，如图 4-73 所示。

(4) 按 Ctrl+F8 组合键，在打开的【创建新元件】对话框中，输入【名称】为【承重梁、壁纸】，将【类型】设置为【图形】，设置完成后，单击【确定】按钮，如图 4-74 所示。

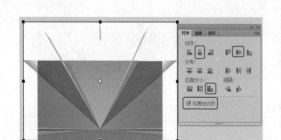

图 4-71　使导入的素材对齐舞台

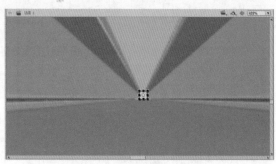

图 4-72　调整再次导入的素材

图 4-73　拖出辅助线

图 4-74　新建元件

(5) 进入到【承重梁、壁纸】元件的舞台后，按 Ctrl+R 组合键，将素材文件中的"承重梁、壁纸 .png"素材文件导入到舞台中，如图 4-75 所示。

(6) 单击左上角的 ← 按钮，在【时间轴】面板中，选中【图层 1】的第 24 帧，按 F5 键插入帧，然后新建【图层 2】，选中【图层 2】的第 1 帧，打开【库】面板，将创建的【承重梁、壁纸】元件拖至舞台中，如图 4-76 所示。

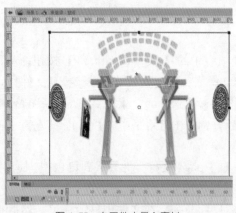

图 4-75　向元件中导入素材

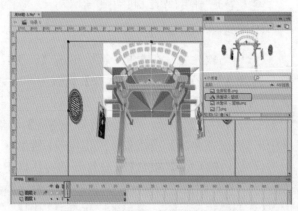

图 4-76　新建图层、选择帧并拖入元件

(7) 确认选中【图层 2】的第 1 帧和元件，打开【变形】面板，将【缩放宽度】和【缩放高度】均设置为 25，并调整元件的位置，如图 4-77 所示。

(8) 选择【图层 2】的第 10 帧，按 F6 键插入关键帧，在【变形】面板中将【缩放宽度】和【缩放高度】均设置为 3，并调整图形的位置，如图 4-78 所示。

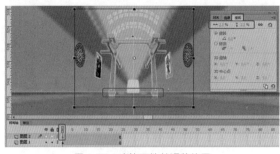

图 4-77　缩放元件并调整位置

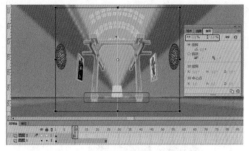

图 4-78　插入关键帧并设置缩放

(9) 在该图层的第 1 帧至第 10 帧之间的任意帧位置右键单击，从弹出的快捷菜单中选择【创建传统补间】命令，如图 4-79 所示。

(10) 选择该图层的第 24 帧，按 F6 键插入关键帧，在【变形】面板中将【缩放宽度】和【缩放高度】均设置为 4.7，并调整图形的位置，如图 4-80 所示。

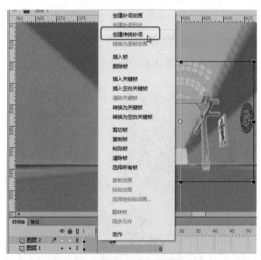

图 4-79　选择【创建传统补间】命令

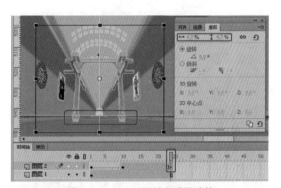

图 4-80　插入关键帧并设置缩放

(11) 使用同样的方法，在【图层 2】的第 10 帧至第 24 帧之间的任意位置右键单击，选择【创建传统补间】命令，效果如图 4-81 所示。

(12) 使用前面介绍的方法新建多个图层，并在各个图层中拖入【承重梁、壁纸】元件，在各个图层中插入关键帧、设置缩放并创建传统补间，在第 3 个图层的第 1、10、24 帧处把缩放参数设为 4.7、5.7、9，在第 4 个图层的第 1、10、24 帧处把缩放参数设为 9、10.5、14，在第 5 个图层的第 1、10、24 帧处把缩放参数设为 14.4、18.1、26.4，在第 6 个图层的第 1、10、24 帧处缩放把参数设为 27.3、34.4、50.4，在第 7 个图层的第 1、10、24 帧处把缩放参数设为 52.2、65.8、96.6，在第 8 个图层的第 1、10、24 帧处把缩放参数设为 100、125.6、183.2，在第 9 个图层的第 1、10、24 帧处把缩放参数设为 189、239.8，完成后的效果如图 4-82 所示。

注意　以上操作中，在设置变形的缩放参数后，均需对元件的位置进行调整，否则将影响最终效果。

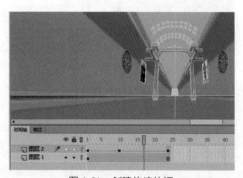

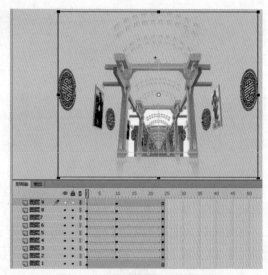

图 4-81　创建传统补间　　　　　　　　　　图 4-82　创建其他图层的动画效果

(13) 创建并设置完成后，按 Ctrl+Enter 组合键测试影片效果，如图 4-83 所示。

(14) 然后在测试影片的窗口中右击，选择【放大】命令，观看更好的效果，如图 4-84 所示。

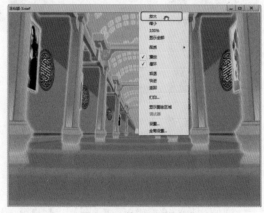

图 4-83　测试影片　　　　　　　　　　　　图 4-84　放大测试效果

案例精讲 044　　制作聊天动画

案例文件：CDROM | 场景 | Cha04 | 制作聊天动画 .fla

视频文件：视频教学 | Cha04 | 制作聊天动画 .avi

制作概述

　　下面介绍如何运用图层、关键帧和空白关键帧制作聊天动画，制作完成后的效果如图 4-85 所示。

图 4-85　聊天动画

学习目标

- 学习如何使用插入关键帧和空白关键帧。
- 掌握使用关键帧和空白关键帧的方法。

操作步骤

(1)启动软件后，在欢迎界面中，单击【新建】选项组中的【ActionScript 3.0】按钮，新建文件后，打开【属性】面板，将【大小】设置为 580×1031 像素，然后从菜单栏中选择【文件】|【导入】|【导入到舞台】命令，在打开的对话框中，将"聊天背景 .png"素材文件导入到舞台中，然后打开【对齐】面板，勾选【与舞台对齐】，然后分别单击【水平中齐】🔠和【垂直中齐】按钮🔠，如图 4-86 所示。

(2)在【时间轴】面板中选择【图层 1】的第 300 帧并右键单击，从弹出的快捷菜单中选择【插入帧】命令，如图 4-87 所示。

图 4-86　使导入的素材对齐舞台

图 4-87　选择【插入帧】命令

(3) 单击【新建图层】按钮🔲，新建图层后，在工具箱中选择【文本工具】🔳，在舞台中输入文字，设置合适的文字大小，并将文字的颜色设置为黑色，然后按 Ctrl+B 组合键分离对象，如图 4-88 所示。

(4) 然后在【图层 2】的第 5、10、15、20、25、30、35、40、45 帧处按 F6 键插入关键帧，如图 4-89 所示。

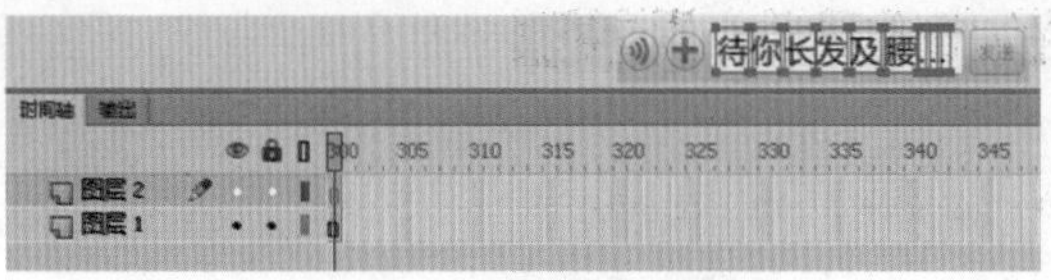

图 4-88　输入文字并分离

图 4-89　插入关键帧

(5) 选择第 1 帧关键帧，使用【选择工具】，按住 Shift 键选择【待】减选文字，按 Delete 键删除选中的文字，如图 4-90 所示。

(6) 选择【图层 2】的第 5 帧关键帧，使用【选择工具】，按住 Shift 键选择【待你】减选文字，按 Delete 键删除选中的文字，如图 4-91 所示。

(7) 使用同样方法在其他关键帧处逐字保留，删除多余文字，在 40 帧的关键帧处应保留全部文字，如图 4-92 所示。

图 4-90　删除多余文字后的效果

图 4-91　再次删除多余文字

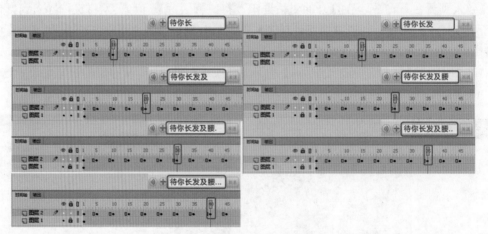

图 4-92　设置其他帧文字的效果

(8) 选择第 45 帧处的关键帧，按 Ctrl+R 组合键，在打开的对话框中将"发送按钮 .png"素材文件导入到舞台中，使用【选择工具】调整"发送按钮 .png"素材的位置，效果如图 4-93 所示。

(9) 选择第 47 帧，右键单击，从弹出的快捷菜单中选择【插入空白关键帧】命令，如图 4-94 所示。

(10) 新建【图层 3】，选择该图层的第 65 帧，按 F6 键插入关键帧，确认选中第 65 帧的关键帧并按 Ctrl+R 组合键，在打开的对话框中，将"头像 1.png"和"白话框 .png"素材导入到舞台中，使用【任意选择工具】调整素材的位置和大小，效果如图 4-95 所示。

(11) 然后使用【文本工具】，在【白话框】素材上输入文字，并设置合适的文字大小，如图 4-96 所示。

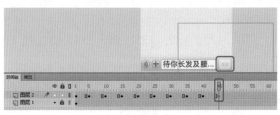

图 4-93 选择关键帧并导入素材

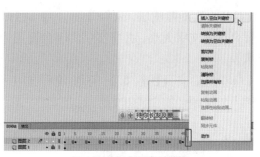

图 4-94 插入空白关键帧

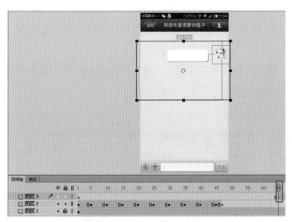

图 4-95 导入素材并调整

图 4-96 输入文字

(12) 新建【图层 4】，选择该图层的第 85 帧，按 F6 键插入关键帧，确认选中第 85 帧的关键帧并按 Ctrl+R 组合键，在打开的对话框中将"头像 2.png"和"绿话框 .png"素材导入到舞台中，使用【任意选择工具】调整素材的位置和大小，效果如图 4-97 所示。

(13) 然后使用【文本工具】，在【绿话框】素材上输入文字，并设置合适的文字大小，如图 4-98 所示。

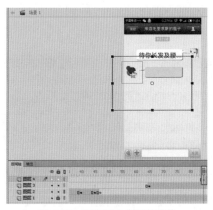

图 4-97 再次导入素材并调整

图 4-98 输入文字

（14）再次新建图层，选择【图层 5】的第 100 帧，按 F6 键插入关键帧，在舞台中输入文字，设置合适的文字大小，并将文字的颜色设置为黑色，然后按 Ctrl+B 组合键分离对象，如图 4-99 所示。

（15）然后在【图层 52】的第 105、110、115、120、125、130、135、140、145 帧处按 F6 键插入关键帧，如图 4-100 所示。

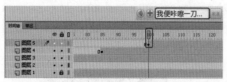
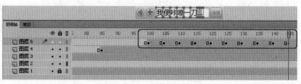

图 4-99　插入关键帧、输入文字并分离对象　　　　　图 4-100　插入关键帧

（16）选择第 100 帧关键帧，使用【选择工具】，按住 Shift 键选择【我】减选文字，按 Delete 键删除选中的文字，如图 4-101 所示。

（17）选择【图层 5】的第 105 帧关键帧，使用【选择工具】，按住 Shift 键选择【我便】减选文字，按 Delete 键删除选中的文字，如图 4-102 所示。

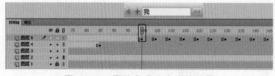
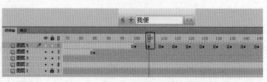

图 4-101　删除多余文字后的效果　　　　　图 4-102　再次删除多余文字

（18）使用同样方法在其他关键帧处逐字保留，删除多余文字，在 140 帧的关键帧处应保留全部文字，然后选择该图层的第 145 帧处的关键帧，打开【库】面板，将"发送按钮 .png"素材拖入舞台中并调整位置，如图 4-103 所示。

（19）选择该图层的第 150 帧，右键单击，从弹出的快捷菜单中选择【插入空白关键帧】命令，新建【图层 6】，选择新图层的第 170 帧，按 F6 键插入关键帧，如图 4-104 所示。

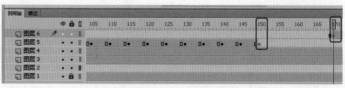

图 4-103　在【库】面板中拖入素材　　　　　图 4-104　插入关键帧

（20）确认选中【图层 6】的第 170 帧，在【库】面板中将【头像 1】和【白话框】素材拖入舞台中，并调整大小和位置，然后输入文字，设置合适的文字大小，颜色设置为黑色，效果如图 4-105 所示。

（21）新建【图层 7】，选中该图层的第 190 帧，按 F6 键插入关键帧，在库面板中将"头像 2"

和"绿话框"素材拖入舞台中，并调整大小和位置，并输入文字，设置合适的文字大小，颜色设置为黑色，效果如图 4-106 所示。

(22) 新建【图层 8】，选择该图层的第 210 帧，按 F6 键插入关键帧，并输入文字，按 Ctrl+B 组合键将文字分离，如图 4-107 所示。

图 4-105　拖入素材并输入文字　　图 4-106　新建图层、拖入素材并输入文字　　图 4-107　输入文字并分离

(23) 然后在该图层的第 215、220、225、230、235、240、245 帧处插入关键帧，在 240 帧时保留全部文字，根据前面介绍的方法创建文字的动画，然后选择第 245 帧，打开【库】面板，将【发送按钮】拖至舞台中，调整位置，效果如图 4-108 所示。

(24) 选择该图层的第 250 帧，右键单击，从打开的快捷菜单中选择【插入空白关键帧】命令。如图 4-109 所示。

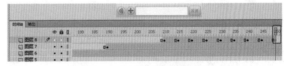

图 4-108　创建文字动画并拖入按钮　　　　　　　图 4-109　插入空白关键帧

(25) 新建【图层 9】，选择该图层的第 265 帧，插入关键帧，在【库】面板中，将"头像 1"和"白话框"素材拖入舞台中，并调整大小和位置，然后输入文字，设置合适的文字大小，颜色设置为黑色，并在其他图层中调整整个场景摆放的位置，效果如图 4-110 所示。

(26) 调整完成后，按 Ctrl+Enter 组合键测试动画效果，如图 4-111 所示。

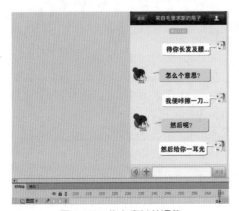

图 4-110　拖入素材并调整　　　　　　　图 4-111　测试动画

案例精讲 045　制作下雨动画效果

案例文件：CDROM | 场景 | Cha04 | 制作下雨动画效果 .fla

视频文件：视频教学 | Cha04 | 制作下雨动画效果 .avi

制作概述

本例将介绍一下在 Flash 中制作下雨效果的方法，完成后的效果如图 4-112 所示。

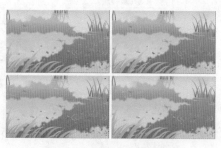

图 4-112　制作下雨动画效果

学习目标

■　添加背景图片。
■　输入代码。

操作步骤

（1）启动软件后，新建场景。进入工作界面后，在工具箱中单击【属性】按钮 ，在打开的面板中将【属性】选项组中的【大小】设置为 1015×600(像素)，将【舞台】背景颜色设置为黑色，如图 4-113 所示。

（2）按 Ctrl+R 组合键，在弹出的【导入】对话框中选择素材文件 "小池塘 .jpg"，单击【打开】按钮，效果如图 4-114 所示。

图 1-113　设置场景属性

图 4-114　将素材导入舞台

（3）按 Ctrl+F8 组合键，在打开的对话框中输入【名称】为【下雨】，将【类型】设置为【影片剪辑】，单击【高级】，勾选【为 ActionScript 导出】，在【类】右侧输入 "xl"，单击【确定】按钮，如图 4-115 所示。

(4) 在弹出的对话框中单击【确定】按钮，选择【线条工具】 ，单击【对象绘制】按钮 ，使其呈现为 状态，然后在舞台中绘制一条直线，选中绘制的直线，在【属性】面板中，将【高】设置为7，将【笔触颜色】设置为无，如图4-116所示。

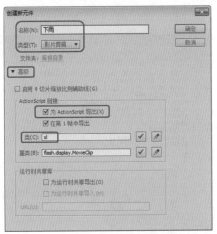

图 4-115　设置元件参数

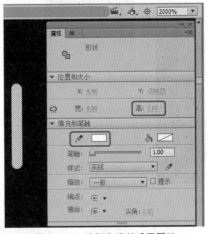

图 4-116　绘制直线并设置属性

(5) 在【图层1】的第25帧处按F6键插入关键帧，然后在舞台中调整直线的位置，其对比效果如图4-117所示。

> **注意**　绘制的直线位置应在舞台中心点的上方，调整直线后的位置，应使舞台的中心位置在调整直线前后位置的中点处，并使后来绘制的椭圆位于调整直线位置后的相似位置。

(6) 在【图层1】的两处关键帧之间创建形状补间，然后新建【图层2】，在第26帧的位置插入关键帧，使用【椭圆工具】在舞台中绘制一个椭圆，选中绘制的椭圆，在属性面板中将【宽】设置为12，将【高】设置为2.5，将【笔触颜色】设置为白色，将【填充颜色】设置为无，如图4-118所示。

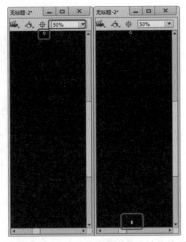

图 4-117　插入关键帧并调整元件的位置

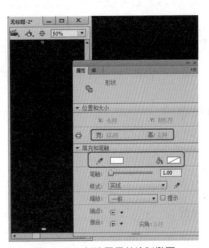

图 4-118　新建图层并绘制椭圆

(7) 在该图层的第45帧的位置插入关键帧，选中椭圆，在【属性】面板中将【宽】设置为

48，将【高】设置为 9，如图 4-119 所示。

(8) 在【对齐】面板中单击【水平中齐】按钮，在该图层的两个关键帧之间创建形状补间，然后返回到场景中，新建图层，按 F9 键，在打开的面板中输入代码，如图 4-120 所示。

图 4-119　插入关键帧并设置椭圆

图 4-120　输入代码

(9) 最后按 Ctrl+Enter 组合键测试影片效果，如图 4-121 所示。

图 4-121　测试影片效果

案例精讲 046　制作飘雪效果

案例文件：CDROM | 场景 | Cha04 | 飘雪效果 .fla

视频文件：视频教学 | Cha04 | 飘雪效果 .avi

制作概述

下雪，是大气固态降水中的一种最广泛、最普遍、最主要的形式。本例就介绍一下在 Flash 中制作下雪效果的方法，完成后的效果如图 4-122 所示。

图 4-122　飘雪效果

学习目标

- 添加背景图片。
- 制作雪花飘落动画。
- 输入代码。

操作步骤

(1) 按 Ctrl+N 组合键，弹出【新建文档】对话框，在【类型】列表框中选择 ActionScript 3.0，将【宽】设置为 550 像素，将【高】设置为 345 像素，将【背景颜色】设置为黑色，单击【确定】按钮，如图 4-123 所示。

(2) 出现新建的空白文档后，从菜单栏中选择【文件】|【导入】|【导入到库】命令，弹出【导入到库】对话框，在该对话框中选择素材文件"雪背景.jpg"和"雪花.png"，单击【打开】按钮，如图 4-124 所示。

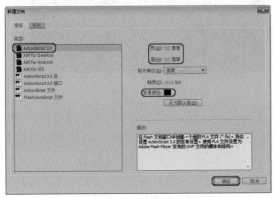

图 4-123　新建文档

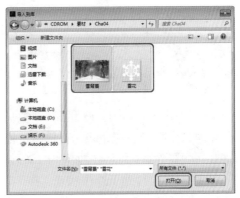

图 4-124　选择素材文件并打开

(3) 这样即可将选择的素材文件导入到【库】面板中，然后在该面板中将"雪背景.jpg"素材文件拖拽至舞台中，并调整其位置，如图 4-125 所示。

(4) 按 Ctrl+F8 组合键，弹出【创建新元件】对话框，输入【名称】为【飘雪】，将【类型】设置为【影片剪辑】，在【ActionScript 链接】区域中勾选【为 ActionScript 导出】复选框，设置【类】为"xl"，单击【确定】按钮，如图 4-126 所示。

图 4-125　添加素材文件

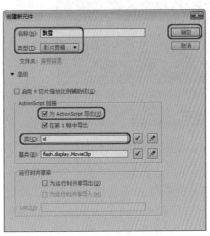

图 4-126　创建新元件

(5) 在弹出的提示对话框中单击【确定】按钮即可，然后在【图层 1】上单击鼠标右键，从弹出的快捷菜单中选择【添加传统运动引导层】命令，如图 4-127 所示。

(6) 然后选择【引导层：图层 1】，在工具箱中选择【钢笔工具】 ，在舞台中绘制曲线，效果如图 4-128 所示。

图 4-127　选择【添加传统运动引导层】命令

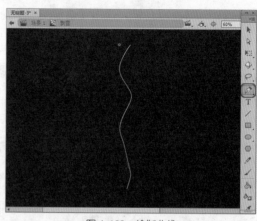
图 4-128　绘制曲线

(7) 选择【引导层：图层 1】的第 90 帧，按 F6 键插入关键帧，然后选择【图层 1】的第 1 帧，在【库】面板中将"雪花 .png"素材图片拖拽至舞台中，并在【变形】面板中将【缩放宽度】和【缩放高度】设置为 25%，如图 4-129 所示。

(8) 确认素材图片处于选中状态，按 F8 键，弹出【转换为元件】对话框，输入【名称】为【雪花】，将【类型】设置为【图形】，单击【确定】按钮，如图 4-130 所示。

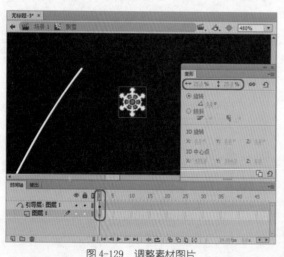
图 4-129　调整素材图片

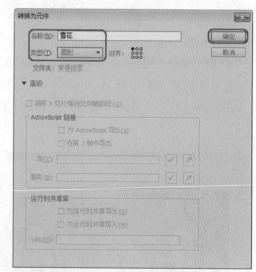
图 4-130　转换为元件

(9) 然后在舞台中将【雪花】图形元件拖拽至曲线的开始处，如图 4-131 所示。

(10) 选择【图层 1】的第 90 帧，按 F6 键插入关键帧，将【雪花】图形元件拖拽至曲线的结束处，如图 4-132 所示。

(11) 然后在【图层 1】的两个关键帧之间创建传统补间动画，如图 4-133 所示。

(12) 返回到【场景 1】中，新建【图层 2】，然后选择【图层 2】的第 1 帧，按 F9 键打开【动作】面板，在该面板中输入代码，如图 4-134 所示。至此，完成飘雪效果的制作，然后导出影片，并将场景文件保存。

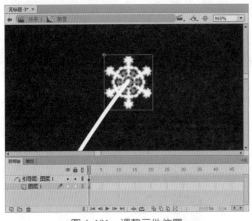

图 4-131　调整元件位置

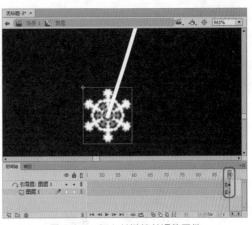

图 4-132　插入关键帧并调整元件

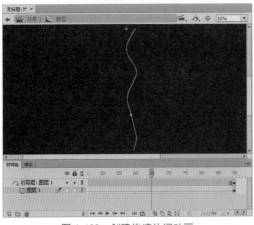

图 4-133　创建传统补间动画

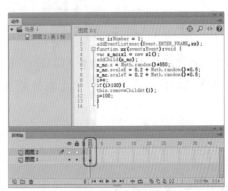

图 4-134　输入代码

案例精讲 047　制作商场宣传动画

> 案例文件：CDROM | 场景 |Cha04| 制作商场宣传动画 .fla
>
> 视频文件：视频教学 |Cha04| 制作商场宣传动画 .avi

制作概述

本例将介绍超市宣传动画的制作，该例主要是在不同的帧上设置图形元件的属性，然后插入传统补间，效果如图 4-135 所示。

图 4-135　商场宣传动画

学习目标

- 在不同帧上设置图形元件的属性。
- 熟练掌握如何创建传统补间动画。

操作步骤

(1) 启动 Flash CC 软件, 打开随书附带光盘中的 CDROM| 素材 |Cha04| 制作商场宣传动画 .fla 文件。在【库】面板中, 将【背景】图形元件添加到舞台中, 在【对齐】面板中, 设置【对齐】, 将其放置在舞台中央, 如图 4-136 所示。

(2) 在舞台中, 选中【背景】图形元件, 在【变形】面板中, 选择【倾斜】, 并将【水平倾斜】设置为 12.0°, 如图 4-137 所示。

图 4-136 添加【背景】图形元件

图 4-137 设置【倾斜】

(3) 在舞台中, 将【背景】图形元件水平移动至舞台外的右侧, 如图 4-138 所示。

(4) 在【时间轴】面板的第 7 帧处添加关键帧, 将【背景】图形元件移动至如图 4-139 所示的位置。

图 4-138 移动【背景】图形元件

图 4-139 设置关键帧动画

(5) 在第 1 至第 7 关键帧之间单击鼠标右键, 从弹出的快捷菜单中选择【创建传统补间】命令, 创建传统补间动画, 如图 4-140 所示。

(6) 在第 9 帧处添加关键帧, 选中【背景】图形元件, 在【变形】面板中, 将【水平倾斜】设置为 0°, 然后将其调整至舞台中央, 如图 4-141 所示。

(7) 在第 7 帧至第 9 关键帧之间单击鼠标右键, 从弹出的快捷菜单中选择【创建传统补间】命令, 创建传统补间动画, 如图 4-142 所示。

(8) 选中第 70 帧, 按 F5 键, 在第 70 帧处添加插入帧, 然后将【图层 1】锁定, 如图 4-143 所示。

图 4-140　创建传统补间动画

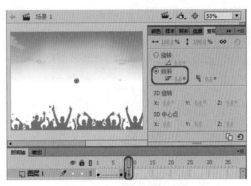

图 4-141　设置关键帧动画

图 4-142　创建传统补间动画

图 4-143　插入帧并锁定图层

(9) 新建【图层 2】并在第 10 帧处插入关键帧，将【库】面板中的【标题 1】图形元件添加到舞台的中央，如图 4-144 所示。

(10) 在第 20 帧处插入关键帧，然后选中【标题 1】图形元件，在【变形】面板中，将【缩放宽度】和【缩放高度】设置为 300%，如图 4-145 所示。

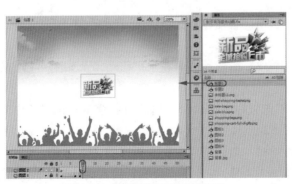

图 4-144　添加【标题 1】图形元件

图 4-145　设置【变形】

(11) 在【图层 2】的第 10 至 20 帧之间，鼠标单击右键，从弹出的快捷菜单中选择【创建传统补间】命令，创建传统补间动画，如图 4-146 所示。

(12) 新建【图层 3】并在第 20 帧处插入关键帧，将【库】面板中的【图标 1】图形元件添加到舞台外的左侧，位置如图 4-147 所示。

图 4-146　创建传统补间动画　　　　　　　　图 4-147　添加【图标 1】图形元件

(13) 在第 30 帧处插入关键帧，然后将【图标 1】图形元件向右水平移动，至如图 4-148 所示的位置。

(14) 在【图层 3】的第 20 至 30 帧之间，单击鼠标右键，从弹出的快捷菜单中选择【创建传统补间】命令，创建传统补间动画，如图 4-149 所示。

图 4-148　设置关键帧动画　　　　　　　　　图 4-149　创建传统补间动画

(15) 新建【图层 4】并在第 20 帧处插入关键帧，将【库】面板中的【图标 2】图形元件添加到舞台外的右侧，位置如图 4-150 所示。

(16) 在第 30 帧处插入关键帧，然后将【图标 2】图形元件向左水平移动，至如图 4-151 所示的位置。

(17) 在【图层 4】的第 20 至 30 帧之间，单击鼠标右键，从弹出的快捷菜单中选择【创建传统补间】命令，创建传统补间动画，如图 4-152 所示。

(18) 新建【图层 5】，在第 35 帧处插入关键帧，然后将【库】面板中的【图标 3】图形元件添加到舞台中，在【变形】面板中，将【缩放宽度】和【缩放高度】设置为 40%，然后将其调整至如图 4-153 所示位置。

图 4-150　添加【图标 2】图形元件

图 4-151　设置关键帧动画

图 4-152　创建传统补间动画

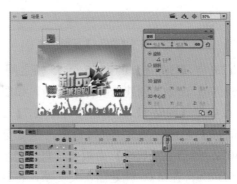

图 4-153　添加【图标 3】图形元件

(19) 在第 45 帧处插入关键帧，然后将【图标 3】图形元件向下垂直移动，至如图 4-154 所示的位置。

(20) 在【图层 5】的第 35 至 45 帧之间，单击鼠标右键，从弹出的快捷菜单中选择【创建传统补间】命令，创建传统补间动画，如图 4-155 所示。

图 4-154　设置关键帧动画

图 4-155　创建传统补间动画

(21) 新建【图层 6】，在第 45 帧处插入关键帧，然后将【库】面板中的【图标 4】图形元件添加到舞台中，在【变形】面板中，将【缩放宽度】和【缩放高度】设置为40%，然后将其调整至如图4-156所示的位置。

(22) 在第55帧处插入关键帧，然后将【图标4】图形元件向下垂直移动，至如图4-157所示的位置。

图 4-156　添加【图标4】图形元件

图 4-157　设置关键帧动画

(23) 在【图层6】的第45至55帧之间，单击鼠标右键，从弹出的快捷菜单中选择【创建传统补间】命令，创建传统补间动画，如图4-158所示。

(24) 在【图层1】之上创建【图层7】，在第55帧处插入关键帧，然后将【库】面板中的【标题2】图形元件添加到舞台中，在【变形】面板中，将【缩放宽度】和【缩放高度】设置为80%，然后在【属性】面板中，将【色彩效果】组中的【样式】设置为Alpha，并将其值设置为100%，在第65帧处插入关键帧，将其调整至如图4-159所示的位置。

图 4-158　创建传统补间动画

图 4-159　添加【标题2】图形元件

(25) 选中【图层7】的第55帧，将【标题2】图形元件向下垂直移动，至如图4-160所示的位置。然后在【属性】面板中，将【色彩效果】组中的Alpha的值设置为0%。

(26) 在【图层7】的第55至65帧之间，单击鼠标右键，从弹出的快捷菜单中选择【创建传统补间】命令，创建传统补间动画，如图4-161所示。至此，商场宣传动画就制作完成，最后对场景文件进行保存。

提示

设置【图层7】的第55帧动画时，为了方便选取【标题2】，可以对【标题1】图形元件所在的【图层2】进行隐藏。

图 4-160　设置关键帧动画

图 4-161　创建传统补间动画

案例精讲 048　制作汽车行驶动画

✍ 案例文件：CDROM | 场景 |Cha04| 制作汽车行驶动画 .fla

💿 视频文件：视频教学 |Cha04| 制作汽车行驶动画 .avi

制作概述

本例将介绍汽车行驶动画的制作，该例主要先设置汽车行驶影片剪辑元件，然后将影片剪辑元件添加到场景中，并插入传统补间，完成后的效果如图 4-162 所示。

图 4-162　汽车行驶动画

学习目标

■　熟练掌握影片剪辑元件的编辑。

■　创建补间动画。

操作步骤

(1) 启动 Flash CC 软件，打开随书附带光盘中的 CDROM| 素材 |Cha04| 制作汽车行驶动画 .fla 文件，如图 4-163 所示。

(2) 在【库】面板中，双击【汽车 1】影片剪辑，在舞台中进入到【汽车 1】影片剪辑的编辑模式，如图 4-164 所示。

图 4-163　打开素材文件

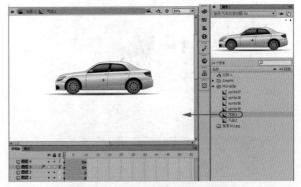
图 4-164　打开【汽车 1】影片剪辑

(3) 在【时间轴】面板中，选中【图层 3】的第 10 帧，然后选择前侧轮胎，在【变形】面板中，将【旋转】设置为 −135°，如图 4-165 所示。

(4) 在【图层 3】的第 1 帧至第 10 帧之间，单击鼠标右键，从弹出的快捷菜单中选择【创建传统补间】命令，创建传统补间动画，如图 4-166 所示。

图 4-165　设置【旋转】

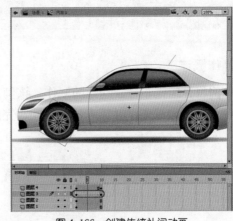
图 4-166　创建传统补间动画

(5) 在【时间轴】面板中，选中【图层 4】的第 10 帧，然后选择后侧轮胎，在【变形】面板中，将【旋转】设置为 −135°，如图 4-167 所示。

(6) 在【图层 4】的第 1 帧至第 10 帧之间，单击鼠标右键，从弹出的快捷菜单中选择【创建传统补间】命令，创建传统补间动画，如图 4-168 所示。

(7) 返回到【场景 1】，新建【图层 2】，将【汽车 1】影片剪辑添加到舞台中，然后在【变形】面板中，将【缩放宽度】和【缩放高度】设置为 60%，然后将其调整至如图 4-169 所示的位置。

(8) 在【图层 2】的第 40 帧处，按 F6 键插入关键帧，然后水平向左移动【汽车 1】影片剪辑的位置，如图 4-170 所示。

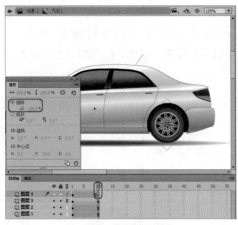

图 4-167 设置【旋转】

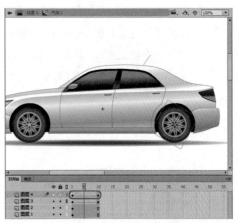

图 4-168 创建传统补间动画

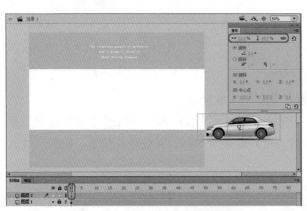

图 4-169 添加【汽车 1】影片剪辑

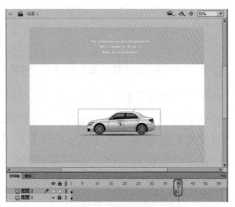

图 4-170 设置关键帧动画

(9) 在【图层 2】的第 1 ~ 40 帧之间，单击鼠标右键，从弹出的快捷菜单中选择【创建传统补间】命令，创建传统补间动画，如图 4-171 所示。

(10) 新建【图层 3】，在第 40 帧处插入关键帧，将【汽车 2】影片剪辑添加到舞台中，然后在【变形】面板中，将【缩放宽度】和【缩放高度】设置为 60%，并调整其位置，使其与【汽车 1】影片剪辑位置重合，如图 4-172 所示。

图 4-171 创建传统补间动画

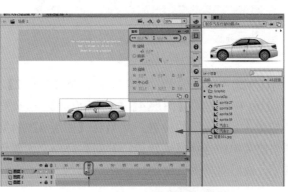

图 4-172 添加【汽车 2】影片剪辑

（11）在第 45 帧处插入关键帧，将【汽车 2】影片剪辑水平向右移动适当距离，如图 4-173 所示。

（12）然后在【图层 2】的第 41 帧处插入关键帧，并将【汽车 1】影片剪辑删除。然后在【图层 3】的第 40 ～ 45 帧之间，单击鼠标右键，从弹出的快捷菜单中选择【创建传统补间】命令，创建传统补间动画，如图 4-174 所示。

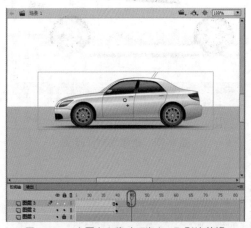
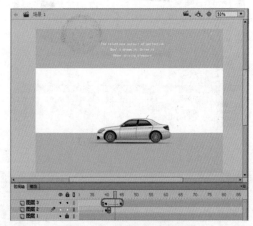

图 4-173　水平向右移动【汽车 2】影片剪辑　　　　　　图 4-174　创建传统补间动画

（13）在【图层 3】的第 65 帧处插入关键帧，如图 4-175 所示。

（14）新建【图层 4】，在第 65 帧处插入关键帧，将【汽车 1】影片剪辑添加到舞台中，然后在【变形】面板中，将【缩放宽度】和【缩放高度】设置为 60%，并调整其位置，使其与【汽车 2】影片剪辑位置重合，如图 4-176 所示。

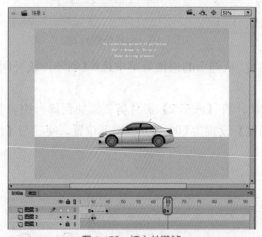
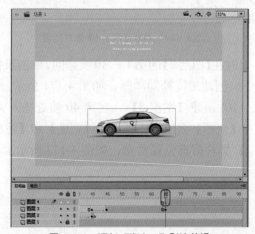

图 4-175　插入关键帧　　　　　　　　　图 4-176　添加【汽车 1】影片剪辑

（15）选中【图层 3】的第 65 帧，将【汽车 2】影片剪辑删除，如图 4-177 所示。

（16）在新建的【图层 4】的第 100 帧处插入关键帧，将【汽车 1】影片剪辑水平向左移动到如图 4-178 所示的位置。然后在【图层 4】的第 65 至 100 帧之间，单击鼠标右键，从弹出的快捷菜单中选择【创建传统补间】命令，创建传统补间动画。至此，汽车行驶动画就制作完成了，最后对场景文件进行保存。

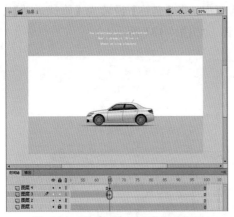
图 4-177　将【汽车 2】影片剪辑删除

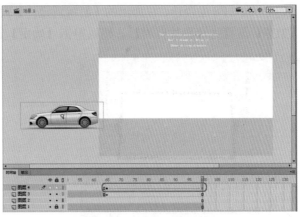
图 4-178　创建传统补间动画

案例精讲 049　制作篮球动画

> 案例文件：CDROM | 场景 |Cha04| 制作篮球动画 .fla
>
> 视频文件：视频教学 |Cha04| 制作篮球动画 .avi

制作概述

本例将介绍如何制作篮球动画，该例主要先创建篮球运动影片剪辑元件，通过插入关键帧和创建传统补间动画制作篮球跳动动画，然后将影片剪辑元件添加到场景中，完成后的效果如图 4-179 所示。

图 4-179　篮球动画

学习目标

- 熟练掌握影片剪辑元件的编辑。
- 学习如何创建传统补间动画。

操作步骤

(1) 启动 Flash CC 软件，打开随书附带光盘中的 CDROM| 素材 |Cha04| 制作篮球动画 .fla，如图 4-180 所示。

(2) 按 Ctrl+F8 组合键，在弹出的【创建新元件】对话框中，将【名称】设置为【篮球运动】，将【类型】设置为【影片剪辑】，然后单击【确定】按钮，如图 4-181 所示。

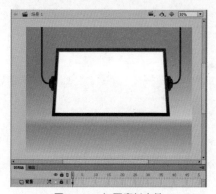

图 4-180　打开素材文件　　　　　　　　　　　图 4-181　【创建新元件】对话框

(3) 进入【篮球运动】影片剪辑模式，在【库】面板中，将【元件 1】图形元件拖入到舞台中，如图 4-182 所示。

(4) 在【对齐】面板中，单击【水平中齐】按钮 🔲，调整【元件 1】图形元件的水平位置，如图 4-183 所示。

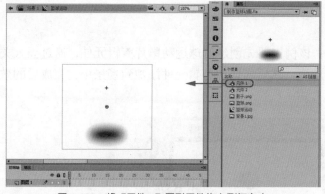

图 4-182　将【元件 1】图形元件拖入到舞台中　　　　图 4-183　单击【水平中齐】按钮

(5) 在【属性】面板中，将【色彩效果】组中的【样式】设置为 Alpha，将 Alpha 的值设置为 15%，如图 4-184 所示。

(6) 新建【图层 2】，在【库】面板中，将【元件 2】图形元件拖入到舞台中，在【变形】面板中，将【缩放宽度】和【缩放高度】设置为 50%；在【对齐】面板中，单击【水平中齐】按钮 🔲，调整【元件 2】图形元件的水平位置，然后适当调整其垂直位置，如图 4-185 所示。

(7) 在【图层 1】和【图层 2】的第 25 帧处插入关键帧，如图 4-186 所示。

(8) 在【图层 1】和【图层 2】的第 10 帧处插入关键帧，选中【元件 1】图形元件，在【属性】面板中，将 Alpha 的值设置为 80%；然后选中【元件 2】图形元件，将其垂直向下进行移动，如图 4-187 所示。

(9) 在【图层 2】的第 13 帧处插入关键帧，选中【元件 2】图形元件，在【变形】面板中，将【缩放高度】设置为 35%，然后垂直调整其位置，如图 4-188 所示。

(10) 在【图层 2】的第 17 帧处插入关键帧，选中【元件 2】图形元件，在【变形】面板中，将【缩放高度】设置为 50%，然后垂直调整其位置，如图 4-189 所示。

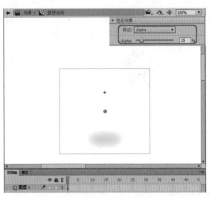

图 4-184　设置 Alpha 的值为 15%

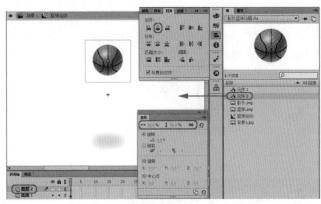

图 4-185　添加【元件 2】图形元件

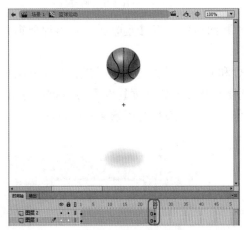

图 4-186　插入关键帧

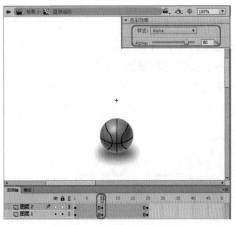

图 4-187　设置关键帧动画

图 4-188　将【缩放高度】设置为 35%

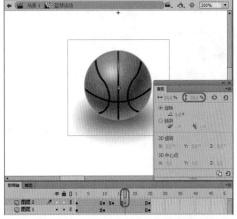

图 4-189　将【缩放高度】设置为 50%

(11) 在【图层 1】的第 15 帧处插入关键帧，如图 4-190 所示。

(12) 在两个图层中的关键帧之间创建传统补间动画，如图 4-191 所示。

图 4-190　插入关键帧

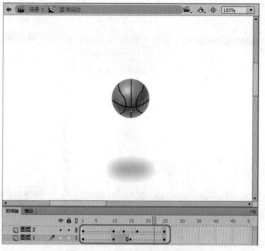

图 4-191　创建传统补间动画

(13) 返回【场景 1】，新建【图层 2】，在【库】面板中，将【篮球运动】影片剪辑元件拖入到舞台中，并调整其位置，如图 4-192 所示。

(14) 选中【篮球运动】影片剪辑元件，按 Ctrl+C 和 Ctrl+V 组合键，对其进行复制并粘贴。选中复制的对象，在【变形】面板中，将【缩放宽度】和【缩放高度】设置为 200%，然后调整其位置，如图 4-193 所示。至此，篮球动画就制作完成了，最后对场景文件进行保存。

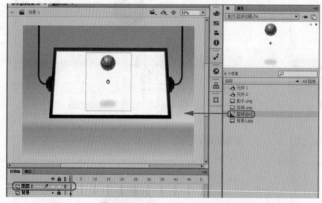

图 4-192　调整【篮球运动】影片剪辑元件的位置

图 4-193　调整复制对象的位置

提示　　使用 Ctrl+V 组合键可以将复制的对象粘贴到舞台的中央位置。

案例精讲 050　制作蝴蝶飞舞动画

案例文件：CDROM | 场景 | Cha04 | 蝴蝶飞舞动画 .fla

视频文件：视频教学 | Cha04 | 蝴蝶飞舞动画 .avi

制作概述

本例将介绍如何制作蝴蝶飞舞的动画，其中制作的关键是关键帧的应用，通过在不同帧上添加关键帧，然后对其设置传统补间，完成后的效果如图 4-194 所示。

图 4-194　蝴蝶飞舞动画

学习目标

■　学习如何制作蝴蝶飞舞动画。

■　掌握蝴蝶飞舞动画的制作流程，掌握关键帧和传统补间动画的应用。

操作步骤

(1) 启动软件后，按 Ctrl+N 组合键，弹出【新建文档】对话框，将【类型】设为 ActionScript 3.0，将【宽】设为 600 像素，将【高】设为 394 像素，单击【确定】按钮，如图 4-195 所示。

(2) 从菜单栏执行【文件】|【导入】|【导入到库】命令，弹出【导入到库】对话框，选择随书附带光盘中的 CDROM| 素材 |Cha04|27.jpg、蝴蝶 .gif 文件，单击【打开】按钮，如图 4-196 所示。

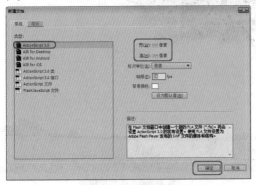

图 4-195　新建文档

图 4-196　选择导入的素材文件并打开

(3) 打开【库】面板，选择 27.jpg 文件，拖入到舞台中，打开【对齐】面板，单击【水平中齐】和【垂直中齐】按钮，调整图片的位置，如图 4-197 所示。

(4) 在【时间轴】面板中选择【图层 1】的第 200 帧，按 F5 键插入帧，并将该图层锁定，如图 4-198 所示。

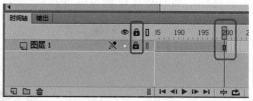

图 4-197　设置背景素材　　　　　　　　　　　　　　　　图 4-198　插入帧

 提示　在【对齐】面板中单击【水平中齐】和【垂直中齐】按钮可以使对象处于舞台的中心位置，在这里，背景素材与舞台大小相同，所以单击这两个按钮，可以使背景图片与舞台对齐。

知识链接

　　GIF 分为静态 GIF 和动画 GIF 两种，扩展名为 .gif，是一种压缩位图格式，支持透明背景图像，适用于多种操作系统，其"体型"很小，网上很多小动画都是 GIF 格式。其实，GIF 是将多幅图像保存为一个图像文件，从而形成动画的，最常见的就是通过一帧帧的动画串联起来的搞笑 GIF 图，所以归根到底，GIF 仍然是图片文件格式。但 GIF 只能显示 256 色。GIF 和 JPG 格式一样，是一种在网络上非常流行的图形文件格式。

---

　　(5) 新建【图层 2】，选择第 1 帧，打开【库】面板，将【元件 2】对象拖入到舞台中，按 Ctrl+T 组合键，打开【变形】面板，将【缩放宽度】和【缩放高度】都设为 60%，并调整蝴蝶的位置，如图 4-199 所示。

　　(6) 选择【图层 2】的第 40 帧，按 F6 键插入关键帧，调整蝴蝶的位置，如图 4-200 所示。

图 4-199　调整元件对象　　　　　　　　　　　　　　图 4-200　添加关键帧

　　(7) 选择第 30 帧，单击鼠标右键，从弹出的快捷菜单中选择【创建传统补间】命令，创建传统补间动画，如图 4-201 所示。

　　(8) 分别在第 60 帧和第 100 帧，按 F6 键插入关键帧，选择第 100 帧，调整蝴蝶的位置，如图 4-202 所示。在第 60 帧至第 100 帧之间创建传统补间动画。

图 4-201　创建补间动画

图 4-202　调整蝴蝶的位置

知识链接

　　【补间动画】做 flash 动画时，在两个关键帧中间需要做"补间动画"，才能实现图画的运动；插入补间动画后，两个关键帧之间的插补帧是由计算机自动运算而得到的。Flash 动画制作中，补间动画分两类，一类是形状补间，用于形状的动画，另一类是动画补间，用于图形及元件的动画。

---

　　(9) 使用同样的方法，在第 120 帧位置插入关键帧，然后选择第 120 帧位置的关键帧，在场景中调整蝴蝶的位置和旋转角度，并在第 100 帧到第 120 帧之间创建传统补间动画，如图 4-203 所示。

　　(10) 在第 135 帧位置创建关键帧，并使用【任意变形工具】调整蝴蝶的角度，在第 120 帧到第 135 帧之间创建传统补间，如图 4-204 所示。

图 4-203　调整蝴蝶的位置

图 4-204　调整角度

　　(11) 选择第 160 帧，按 F6 键插入关键帧，调整蝴蝶对象的位置，并在第 135 帧到 160 帧之间创建传统补间，如图 4-205 所示。

　　(12) 在第 200 帧位置插入关键帧，调整蝴蝶对象的位置，按 Ctrl+T 组合键，弹出【变形】面板，将【缩放宽度】和【缩放高度】都设为 25%，如图 4-206 所示。

　　(13) 继续选择蝴蝶对象，打开【属性】面板，选择在【色彩效果】组中将【样式】设为 Alpha，将其值设为 60，如图 4-207 所示，在第 160 帧到第 200 帧之间创建传统补间动画。

(14) 新建【图层 3】，并将【图层 2】锁定，打开【库】面板，将【元件 2】拖入到舞台中，按 Ctrl+T 组合键，弹出【变形】面板，将【缩放宽度】和【缩放高度】都设为 60%，如图 4-208 所示。

图 4-205　调整位置

图 4-206　调整位置和大小

图 4-207　设置色彩效果

图 4-208　设置对象属性

(15) 分别在第 40、100 帧位置，按 F6 键对其添加关键帧，选择第 100 帧，在舞台中使用【任意变形工具】调整蝴蝶的角度，如图 4-209 所示，并在第 40 帧到第 100 帧之间创建传统补间。

(16) 在第 120 帧位置添加关键帧，调整蝴蝶的位置，如图 4-210 所示，并在第 100 帧到第 120 帧之间创建传统补间。

(17) 在第 135、160 帧位置创建关键帧，选择第 160 帧，在舞台中对蝴蝶的位置和角度进行调整，如图 4-211 所示，并在第 135 帧到第 160 帧之间创建传统补间。

图 4-209　调整蝴蝶的角度

图 4-210　调整位置创建关键帧

图 4-211　调整位置

(18) 在第 170 帧位置，创建关键帧，使用【任意变形工具】调整位置和角度，如图 4-212 所示，并在第 160 帧到第 170 帧位置创建传统补间。

(19) 在第 190 帧位置创建关键帧，并使用【任意变形工具】调整位置和角度，如图 4-213 所示，在第 170 帧到第 190 帧位置创建传统补间。

图 4-212　调整位置并创建传统补间

图 4-213　创建补间动画

案例精讲 051　疯狂的兔子

案例文件：CDROM | 场景 | Cha04 | 疯狂的兔子 .fla

视频文件：视频教学 | Cha04 | 疯狂的兔子 .avi

制作概述

本例将制作疯狂的兔子动画，其中的关键是影片剪辑元件的创建，以及关键帧、传统补间的应用，完成后的效果如图 4-214 所示。

图 4-214　疯狂的兔子

学习目标

- 学习如何制作疯狂的兔子动画。
- 掌握疯狂的兔子的制作流程，掌握关键帧和传统补间动画的应用。

操作步骤

(1) 启动软件后，新建大小为 1904×1184，类型为 ActionScript 3.0 的文档，从菜单栏执行【文件】|【导入】|【导入到库】命令，选择随书附带光盘中的 CDROM| 素材 |Cha04 文件夹中的 G001.png ~ G010.png 和 G011.jpg 文件，打开【库】面板查看导入的素材，如图 4-215 所示。

(2) 选择 G011.jpg 文件，将其拖入到舞台中，打开【对齐】面板，单击【水平中齐】和【垂直中齐】按钮使其与舞台对齐，如图 4-216 所示。

图 4-215　查看导入的素材文件

图 4-216　添加背景

(3) 按 Ctrl+F8 组合键，弹出【创建新元件】对话框，将【名称】设为正面，将【类型】设为【影片剪辑】，单击【确定】按钮，进入【正面】影片剪辑中，在【库】面板中将 G001.png 文件拖入到舞台中，打开【对齐】面板，单击【水平中齐】和【垂直中齐】按钮，使其与舞台对齐，如图 4-217 所示。

(4) 选择第 4 帧，按 F6 键插入关键帧，将 G002.png 文件拖入到舞台中，使其与舞台对齐，并将 G001.jpg 文件删除，如图 4-218 所示。

图 4-217　对齐舞台

图 4-218　添加素材文件

在下面的操作过程中，都可以利用【对齐】面板中的【水平中齐】和【垂直中齐】按钮使其与舞台对齐，在以下步骤中将不再详细讲解。

(5) 在第 6 帧位置插入关键帧，将 G003.png 文件拖入到舞台中，使其与舞台对齐，并将 G002.png 文件删除，如图 4-219 所示。

(6) 按 Ctrl+F8 组合键，弹出【创建新元件】对话框，将【名称】设为【半侧面】，将【类型】设为【影片剪辑】，单击【确定】按钮，如图 4-220 所示。

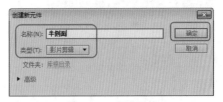

图 4-219　设置关键帧　　　　　　　　　　　　图 4-220　新建元件

(7) 进入半侧面的影片剪辑中，将 G004.png 文件拖入到舞台中使其与舞台对齐，选择第 2 帧，按 F6 键插入关键帧，将 G005.png 文件拖入到舞台中，将 G004.png 文件删除，如图 4-221 所示。

(8) 在第 3 帧位置，插入关键帧，将 G006.png 文件拖入到舞台中，使其与舞台对齐，并将 G005.png 文件删除，如图 4-222 所示。

(9) 使用同样的方法制作【侧面】剪辑元件，如图 4-223 所示。

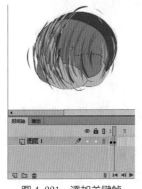

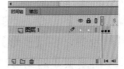

图 4-221　添加关键帧　　　　　　图 4-222　插入关键帧　　　　　　图 4-223　制作【侧面】剪辑元件

(10) 返回到【场景 1】中，在【图层 1】的第 180 帧位置按 F5 键插入帧，新建【图层 2】，并选中第一帧，将【正面】剪辑元件拖入到舞台中并与舞台对齐，打开【变形】面板，将【缩放宽度】和【缩放高度】设为 485，如图 4-224 所示。

(11) 选择图层 2 的第 9 帧，插入关键帧，在【变形】面板中将【缩放宽度】和【缩放高度】都设为 50，并将其调整到如图 4-225 所示的位置。在第 5 帧位置右击鼠标，从弹出的快捷菜单中选择【创建传统补间】命令，创建补间动画。

　提示　　创建传统补间动画时，可以在两个关键帧之间的任意一帧位置单击鼠标右键，从弹出的快捷菜单中选择【创建传统补间】命令，这样就可以创建补间动画，在下面操作中将不再详细讲解。

(12) 在第 29 帧位置插入关键帧，调整元件的位置，并在第 9 帧到第 29 帧之间创建传统补间，如图 4-226 所示。

(13) 在第 30 帧位置位置插入关键帧，选择该帧上的元件，打开【属性】面板，在【色彩效果】组中将【样式】设为 Alpha，并将其值设为 0，如图 4-227 所示。

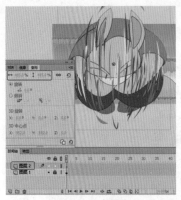

图 4-224　设置大小

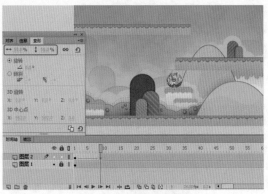

图 4-225　创建补间动画

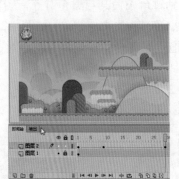

图 4-226　调整位置并创建传统补间

图 4-227　设置元件属性

(14) 新建【图层 3】，选择【图层 3】，单击鼠标右键，从弹出的对话框中选择【添加传统运动引导层】命令，选择【图层 3】的第 31 帧位置，按 F6 键插入关键帧，将【侧面】元件拖入到舞台中，在【变形】面板中调整大小为 50，调整到如图 4-228 所示的位置。

(15) 在图层 3 的第 60 帧位置插入关键帧，调整元件到如图 4-229 所示的位置，并在第 31 帧到第 60 帧之间创建传统补间。

图 4-228　设置关键帧

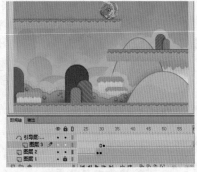

图 4-229　创建补间动画

提示

创建引导层的方法有两种，一种是直接选择一个图层，执行【添加传统运动引导层】命令，另一种是先执行【引导层】命令，使其自身变成引导层，再将其他图层拖拽到引导层中，使其归属于引导层。任何图层都可以使用引导层，当一个图层为引导层后，图层名称左侧的辅助线图标表明该层是引导层。

知识链接

　　引导层是 Flash 引导层动画中绘制路径的图层。

　　引导层中的图案可以为绘制的图形或对象定位，主要用来设置对象的运动轨迹。引导层不从影片中输出，所以它不会增加文件的大小，而且它可以多次使用。

　　(16) 选择【引导层】的第 61 帧位置，按 F6 键，插入关键帧，利用【钢笔工具】绘制路径，如图 4-230 所示。

　　(17) 选择图层 3 的第 61 帧，插入关键帧，将元件对象移动到引导线的开始位置，在第 75 帧位置插入关键帧，将元件移动到引导线的结束位置，并在其间创建传统补间动画，如图 4-231 所示。

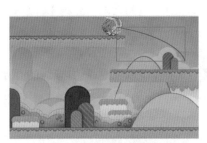

图 4-230　绘制引导路径

图 4-231　创建引导层动画

　　(18) 在图层 3 的第 76 帧位置插入关键帧，并选择该帧上的元件，打开【属性】面板，在将【色彩效果】组中的【样式】设为 Alpha，将其值设为 0，如图 4-232 所示。

　　(19) 在【引导层】上方创建【图层 4】，并对其添加引导层，选择【图层 4】的第 76 帧插入关键帧，在【库】面板中将【半侧面】元件拖入到舞台中，在【变形】面板中调整大小为 50%，并调整到如图 4-233 所示的位置。

图 4-232　设置色彩属性

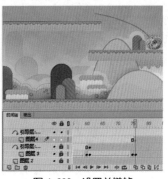

图 4-233　设置关键帧

　　(20) 在第 100 帧位置插入关键帧，并调整【半侧面】元件到如图 4-234 所示的位置，在第 76 帧到第 100 帧之间创建传统补间动画。

　　(21) 选择【图层 4】的引导层的第 101 帧，按 F6 键，利用【钢笔工具】绘制路径，如图 4-235 所示。

案例课堂 ▶》

图 4-234 创建补间动画

图 4-235 创建引导线

 提示
　　在绘制引导层路径时，可以利用【钢笔工具】、【铅笔工具】和【刷子工具】，这些工具都能为引导层创建引导路径。

(22) 选择【图层 4】的第 101 帧，插入关键帧，将【半侧面】元件拖入到引导线的开始位置，如图 4-236 所示。

(23) 选择【图层 4】的第 125 帧，并插入关键帧，将元件调整到引导线的结束处，并在第 101 帧到第 125 帧位置创建传统补间，如图 4-237 所示。

图 4-236 设置关键帧

图 4-237 创建补间动画

(24) 选择【图层 4】的第 126 帧，并插入关键帧，选择该帧上的元件，打开【属性】面板，将【色彩效果】组中的【样式】设置为 Alpha，并将其值设为 0，如图 4-238 所示。

(25) 在【图层 4】引导层上方创建【图层 5】，并对其添加【传统运动引导层】，选择【引导层】的第 126 帧，利用【钢笔工具】绘制引导路径，如图 4-239 所示。

(26) 选择【图层 5】的第 126 帧，按 F6 键插入关键帧，在【库】面板中将【侧面】元件拖入到舞台中，在【变形】面板中调整大小为 50%，调整到引导线的开始位置，如图 4-240 所示。

(27) 在第 135 帧位置插入关键帧，调整元件的位置到引导线的结束处，并在第 126 帧到第 135 帧之间创建补间动画，如图 4-241 所示。

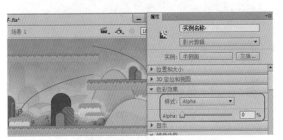

图 4-238 设置元件属性

图 4-239 创建引导线

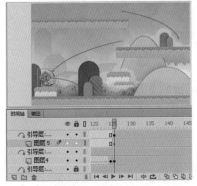

图 4-240 设置关键帧

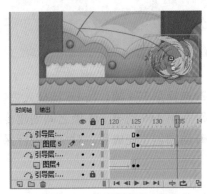

图 4-241 创建引导层动画

(28) 在【图层 5】的第 136 帧、第 151 帧位置插入关键帧,选择第 151 帧,调整元件的位置,并两个帧之间创建补间动画,如图 4-242 所示。

(29) 在第 152 帧位置插入关键帧,选择该帧上的元件,打开【属性】面板,将【色彩效果】设为 Alpha,并将其值设为 0,如图 4-243 所示。

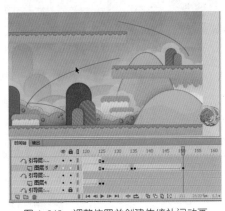

图 4-242 调整位置并创建传统补间动画

图 4-243 设置元件的属性

(30) 新建【图层 6】,选择第 161 帧,插入关键帧,在【库】面板中将 G010.png 文件拖入到舞台中,在【变形】面板中将大小设为 350,如图 4-244 所示。

(31) 在第 162、163、164、165、166 帧位置分别插入关键帧,选择第 162 帧上的元件,打开【变形】面板,将【角度】依次设为 −10、−20、−30、−40、−50,如图 4-245 所示。

图 4-244　添加关键帧

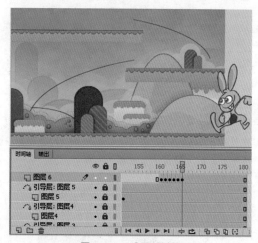

图 4-245　设置关键帧

(32) 选择第 174 帧，按 F6 键插入关键帧，并调整位置到如图 4-246 所示。

(33) 在第 166 到第 174 帧之间创建传统补间动画，如图 4-247 所示。

(34) 动画创建完成后，对文档进行保存即可。

图 4-246　设置关键帧

图 4-247　创建补间动画

案例精讲 052　旋转的摩天轮

 案例文件：CDROM | 场景 | Cha04 | 旋转的摩天轮 .fla

视频文件：视频教学 | Cha04 | 旋转的摩天轮 .avi

制作概述

本例将介绍旋转的摩天轮的制作，在制作旋转摩天轮时，在【时间轴】中创建各个图层，并导入图片，使用【元件属性】设置图形的【属性】来制作图形元件，再使用代码为图形提供动态效果。完成后的效果如图 4-248 所示。

图 4-248　旋转的摩天轮

学习目标

- 学习如何制作旋转的摩天轮。
- 掌握旋转的摩天轮的制作流程，掌握【元件属性】、【插入帧】的使用。

操作步骤

(1) 从菜单栏中选择【文件】|【新建】命令，在弹出的【新建文档】对话框中，选择 ActionScript 3.0 类型，将【宽】设置为 800 像素，将【高】设置为 889 像素，单击【确定】按钮，如图 4-249 所示。

(2) 然后从菜单栏中选择【文件】|【保存】命令，弹出【另存为】对话框，在该对话框中选择一个保存路径，并输入文件名，单击【保存】按钮，如图 4-250 所示。

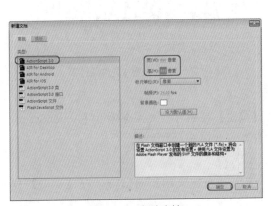

图 4-249　新建文档

图 4-250　保存文件

(3) 按 Ctrl+F8 组合键，弹出【创建新元件】对话框，在该对话框中输入【名称】为【摩天轮】，将【类型】设置为【影片剪辑】，单击【确定】按钮，如图 4-251 所示。

(4) 从菜单栏中选择【文件】|【导入】|【导入到舞台】命令，在弹出的对话框中选择随书附带光盘中的 CDROM| 素材 |Cha04| 摩天轮 .png 文件，如图 4-252 所示。

图 4-251　创建新元件

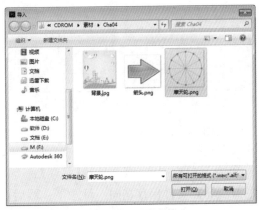

图 4-252　导入素材

(5) 在【库】面板中的【摩天轮】影片剪辑元件上单击鼠标右键，从弹出的快捷菜单中选择【属性】命令，如图 4-253 所示。

(6) 弹出【元件属性】对话框，单击【高级】选项，在展开的面板中勾选【为 ActionScript 导出】复选框，设置【类】为"Fs"，然后单击【确定】按钮，如图 4-254 所示。

图 4-253　选择【属性】命令

图 4-254　设置【元件属性】

提示　　当【元件属性】设置完成后单击【确定】按钮时，文件会弹出【ActionScript 类警告】对话框，单击【确定】按钮即可，如图 4-255 所示。

(7) 从菜单栏中选择【文件】|【新建】命令，弹出【新建文档】对话框，在【类型】列表框中选择【ActionScript 文件】选项，如图 4-256 所示。

图 4-255　【ActionScript 类警告】对话框

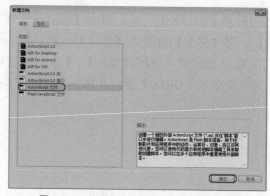

图 4-256　选择【ActionScript 文件】选项

(8) 单击【确定】按钮，即可新建一个 ActionScript 文件，然后在场景中输入脚本语言，如图 4-257 所示。

(9) 从菜单栏中选择【文件】|【保存】命令，弹出【另存为】对话框，将 ActionScript 文件与【旋转的摩天轮】文件保存在同一目录下，然后输入【文件名】为"Fs"，如图 4-258 所示。

(10) 单击【保存】按钮，保存完成后，返回到【场景 1】中，从菜单栏中选择【文件】|【导入】|【导入到舞台】命令，如图 4-259 所示。

(11) 在弹出的对话框中选择随书附带光盘中的 CDROM| 素材 |Cha04| 背景 .jpg 文件，如

图 4-260 所示。

图 4-257　输入脚本语言

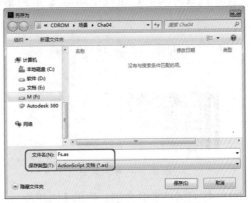

图 4-258　保存 ActionScript 文件

图 4-259　选择【导入到舞台】命令

图 4-260　选择素材文件

(12) 单击【打开】按钮,即可将选择的素材文件导入到舞台中,然后按Ctrl+K组合键,弹出【对齐】面板,在该面板中勾选【与舞台对齐】复选框,并单击 【水平中齐】按钮和 【垂直中齐】按钮,如图 4-261 所示。

(13) 在【时间轴】面板中单击【新建图层】按钮 ,新建【图层 2】,如图 4-262 所示。

图 4-261　导入素材文件并对齐

图 4-262　创建图层

(14) 在工具箱中选择【文本工具】 ,然后在舞台中输入文字,并在【属性】面板中将字体设置为【汉仪粗黑简】,将【大小】设置为 30 磅,将字体颜色设置为 #009900,如图 4-263

所示。

(15) 在【时间轴】面板中单击【新建图层】按钮，新建【图层 3】，如图 4-264 所示。

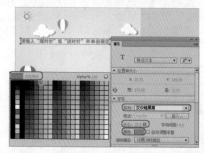
图 4-263　输入文字

图 4-264　创建图层

(16) 按 Ctrl+F8 组合键，弹出【创建新元件】对话框，在该对话框中输入【名称】为【按钮】，将【类型】设置为【按钮】，如图 4-265 所示。

(17) 单击【确定】按钮，即可创建新元件，然后从菜单栏中选择【文件】|【导入】|【导入到舞台】命令，在弹出的对话框中选择随书附带光盘中的 CDROM| 素材 |Cha04| 箭头 .png 文件，如图 4-266 所示。

图 4-265　创建新元件

图 4-266　选择素材文件

(18) 单击【打开】按钮，即可将选择的素材文件导入到场景中，然后在【时间轴】面板中单击【新建图层】按钮，新建【图层 2】，如图 4-267 所示。

(19) 在工具箱中选择【文本工具】，然后在舞台中输入文字，并在【属性】面板中将字体设置为【汉仪粗黑简】，将【大小】设置为 30 磅，将字体颜色设置为白色，如图 4-268 所示。

(20) 选择【图层 2】的【按下】帧，并单击鼠标右键，从弹出的快捷菜单中选择【插入帧】命令，如图 4-269 所示，即可插入帧。

(21) 然后在【图层 1】的【点击】帧上插入帧，如图 4-270 所示。

(22) 返回到【场景 1】中，选择【图层 3】，在【库】面板中将【按钮】元件拖拽至舞台中，并在舞台中调整元件的大小和位置，如图 4-271 所示。

(23) 然后在【属性】面板中设置元件的实例名称为 "an_btn"，如图 4-272 所示。

(24) 取消选择场景中的任何对象，在【属性】面板中将【目标】设置为 Flash Player 11.7，并在【类】文本框中输入 "MainTimeline"，如图 4-273 所示。

(25) 从菜单栏中选择【文件】|【新建】命令，弹出【新建文档】对话框，在【类型】列表框中选择【ActionScript 文件】选项，如图 4-274 所示。

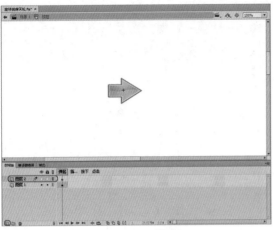

图 4-267　创建图层

图 4-268　设置文字参数

图 4-269　选择【插入帧】命令

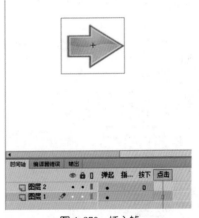

图 4-270　插入帧

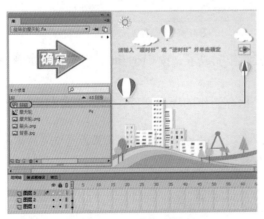

图 4-271　调整元件

图 4-272　设置实例名称

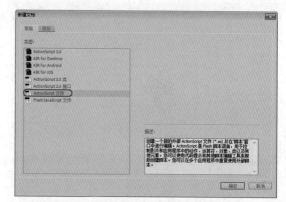

图 4-273　设置文档属性　　　　　　　　图 4-274　选择【ActionScript 文件】选项

　　(26) 单击【确定】按钮，即可新建一个 ActionScript 文件，然后在场景中输入脚本语言，如图 4-275 所示。

　　(27) 从菜单栏中选择【文件】|【保存】命令，弹出【另存为】对话框，将 ActionScript 文件与【旋转的摩天轮 .fla】文件保存在同一目录下，然后输入【文件名】为"MainTimeline"，如图 4-276 所示。

图 4-275　输入脚本语言　　　　　　　　图 4-276　保存 ActionScript 文件

　　(28) 单击【保存】按钮，至此，Flash 小游戏就制作完成了，按 Ctrl+Enter 组合键测试影片，如图 4-277 所示。

　　(29) 从菜单栏中选择【文件】|【保存】命令，保存制作的场景文件，如图 4-278 所示。

 提示　　　测试影片时，如果在提示框中输入不了文字，可将输入法设置为【中文简体 - 微软拼音 ABC 输入风格】，即可输入文字。

　　(30) 保存完成后，从菜单栏中选择【文件】|【导出】|【导出影片】命令，如图 4-279 所示。

　　(31) 弹出【导出影片】对话框，在该对话框中选择一个导出路径，并将【保存类型】设置为【SWF 影片 (*.swf)】，然后单击【保存】按钮，如图 4-280 所示。

图 4-277 测试影片

图 4-278 选择【保存】命令

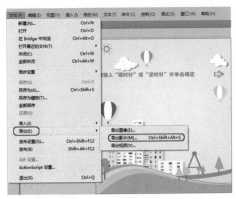

图 4-279 选择【导出影片】命令

图 4-280 导出影片

第5章
遮罩特效

本章重点

- ◆ 卷轴动画
- ◆ 卡通汽车动画
- ◆ 电视多屏幕动画
- ◆ 制作树木生长动画
- ◆ 制作遮罩文字动画
- ◆ 散点遮罩动画
- ◆ 图片切换遮罩动画
- ◆ 水面波纹动画

遮罩动画也是 Flash 中常用的一种技巧。遮罩动画就好比在一个板上打了各种形状的孔，通过这些孔，可以看到下面的层。遮罩项目可以是填充的形状、文件对象、图形原件的实例或影片剪辑。用户可以将多个图层组织在一个遮罩层之下，来创建复杂的效果，本章将介绍遮罩动画的制作方法，其中包括卷轴动画、卡通汽车动画、电视多屏幕动画以及动画切换遮罩动画等。

案例精讲 053　卷轴动画

✍ 案例文件：CDROM | 场景 | Cha05 | 卷轴动画 .fla

◑ 视频文件：视频教学 | Cha05 | 卷轴动画 .avi

制作概述

本例将介绍如何制作卷轴动画，其中制作要点是遮罩层、形状补间、传统补间动画的应用，完成后的效果如图 5-1 所示。

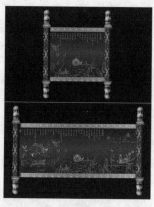

图 5-1　卷轴动画

学习目标

- 学习如何制作卷轴动画。
- 掌握卷轴动画的制作流程，掌握遮罩层、形状补间的应用。

操作步骤

(1) 启动软件后，按 Ctrl+N 组合键，弹出【新建文档】对话框，将【类型】设为 ActionScript 3.0，将【宽】设为 868 像素，将【高】设为 553 像素，将【帧频】设为 8，将【背景颜色】设为 #620301，单击【确定】按钮，如图 5-2 所示。

(2) 从菜单栏选择【文件】|【导入】|【导入到库】命令，弹出【导入到库】对话框，选择随书附带光盘中的 CDROM| 素材 |Cha05| G01.png、G02.png 、G03.png. 文件，单击【打开】按钮，如图 5-3 所示。

(3) 打开【库】面板，将 G02.png 文件拖入到文档中，按 F8 键，弹出【转换为元件】对话框，将【名称】设为【左侧画卷】，将【类型】设为【图形】，单击【确定】按钮，选择【对齐】位置如图 5-4 所示。

(4) 选择上一步创建的元件，打开【属性】面板，将【位置和大小】下的 X 和 Y 分别设为 94、122，如图 5-5 所示。

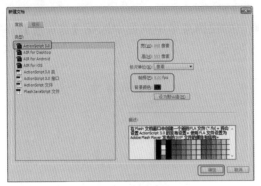

图 5-2　新建文档

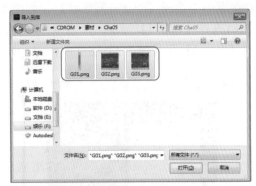

图 5-3　选择导入的素材文件并打开

图 5-4　转换为元件

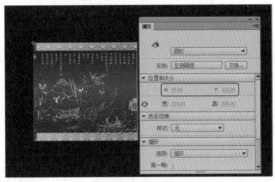

图 5-5　设置位置

(5) 选择【图层 1】的第 40 帧，按 F5 键插入帧，然后新建一图层并将其命名为【遮罩 1】，选择其第 1 帧，使用【矩形工具】绘制矩形，在【属性】面板中取消【宽】和【高】的锁定，将【宽】设为 1，将【笔触颜色】设为无，将其放置到元件的右侧边缘位置，如图 5-6 所示。

(6) 在工具箱中选择【任意变形工具】，选择上一步创建的矩形，调整【中心点】的位置到矩形右侧边上，如图 5-7 所示。

图 5-6　绘制矩形

图 5-7　调整矩形

(7) 在【遮罩 1】图层的第 40 帧位置按 F6 键插入关键帧，利用【任意变形工具】拖动矩形的左侧边，向左拖动，直到遮住【左侧画卷】元件，在第 5 帧位置，单击鼠标右键，从弹出的快捷菜单中选择【创建补间形状】，如图 5-8 所示。

(8) 选择【遮罩 1】图层，单击鼠标右键，从弹出的快捷菜单中选择中选择【遮罩层】，并取消【图层 1】和【遮罩 1】图层的锁定，如图 5-9 所示。

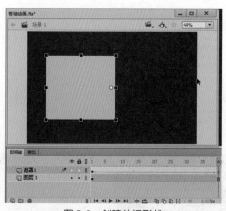

图 5-8　创建补间形状

图 5-9　创建遮罩层

(9) 新建图层，将其命名为【图层 2】，选择第 1 帧，在【库】面板中将 G03.png 文件拖入到文档中，将其转换为【图形元件】，命名为【右侧画卷】，打开【属性】面板，将 X 和 Y 分别设为 426.6，122，调整后的效果如图 5-10 所示。

(10) 在【图层 2】图层上方创建一个新图层，并将其命名为【遮罩 2】，选择第 1 帧，使用【矩形工具】绘制矩形，在【属性】面板中取消【宽】和【高】的锁定，将【宽】设为 1，将【笔触颜色】设为无，将其放置到元件的左侧边缘位置，将矩形的中线点移到其左侧边上，如图 5-11 所示。

图 5-10　调整位置

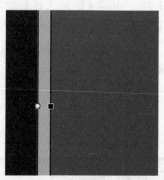

图 5-11　调整矩形

在第 12 步对矩形调整位置时，可以将【图层 1】和【遮罩 1】进行隐藏，然后对矩形进行调整，在调整时，可以将图像放到最大进行调整。

(11) 选择【遮罩 2】图层的第 40 帧位置，按 F6 键插入关键帧，利用鼠标拖动矩形的右侧边直到将整个【右侧画卷】元件全部遮住，如图 5-12 所示。

(12)选择【遮罩2】图层的第5帧，单击鼠标右键，从弹出的快捷菜单中选择【创建补间形状】，并将【遮罩2】图层设为遮罩层，取消【图层2】和【遮罩2】的锁定，如图5-13所示。

图5-12　设置关键帧

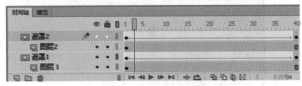

图5-13　创建遮罩层

(13) 新建一图层并将其命名为【轴1】，在【库】面板中将G01.png文件拖入到文档中，按F8键，弹出【转换为元件】对话框，将其命名为【轴】，类型设为【图形】，单击【确定】按钮。如图5-14所示。

(14) 选择上一步创建的【轴】元件，打开【属性】面板，设置位置，将X和Y分别设为379.05、4，如图5-15所示。

图5-14　转换为元件

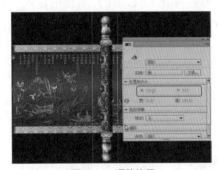

图5-15　调整位置

(15) 在【轴1】图层的第40位置插入关键帧，调整轴的位置，在【属性】面板中将X和Y分别设为23、4，如图5-16所示。

(16) 在【轴1】图层的第1帧到第40帧位置创建传统补间，并新建【轴2】图层，如图5-17所示。

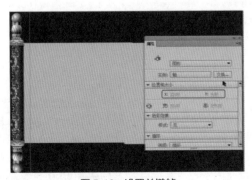

图5-16　设置关键帧

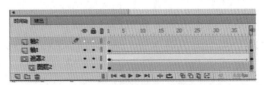

图5-17　创建传统补间动画

(17) 选择【轴1】图层的第一帧，按Ctrl+C组合键，然后选择【轴2】图层的第1帧，按Ctrl+V进行粘贴，打开【属性】面板，调整位置，将X和Y分别设为379.05、4，如图5-18所示。

(18) 选择【轴2】图层的第40帧，按F6键插入关键帧，调整轴的位置，打开【属性】面板，将X和Y分别设为725、4，如图5-19所示。

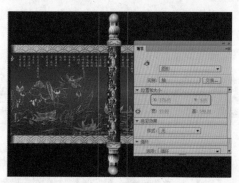
图 5-18　调整位置

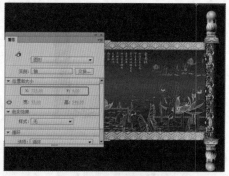
图 5-19　设置关键帧

(19) 对【轴2】图层创建传统补间动画，新建【图层3】，选择第40帧，按F6键插入关键帧，然后单击鼠标右键，从弹出的快捷菜单中选择【动作】命令，如图5-20所示。

(20) 在弹出的【动作】面板中输入"stop();"，如图5-20所示。

(21) 动画制作完成后，对场景文件进行保存，如图5-21所示。

图 5-20　选择【动作】命令

图 5-21　输入代码

案例精讲 054　卡通汽车动画

　案例文件：CDROM｜场景｜Cha05｜卡通汽车动画.fla

　视频文件：视频教学｜Cha05｜卡通汽车动画.avi

制作概述

本例将介绍如何利用遮罩层制作卡通汽车动画，其中主要应用了传统补间动画和遮罩层，完成后的效果如图5-22所示。

学习目标

- 学习如何制作卡通汽车动画。
- 掌握卡通汽车动画的制作流程，掌握遮罩层的应用。

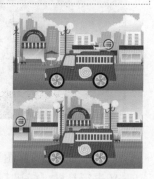
图 5-22　卡通汽车动画

操作步骤

(1) 启动软件，按 Ctrl+N 组合键，弹出【新建】对话框，在【常规】选项组中将【类型】设为 ActionScript 3.0，将【宽】和【高】分别设为 1024、600，设置完成后，单击【确定】按钮，如图 5-23 所示。

(2) 从菜单栏选择【文件】|【导入】|【导入到库】命令，选择随书附带光盘中的 CDROM| 素材 |Cha05| G04.jpg 、G05.png、G06.png、G07.png 文件，导入到库中，打开【库】面板查看导入的素材文件，如图 5-24 所示。

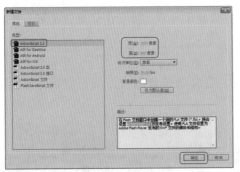
图 5-23　新建文档

图 5-24　导入素材

(3) 按 Ctrl+F8 组合键，弹出【新建元件】对话框，将【名称】设为【风景动画】，将【类型】设为【影片剪辑】，单击【确定】按钮，如图 5-25 所示。

(4) 进入【风景动画】影片剪辑元件中，将 G07.png 拖入舞台中，在【对齐】面板中单击【水平中齐】和【垂直中齐】按钮，使其与舞台对齐，如图 5-26 所示。

图 5-25　创建元件

图 5-26　对齐图形

(5) 选择【图层 1】的第 100 帧，按 F5 键插入帧，然后新建【图层 2】，选择其第 1 帧，在【库】面板中将 G04.jpg 拖入到舞台中，调整位置，如图 5-27 所示。

图 5-27　添加素材并调整

(6) 选择上一步添加的 **G04.jpg** 文件，进行四次复制，并将复制的图形对象进行对齐排列，如图 5-28 所示。

图 5-28　复制对象

 对于上一步对对象的复制，可以直接选择该对象，按 Ctrl+C 进行复制，然后按 Ctrl+V 进行粘贴。

(7) 选择所有的 **G04.jpg** 文件，按 **Ctrl+G** 组合键，将背景进行组合，调整位置，使其第一个背景与道路对齐，如图 5-29 所示。

图 5-29　进行组合并调整位置

(8) 在【图层 2】的第 100 帧位置按 **F6** 键插入关键帧，调整背景的位置，使其水平向右移动，并在第 1 帧到第 100 帧位置创建传统补间动画，如图 5-30 所示。

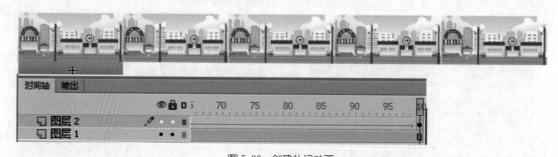

图 5-30　创建补间动画

 在对对象进行水平移动时，可以利用方向键，也可以在【属性】面板中调整 X 的值来对对象进行水平移动。

(9) 按 **Ctrl+F8** 组合键，弹出【新建元件】对话框，将【名称】设为【轮子动画】，将【类型】设为【影片剪辑】，单击【确定】按钮，如图 5-31 所示。

(10) 在【库】面板中将【轮子】对象拖入到舞台中，打开【对齐】面板，单击【水平中齐】和【垂直中齐】按钮，使其与舞台对齐，如图 5-32 所示。

(11) 按 **F8** 组合键，将轮子对象转换为图形元件，在工具箱中选择【任意变形工具】，将图形的中心点调整到车轮的中心位置，如图 5-33 所示。

(12) 在第 10 帧，按 F6 键插入关键帧，打开【变形】面板，将【旋转】值设为 −120，并在第 1 帧到第 10 帧之间创建传统补间动画，如图 5-34 所示。

图 5-31　创建元件

图 5-32　对齐舞台

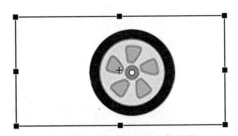

图 5-33　调整对象中心点的位置

图 5-34　创建补间动画

提示

当在工具箱中选择【任意变形工具】选择图形时，可以看对象的中心点的位置，在上一步制作补间动画时，需要将旋转的中心调整到轮子的中心位置，这样制作的补间动画，轮子才可以正常旋转，如果不调整中心点的位置，则轮子会以默认中心进行旋转。

(13) 返回到【场景 1】中，打开【库】面板，选择【风景动画】拖入到舞台中，使第一个背景对象与舞台对齐，如图 5-35 所示。

(14) 新建【图层 2】，利用【矩形工具】绘制矩形，使其覆盖舞台，如图 5-36 所示。

图 5-35　调整位置

图 5-36　创建矩形

(15) 选择【图层2】，单击鼠标右键，从弹出的快捷菜单中选择【遮罩层】命令，创建遮罩层，如图 5-37 所示。

(16) 对【图层2】进行隐藏，新建【图层3】，在【库】面板中将"G05.png"和"轮子动画"元件拖入到舞台中，调整位置和大小，如图 5-38 所示。

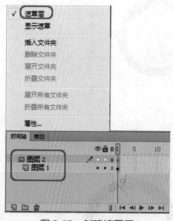

图 5-37　创建遮罩层

图 5-38　添加其他素材和元件

(17) 动画制作完成后，对场景文件进行保存。

案例精讲 055　电视多屏幕动画

案例文件：CDROM | 场景 | Cha05 | 电视多屏幕动画 .fla

视频文件：视频教学 | Cha05 | 电视多屏幕动画 .avi

制作概述

本例将介绍如利用遮罩层制作电视多屏幕动画，其中主要应用了遮罩层对视频进行遮罩，使其呈现多个电视屏幕，具体操作步骤如下，完成后的效果如图 5-39 所示。

图 5-39　电视多屏幕动画

学习目标

■　学习如何制作电视多屏幕动画。

■　掌握电视多屏幕动画的制作流程，掌握遮罩层的应用。

操作步骤

(1)启动软件后,按Ctrl+N组合键,弹出【新建文档】对话框,将【类型】设为ActionScript 3.0,将【宽】和【高】设为916、583,单击【确定】按钮,如图5-40所示。

(2)按Ctrl+F8组合键,弹出【创建新元件】对话框,将【名称】设为【电视遮罩】,将【类型】设为【图形】,单击【确定】按钮,如图5-41所示。

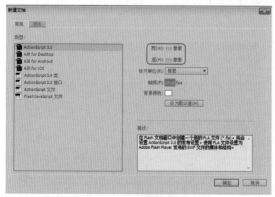

图5-40 新建文档   图5-41 创建元件

(3)进入【电视遮罩】元件中,在工具箱中选择【矩形工具】,关闭【对象绘制】按钮 ,打开【属性】面板,将【宽】和【高】分别设为151.25、100,将【笔触】设为无,在舞台中绘制矩形,如图5-42所示。

> 提示 选择【对象绘制】模式后,可以直接在舞台上创建形状,而不会干扰其他重叠形状。而【普通模式】在绘制重叠形状时,则会覆盖。在【工具箱】中选择【线条工具】、【椭圆工具】、【矩形工具】、【铅笔工具】、【钢笔工具】时,【绘图工具箱】下边的【选项】中会出现【对象绘制】按钮。

(4)选择上一步创建的矩形,复制8次,并调整矩形的位置,使中间留一定距离的空隙,如图5-43所示。

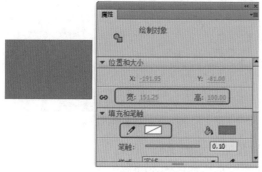
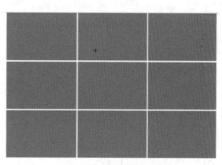

图5-42 绘制矩形   图5-43 复制矩形

> 提示 在进行对象复制时,可以根据自己的审美观设置矩形之间的间距,这里没有固定的值。

(5) 返回到【场景 1】中，按 Ctrl+R 组合键，弹出【导入】对话框，选择随书附带光盘中的 CDROM| 素材 |Cha05| 客厅背景 .jpg 文件，单击【打开】按钮，选择导入的素材图片，打开【对齐】面板，单击【匹配宽和高】、【水平中齐】和【垂直中齐】按钮，使其与舞台对齐，如图 5-44 所示。

(6) 新建【图层 2】，从菜单栏中选择【文件】|【导入】|【导入视频】命令，弹出【导入视频】对话框，分别选择【在您计算机上】和【在 SWF 中嵌入 FLV 并在时间轴播放】单选按钮，如图 5-45 所示。

图 5-44　对齐舞台

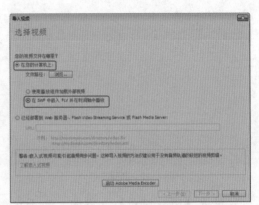

图 5-45　【导入视频】对话框

(7) 单击【文件路径】右侧的【浏览】按钮，弹出【打开】对话框，选择随书附带光盘中的 CDROM| 素材 |Cha05| 视频 .flv 文件，单击【打开】按钮，如图 5-46 所示。

(8) 返回到【导入视频】对话框中，单击【下一步】按钮，进入【嵌入】界面，将【符号类型】设为【影片剪辑，单击【下一步】按钮，如图 5-47 所示。

图 5-46　选择导入的视频

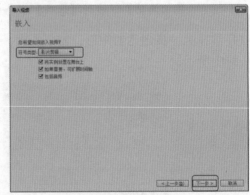

图 5-47　设置嵌入视频

(9) 进入【完成视频导入】界面，单击【完成】按钮，如图 5-48 所示。

(10) 在舞台中利用【任意变形工具】调整视频的大小，如图 5-49 所示。

(11) 新建【图层 3】，打开【库】面板，将【电视遮罩】元件拖入到舞台中，并调整大小，使其覆盖电视屏幕部分，如图 5-50 所示。

(12) 在【时间轴】面板中选择【图层 3】，单击鼠标右键，从弹出的快捷菜单中选择【遮罩层】命令，创建遮罩层，如图 5-51 所示。

图 5-48 完成视频导入

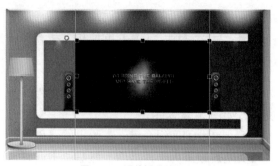

图 5-49 调整视频的大小

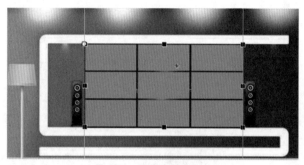

图 5-50 调整遮罩的位置

图 5-51 创建遮罩层

(13) 至此，电视多屏幕动画就制作完成了，对场景文件保存即可。

案例精讲 056 制作树木生长动画

案例文件：CDROM | 场景 |Cha05| 制作树木生长动画 .fla

视频文件：视频教学 |Cha05| 制作树木生长动画 .avi

制作概述

本例将介绍树木生长动画的制作，该例主要是使用【刷子工具】对图层逐帧进行涂抹，然后将图层转换为遮罩层，最后将影片剪辑添加到场景舞台中，完成后的效果如图 5-52 所示。

图 5-52 树木生长动画

学习目标

■　熟练掌握如何创建遮罩动画。

■　学习【刷子工具】的使用方法。

操作步骤

(1) 启动 Flash CC 软件，打开随书附带光盘中的 CDROM| 素材 |Cha05| 制作树木生长动画 .fla 文件，如图 5-53 所示。

(2) 按 Ctrl+F8 组合键，在弹出的【创建新元件】对话框中，将【名称】设置为树木生长，将【类型】设置为影片剪辑，然后单击【确定】按钮，如图 5-54 所示。

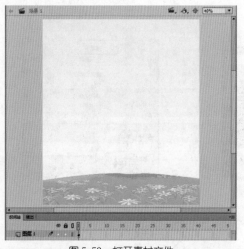

图 5-53　打开素材文件

图 5-54　【创建新元件】对话框

(3) 在【树木生长】影片剪辑编辑模式中，将【库】面板中的"树木 .png"素材图片添加到舞台中，在【变形】面板中，将【缩放宽度】设置为 53.7%，将【缩放高度】设置为 58.1%，然后将其调整至舞台中央，如图 5-55 所示。

(4) 在第 30 帧处，按 F5 键插入帧，将【图层 1】锁定，然后新建【图层 2】，如图 5-56 所示。

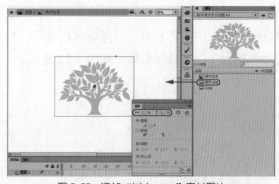

图 5-55　添加"树木 .png"素材图片

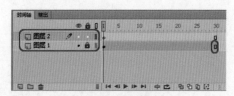

图 5-56　新建图层

(5) 在【工具栏】中使用【刷子工具】 ![刷子工具图标] ，将【填充颜色】设置为任意颜色，并设置适当的【刷子大小】和【刷子类型】，对图片进行涂抹，如图 5-57 所示。

(6) 选择第 2 帧，按 F6 键插入关键帧，对图片继续进行涂抹，如图 5-58 所示。

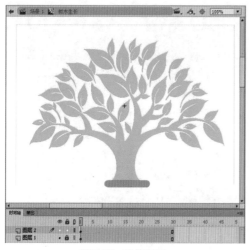

图 5-57　涂抹图形

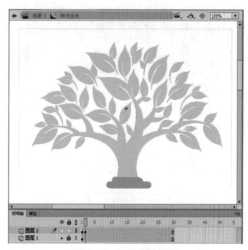

图 5-58　继续涂抹图形

 提示　　　　　【刷子工具】的【填充颜色】可以设置为任意颜色，其颜色不影响遮罩效果。

(7) 使用相同的方法插入关键帧，并对图片进行适当涂抹，第 30 帧的效果如图 5-59 所示。

(8) 在【时间轴】面板中，在【图层 2】上单击鼠标右键，从弹出的快捷菜单中选择【遮罩层】命令，将【图层 2】转换为遮罩层，如图 5-60 所示。

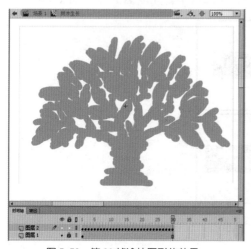

图 5-59　第 30 帧涂抹图形的效果

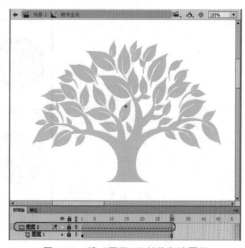

图 5-60　将【图层 2】转换为遮罩层

(9) 新建【图层 3】并在第 30 帧处插入关键帧，按 F9 键打开【动作】面板，输入脚本代码，如图 5-61 所示。

(10) 将【动作】面板关闭，返回到【场景 1】中。新建【图层 2】，将【库】面板中的【树木生长】影片剪辑元件添加到舞台中，在【变形】面板中，将【缩放宽度】和【缩放高度】设置为 150%，然后调整其位置，如图 5-62 所示。至此树木生长动画制作完成，最后对场景文件进行保存。

图 5-61　输入脚本代码

图 5-62　添加【树木生长】影片剪辑元件

案例精讲 057　制作遮罩文字动画

案例文件：CDROM | 场景 | Cha05| 制作遮罩文字动画 .fla

视频文件：视频教学 | Cha05| 制作遮罩文字动画 .avi

制作概述

本例将介绍如何制作遮罩文字动画。该例主要先制作图片旋转和矩形展开动画，然后制作文字遮罩的影片剪辑元件，最后将影片剪辑元件添加到舞台中，完成后的效果如图 5-63 所示。

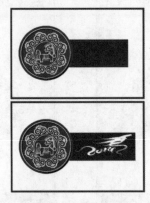

图 5-63　遮罩文字动画

学习目标

■　熟练掌握影片剪辑元件的编辑。

■　学习遮罩文字的制作方法。

操作步骤

(1) 启动 Flash CC 软件，新建一个宽为 600 像素，高为 400 像素的文件。在【工具箱】中选择【矩形工具】，在【属性】面板中，将【笔触颜色】设置为 #990000，将【填充颜色】

设置为#FFFFFF，将【笔触】设置为15.0，如图5-64所示。

(2) 在舞台中绘制一个任意矩形，然后使用【选择工具】 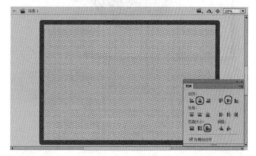，选择绘制的矩形，在【对齐】面板中，单击【匹配大小】中的【匹配宽和高】按钮 ，然后单击【对齐】中的【水平中齐】按钮 和【垂直中齐】按钮 ，如图5-65所示。

图5-64 设置【矩形工具】

图5-65 绘制矩形

(3) 在【图层1】的第145处，按F5键插入帧，然后将【图层1】锁定，如图5-66所示。

(4) 从菜单栏中选择【文件】|【导入】|【导入到库】命令，在弹出的【导入到库】对话框中，打开随书附带光盘中的CDROM|素材|Cha05|制作遮罩文字文件，选中文件中的所有素材文件，然后单击【打开】按钮，如图5-67所示。

图5-66 插入帧

图5-67 选择素材文件

(5) 新建【图层2】并选中第1帧，将【库】面板中的01.png素材图片拖入到舞台中，在【变形】面板中，将【缩放宽度】和【缩放高度】都设置为60%，如图5-68所示。

(6) 选中添加的01.png素材图片，按F8键，在弹出的【转换为元件】对话框中，将【名称】输入为【旋转图片】，【类型】设置为【影片剪辑】，然后单击【确定】按钮，如图5-69所示。

(7) 在舞台中双击【旋转图片】影片剪辑元件，进入影片剪辑编辑模式，在第30帧处插入关键帧，在【变形】面板中，将【旋转】设置为180°，如图5-70所示。

(8) 在第60帧处插入关键帧，在【变形】面板中，将【旋转】设置为−0.1°，如图5-71所示。

 提示 　这一步在【变形】面板中也可以将【旋转】设置为359.9°。

图 5-68　添加素材图片

图 5-69　【转换为元件】对话框

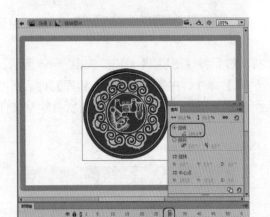

图 5-70　设置关键帧动画

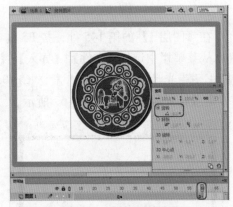

图 5-71　设置关键帧动画

(9) 然后在关键帧之间单击鼠标右键，从弹出的快捷菜单中选择【创建传统补间】命令，创建传统补间动画，如图 5-72 所示。

(10) 新建【图层2】并在第60帧处插入关键帧，然后按F9键打开【动作】面板，输入脚本代码，如图 5-73 所示。

图 5-72　创建传统补间动画

图 5-73　输入脚本代码

(11) 关闭【动作】面板，返回至【场景1】中，调整【旋转图片】影片剪辑元件的位置，如图5-74所示。

(12) 新建【图层3】并在第60帧处插入关键帧，在【工具箱】中选择【矩形工具】 ，在【属性】面板中，将【笔触颜色】设置为无，将【填充颜色】设置为#990000，在舞台中绘制一个宽为20，高为122的矩形，然后调整其位置，如图5-75所示。

图5-74 调整【旋转图片】影片剪辑元件的位置　　　　图5-75 绘制矩形

(13) 选中绘制的矩形并按F8键，在弹出的【转换为元件】对话框中，将【名称】输入为【矩形】，【类型】设置为【图形】，然后单击【确定】按钮，如图5-76所示。

(14) 使用【任意变形工具】 ，将矩形的中心点移动至右侧边上，如图5-77所示。

图5-76 【转换为元件】对话框　　　　　　　　图5-77 移动中心点

(15) 在第90帧处插入关键帧，然后调整矩形的宽度，如图5-78所示。

(16) 在【图层3】的关键帧之间单击鼠标右键，从弹出的快捷菜单中选择【创建传统补间】命令，创建传统补间动画，如图5-79所示。

(17) 在【时间轴】面板中，将【图层3】移动至【图层2】的下面，如图5-80所示。

(18) 按Ctrl+F8组合键，在弹出的【创建新元件】对话框中，将【名称】输入为【文字】，【类型】设置为【影片剪辑】，然后单击【确定】按钮，如图5-81所示。

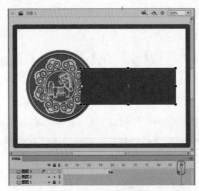

图 5-78　调整矩形宽度

图 5-79　创建传统补间动画

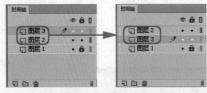

图 5-80　调整图层的位置

图 5-81　【创建新元件】对话框

(19) 将舞台颜色更改为除白色以外的任意颜色，将【库】面板中的【白字 .png】素材图片添加到舞台中央，在【变形】面板中，将【缩放宽度】设置为 150%，将【缩放高度】设置为70%，如图 5-82 所示。

 提示　　因为文字的颜色为白色，更改舞台颜色是为了方便显示文字。

(20) 在第 55 帧处插入关键帧，然后新建【图层 2】并在第 1 帧处绘制一个宽为 66，高为410 的矩形，然后调整其位置，如图 5-83 所示。

图 5-82　添加素材图片

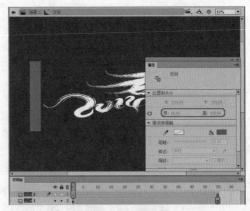

图 5-83　绘制矩形

(21) 选中绘制的矩形并按 F8 键，在弹出的【转换为元件】对话框中，将【名称】输入为【遮罩矩形】，将【类型】设置为【图形】，然后单击【确定】按钮，如图 5-84 所示。

(22) 在第 15 帧处插入关键帧，然后将【遮罩矩形】图形元件水平移动至文字的右侧，如图 5-85 所示。

图 5-84 【转换为元件】对话框

图 5-85 移动【遮罩矩形】图形元件

(23) 在第 30 帧处插入关键帧，然后将【遮罩矩形】图形元件水平移动至文字的左侧，使用【任意变形工具】，将矩形的中心点移动至左侧边上，如图 5-86 所示。

(24) 在第 55 帧处插入关键帧，然后调整矩形的宽度，将文字遮挡住，如图 5-87 所示。

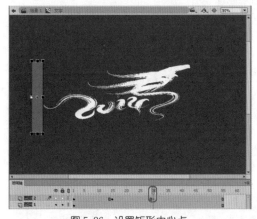

图 5-86 设置矩形中心点

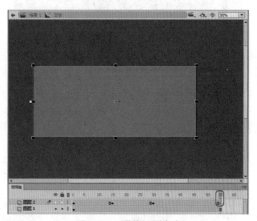

图 5-87 调整矩形宽度

(25) 在关键帧之间单击鼠标右键，从弹出的快捷菜单中选择【创建传统补间】命令，创建传统补间动画，如图 5-88 所示。

(26) 以鼠标右键单击【图层 2】，从弹出的快捷菜单中选择【遮罩层】命令，将【图层 2】转换为遮罩层。然后创建【图层 3】，并在第 55 帧处插入关键帧，按 F9 键打开【动作】面板，输入脚本代码，如图 5-89 所示。

(27) 关闭【动作】面板，返回至【场景 1】中。新建【图层 4】并在第 90 帧处插入关键帧，然后将【库】面板中的【文字】影片剪辑元件添加到舞台中，在【变形】面板中，将【缩放宽度】和【缩放高度】都设置为 30%，然后调整其位置，如图 5-90 所示。

(28) 新建【图层 5】并在第 145 帧处插入关键帧，按 F9 键打开【动作】面板，输入脚本代码，如图 5-91 所示。将【动作】面板关闭，至此遮罩文字动画制作完成，最后对场景文件进行保存。

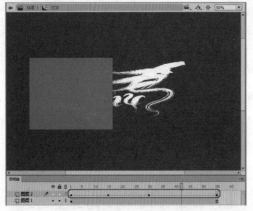

图 5-88　创建传统补间动画

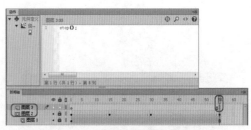

图 5-89　输入脚本代码

图 5-90　添加【文字】影片剪辑元件

图 5-91　输入脚本代码

案例精讲 058　散点遮罩动画

案例文件：CDROM | 场景 | Cha05 | 散点遮罩动画 .fla

视频文件：视频教学 | Cha05 | 散点遮罩动画 .avi

制作概述

　　本案例将介绍散点遮罩动画的制作方法，该案例主要通过将绘制的图形转换为元件，并为其添加传统补间动画，然后用创建完成后的图形动画对添加的图像进行遮罩，从而完成散点遮罩动画的制作，完成后的效果如图 5-92 所示。

学习目标

- ■　为元件添加补间动画。
- ■　掌握散点遮罩动画的制作方法。

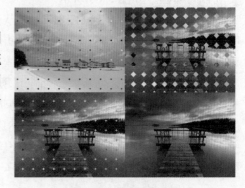

图 5-92　散点遮罩动画

操作步骤

(1) 启动软件后，在欢迎界面中，单击【新建】选项组中的【ActionScript 3.0】按钮，如图 5-93 所示，即可新建场景。

(2) 进入工作界面后，在工具箱中单击【属性】按钮 ，在打开的面板中将【属性】选项组中的【大小】设置为 600×450(像素)，如图 5-94 所示。

图 5-93　选择新建类型

图 5-94　设置场景大小

(3) 然后从菜单栏中选择【文件】|【导入】|【导入到库】命令，如图 5-95 所示。

(4) 在打开的对话框中，选择随书附带光盘中的 CDROM| 素材 |Cha05| 风景 1.jpg、风景 2.jpg 素材文件，如图 5-96 所示。

图 5-95　选择【导入到库】命令

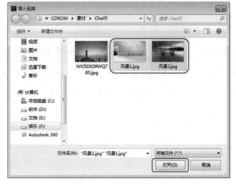

图 5-96　选择素材文件

(5) 单击【打开】按钮，然后在工具箱中打开【库】面板，在该面板中将"风景 1.jpg"素材拖到舞台中，将选择的素材文件添加到舞台中，确认选中舞台中的素材，在工具箱中打开【对齐】面板，在该面板中勾选【与舞台对齐】选项，单击【水平中齐】 、【垂直中齐】 和【匹配宽和高】按钮 ，如图 5-97 所示。

(6) 选择【图层 1】的第 65 帧，按 F5 插入帧，然后新建【图层 2】，将导入的"风景 2.jpg"素材文件拖至【图层 2】中，并使用同样的方法调整其位置，如图 5-98 所示。

(7) 按 Ctrl+F8 组合键，打开【创建新元件】对话框，在该对话框中将【名称】设置为【菱形】，将【类型】设置为【影片剪辑】，设置完成后，单击【确定】按钮，如图 5-99 所示。

(8) 创建新的影片剪辑元件后，在工具箱中选择【多角星形工具】 ，打开【属性】面板，随意设置【笔触颜色】与【填充颜色】，将【笔触】设置为 1，单击【选项】按钮选项...，在打开的对话框中将【边数】设置为 4，如图 5-100 所示。

图 5-97　调整导入的素材文件

图 5-98　新建图层并调整素材

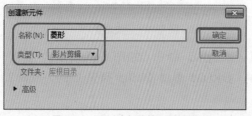

图 5-99　【创建新元件】对话框

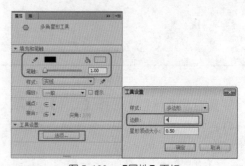

图 5-100　【属性】面板

(9) 在舞台中绘制一个菱形，使用【选择工具】选中绘制的图形，在【属性】面板中将【宽】设置为 10。在【对齐】面板中将菱形调整至舞台的中心位置，如图 5-101 所示。

(10) 在【时间轴】面板中，选择第 10 帧，按 F6 键插入关键帧，然后选择第 55 帧，按 F6 键插入关键帧后，选中菱形，在【属性】面板中将【宽】设置为 110，并使用同样的方法将其调整至舞台的中心位置，如图 5-102 所示。

注意　当插入关键帧调整图形的大小后，需将图形调整至中心位置。

图 5-101　设置菱形大小

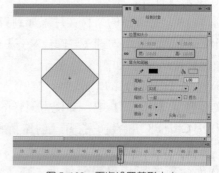

图 5-102　再次设置菱形大小

(11) 在【图层 1】第 10 帧至第 55 帧之间的任意帧位置，单击鼠标右键，从弹出的快捷菜单中选择【创建补间形状】命令，如图 5-103 所示。

(12) 在该图层的第 65 帧处按 F5 键插入帧，按 Ctrl+F8 组合键，在打开对话框，在该对话框中，为【名称】文本框输入【多个菱形】，将【类型】设置为【影片剪辑】，设置完成后，单击【确定】按钮，如图 5-104 所示。

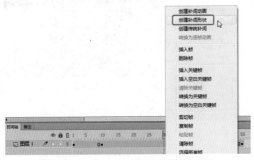

图 5-103　选择【创建补间形状】命令　　　　图 5-104　创建新元件

(13) 打开【库】面板，在该面板中将【菱形】元件拖拽到舞台中，并将图形调整至合适的位置，如图 5-105 所示。

(14) 在舞台中复制多个菱形动画对象，并调整至合适的位置，如图 5-106 所示。

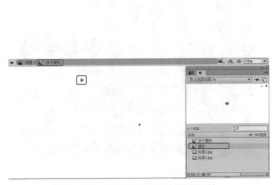

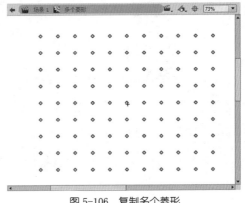

图 5-105　在【库】面板中拖出元件　　　　图 5-106　复制多个菱形

复制完成后的图形元件总大小，应尽量与创建的文件大小 600×450 相差不多。

(15) 然后选择【图层 1】图层的第 65 帧，按 F5 键插入帧。单击左上角的◀按钮，新建一个图层，在【库】面板中选择【多个菱形】影片剪辑元件，将其拖拽到舞台中。并调整至合适的位置，如图 5-107 所示。

如果将【多个菱形】元件拖入图层后，其大小与舞台大小相差过大需要调整时，应进入元件的调整舞台进行调整，并且不应使用【任意变形工具】调整，而是使用【选择工具】调整。

(16) 在【时间轴】面板中的【图层 3】上单击鼠标右键，从弹出的快捷菜单中选择【遮罩层】命令，如图 5-108 所示。

图 5-107　添加元部件

图 5-108　选择【遮罩层】命令

(17) 选择命令后，图像的显示效果以及图层的显示效果如图 5-109 所示。

(18) 按 Ctrl+Enter 组合键测试动画效果，效果如图 5-110 所示，然后对完成后的场景进行保存。

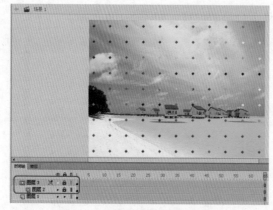

图 5-109　图像和涂层的显示效果

图 5-110　遮罩效果

案例精讲 059　图片切换遮罩动画

案例文件：CDROM | 场景 | Cha05 | 图片切换遮罩动画 .fla

视频文件：视频教学 | Cha05 | 图片切换遮罩动画 .avi

制作概述

　　本例中使用【创建元件】命令、【遮罩层】命令以及【创建传统补间】命令制作图片切换遮罩动画，通过对本例的学习，学会了解使用以上功能命令，完成后的效果如图 5-111 所示。

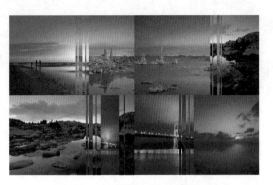

图 5-111　图片切换遮罩动画

学习目标

■　学习使用遮罩层功能。

■　掌握遮罩层的运用方法。

操作步骤

(1) 启动软件后，在欢迎界面中，单击【新建】选项组中的【ActionScript 3.0】按钮，如图 5-112 所示，即可新建场景。

(2) 进入工作界面后，在工具箱中单击【属性】按钮 ，在打开的面板中将【属性】选项组中的【大小】设置为 550×344(像素)，如图 5-113 所示。

图 5-112　选择新建类型

图 5-113　设置场景大小

(3) 然后从菜单栏中选择【文件】|【导入】|【导入到库】命令，如图 5-114 所示。

(4) 在打开的对话框中，选择随书附带光盘中的 CDROM| 素材 |Cha05| "图 1.jpg" ~ "图 5.jpg" 素材文件，如图 5-115 所示。

(5) 单击【打开】按钮，然后在工具箱中打开【库】面板，在该面板中将 "图 1.jpg" 素材拖至舞台中，将选择的素材文件添加到舞台中，确认选中舞台中的素材，在工具箱中打开【对齐】面板，在该面板中勾选【与舞台对齐】，选项单击【水平中齐】 、【垂直中齐】 和【匹配宽和高】按钮 ，如图 5-116 所示。

(6) 选择【图层 1】的第 195 帧，按 F5 插入帧，如图 5-117 所示。

图 5-114　选择【导入到库】命令

图 5-115　选择素材文件

图 5-116　调整导入的素材文件

图 5-117　新建图层并调整素材

（7）然后新建【图层 2】，选择该图层的第 15 帧，按 F6 键插入关键帧，将导入的"图 2.jpg"素材文件拖至【图层 2】中，并使用同样的方法调整其位置，如图 5-118 所示。

（8）再次新建【图层 3】，按 Ctrl+F8 组合键，打开【创建新元件】对话框，在该对话框中将【名称】设置为【矩形】，将【类型】设置为【图形】，设置完成后单击【确定】按钮，如图 5-119 所示。

图 5-118　插入关键帧并拖入素材

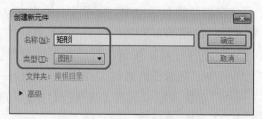

图 5-119　新建元件

（9）在工具箱中选择【矩形工具】 ，在矩形元件的舞台中绘制矩形，在【属性】面板中取消宽度和高度的锁定，将【宽】和【高】分别设置为42、399，将【笔触颜色】设置为无，【填充颜色】可以随意设置，如图5-120所示。

(10) 在左上角单击■按钮返回到场景中，选择【图层3】的第15帧，按F6键插入关键帧，将刚创建的【矩形】元件拖到舞台中，调整位置，如图5-121所示。

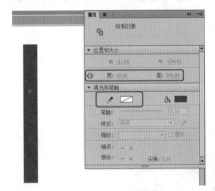

图 5-120　绘制矩形并设置

图 5-121　插入关键帧并拖入元件

(11) 选择该图层的第30帧，按F6键插入关键帧，使用【任意变形工具】调整矩形的宽度，并单击【水平中齐】按钮■，效果如图5-122所示。

(12) 然后在该图层的第15帧至第30帧的任意帧位置右键单击，从弹出的快捷菜单中选择【创建传统补间】命令，选择该图层的第31帧，按F7键插入空白关键帧，效果如图5-123所示。

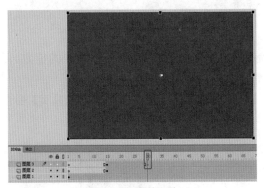

图 5-122　调整元件

图 5-123　创建传统补间并插入空白关键帧

(13) 新建【图层4】，选择该图层的第3帧，按F6键插入关键帧，在【库】面板中将【图2】素材拖至舞台中，调整大小和位置，在第30帧处按F6键插入关键帧，在第31帧处按F7键插入空白关键帧，效果如图5-124所示。

(14) 新建【图层5】，按Ctrl+F8组合键创建新元件，在打开的窗口中输入【名称】为多个【矩形】，将【类型】设置为【图形】，然后单击【确定】按钮，如图5-125所示。

(15) 使用【矩形工具】，在舞台中使用前面介绍的方法创建多个矩形，【宽】分别为9、17、5、82、5，【高】均为370，并使它们对齐，效果如图5-126所示。

(16) 在左上角单击■按钮返回到场景中，选择该【图层5】的第3帧，按F6键插入关键帧，在【库】面板中将创建的【多个矩形】元件拖至舞台中，调整位置，单击【垂直中齐】按钮■，效果如图5-127所示。

图 5-124　设置【图层 4】

图 5-125　新建元件

图 5-126　绘制多个矩形并调整

图 5-127　插入关键帧并拖入元件

（17）然后选择【图层 5】的第 15 帧，按 F6 键插入关键帧，在舞台中调整元件的位置，效果如图 5-128 所示。

（18）在该图层的第 3 帧与第 15 帧之间的任意帧位置右键单击，选择【创建传统补间】命令，效果如图 5-129 所示。

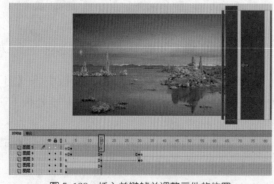

图 5-128　插入关键帧并调整元件的位置

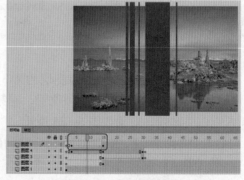

图 5-129　创建传统补间

（19）在该图层的第 30 帧处按 F6 键插入关键帧，调整舞台中元件的位置，如图 5-130 所示。

（20）在该图层的第 15 帧与 30 帧之间的任意帧位置右键单击，选择【创建传统补间】命令，效果如图 5-131 所示。

（21）在该图层的第 31 帧处按 F7 键插入空白关键帧，在【时间轴】面板中右键单击【图层

3】，从弹出的快捷菜单中选择【遮罩层】命令，如图 5-132 所示，并在【图层 5】上右键单击，选择【遮罩层】命令。

(22) 新建【图层 6】，选择该图层的第 65 帧，按 F6 键插关键帧，在【库】面板中将"图 3"素材拖入到舞台中，使其大小与舞台相同并对齐舞台，如图 5-133 所示。

图 5-130　调整元件的位置

图 5-131　创建传统补间

图 5-132　创建遮罩层

图 5-133　插入关键帧并拖入素材

(23) 新建【图层 7】，然后选择【图层 3】的第 15 帧至第 30 帧，右键单击，从弹出的快捷菜单中选择【复制帧】命令，如图 5-134 所示。

(24) 选择【图层 7】的第 65 帧至 80 帧，右键单击，从弹出的快捷菜单中选择【粘贴帧】命令，如图 5-135 所示。

知识链接

　　选择帧后粘贴与直接粘贴是不同的，选择帧后再进行粘贴，将覆盖选择的帧内容，直接粘贴将会把原位置的帧向后推移。

(25) 然后在时间轴面板中选择【图层 7】，右键单击，选择【遮罩层】命令取消勾选，再次新建图层，选择图层的第 50 帧，按 F6 键插入关键帧，如图 5-136 所示。

(26) 在【库】面板中将"图 3"素材拖到舞台中，使其大小和位置与舞台对齐，如图 5-137 所示。

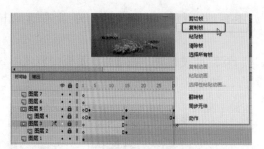

图 5-134　选择【复制帧】命令

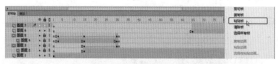

图 5-135　选择【粘贴帧】命令

图 5-136　插入关键帧

图 5-137　拖入素材

(27) 在该图层的第 80 帧的位置按 F6 键插入关键帧，在第 81 帧的位置按 F7 键插入空白关键帧，如图 5-138 所示。

(28) 新建图层，选择该图层的第 50 帧，按 F6 键插入关键帧，在【库】面板中将【多个矩形】元件拖到舞台中，调整位置，如图 5-139 所示。

图 5-138　插入关键帧和空白关键帧

图 5-139　拖入元件并调整

(29) 然后选择该图层的第 65 帧，按 F6 键插入关键帧，然后在舞台中调整元件的位置，如图 5-140 所示。

(30) 在【图层 9】的第 50 帧至第 65 帧之间的任意帧位置上右键单击，从弹出的快捷菜单中选择【创建传统补间】命令，并在第 80 帧的位置插入关键帧，并调整元件的位置，如图 5-141 所示。

(31) 然后在第 65 帧至第 80 帧之间的任意帧位置上右键单击，从弹出的快捷菜单中选择【创建传统补间】命令，并在第 81 帧的位置插入空白关键帧，如图 5-142 所示。

(32) 然后在【时间轴】面板中的【图层 7】和【图层 9】上分别右键单击，从弹出的快捷菜单中选择【遮罩层】命令，效果如图 5-143 所示。

图 5-140　插入关键帧并调整元件位置

图 5-141　创建传统补间并插入关键帧

图 5-142　创建传统补间并插入空白关键帧

图 5-143　创建遮罩层

(33) 根据前面介绍的操作方式，制作其他动画效果，如图 5-144 所示。

图 5-144　将其他动画制作完成后的效果

(34) 制作完成后，按 Ctrl+Enter 组合键测试动画效果，如图 5-145 所示。

图 5-145　测试动画效果

案例精讲 060　水面波纹动画

案例文件：CDROM | 场景 | Cha05 | 水面波纹动画 .fla

视频文件：视频教学 | Cha05 | 水面波纹动画 .avi

制作概述

本例将介绍水面波纹动画的制作方法，该案例首先制作图片倒影，然后制作遮罩图形元件，最后设置补间动画，从而完成水面波纹动画的制作，完成后的效果如图 5-146 所示。

学习目标

- 制作图片倒影。
- 掌握遮罩动画的制作方法。

图 5-146　水面波纹动画

操作步骤

(1) 启动软件后，在欢迎界面中，单击【新建】选项组中的【ActionScript 3.0】按钮，如图 5-147 所示，即可新建场景。

(2) 进入工作界面后，在工具箱中单击【属性】按钮 ，在打开的面板中将【属性】选项组中的【大小】设置为 500×798(像素)，如图 5-148 所示。

图 5-147　选择新建类型

图 5-148　设置场景大小

(3) 然后从菜单栏中选择【文件】|【导入】|【导入到库】命令，如图 5-149 所示。

(4) 在打开的对话框中，选择随书附带光盘中的 CDROM| 素材 |Cha05| 仙鹤 .jpg 素材文件，如图 5-150 所示。

(5) 单击【打开】按钮，然后在工具箱中打开【库】面板，在该面板中将"仙鹤 .jpg"素材拖到舞台中，确认选中舞台中的素材，在工具箱中打开【对齐】面板，在该面板中勾选【与舞台对齐】选项，单击【水平中齐】按钮 、【顶部分布】按钮 ，如图 5-151 所示。

(6) 然后打开【属性】面板，取消宽度和高度值的锁定，将【宽】设置为 500，【高】设置为 399，如图 5-152 所示。

(7) 选择【图层 1】的第 40 帧，按 F5 键插入帧。然后新建【图层 2】，在【库】面板中将【仙鹤】素材拖至舞台中，并使用同样的方法调整素材的大小，在【对齐】面板中单击【水平

中齐】按钮 和【底部分布】按钮 调整位置，调整完成后，从菜单栏中选择【修改】 | 【变形】 | 【垂直翻转】命令，如图 5-153 所示。

(8) 确认选中素材，按 F8 键，在打开的【转换为元件】对话框中输入【名称】为【重影1】，将【类型】设置为【图形】，单击【确定】按钮，如图 5-154 所示。

图 5-149　选择【导入到库】命令

图 5-150　选择素材文件

图 5-151　将素材拖至舞台并对齐

图 5-152　设置素材大小

图 5-153　选择【垂直翻转】命令

图 5-154　将素材转化为元件

(9) 然后在工具箱中打开【属性】面板，在【色彩效果】选项组中将【样式】设置为高级，将【红】、【绿】、【蓝】分别设置为 60%、70%、80%，如图 5-155 所示。

(10) 新建【图层3】，在【库】面板中将【重影1】元件拖至舞台中，使其与【图层2】中的元件对齐，打开【属性】面板，在【位置和大小】选项组中将【Y】设置为 600，在【色彩效果】

选线组中，将【样式】设置为【高级】，Alpha值设置为50%，将【红】、【绿】、【蓝】设置为60%、70%、80%，如图5-156所示。

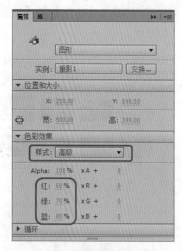

图 5-155　设置属性　　　　　　　　　图 5-156　新建图层、拖入元件并设置属性

(11) 再次新建【图层4】，按Ctrl+F8组合键，打开【创建新元件】对话框，在该对话框中将【名称】设置为【矩形】，将【类型】设置为【图形】，设置完成后，单击【确定】按钮，如图5-157所示。

(12) 在工具箱中选择【矩形工具】 ▣，然后在工具箱中单击【对象绘制】按钮 ◙，关闭对象绘制使其呈现 ◙ 的状态，然后在矩形元件的舞台中进行绘制，选中绘制的矩形，打开【属性】面板，将【宽】设置为500，【高】设置为5，将【笔触颜色】设置为无，【填充颜色】随意设置，如图5-158所示。

图 5-157　新建元件　　　　　　　　　图 5-158　设置绘制的矩形属性

(13) 然后对绘制的矩形进行复制，并调整位置，如图5-159所示。

(14) 单击左上角的 ◀ 按钮，选中【图层4】的第1帧，在【库】面板中将【矩形】元件拖到舞台中，使用【任意变形工具】 ▦，将矩形元件大小调整至与舞台大小相同，并调整元件的位置，如图5-160所示。

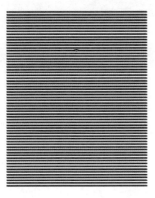

图 5-159　复制矩形并调整

图 5-160　拖入元件并调整

（15）选择【图层 4】的第 40 帧，按 F6 键插入关键帧，在舞台中调整【矩形】元件的位置，如图 5-161 所示。

（16）在该图层的第 1 帧至第 40 帧之间任意帧位置右键单击，从弹出的快捷菜单中选择【创建传统补间】命令，如图 5-162 所示。

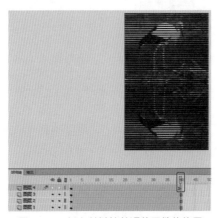

图 5-161　插入关键帧并调整元件的位置

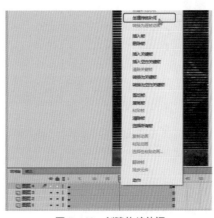

图 5-162　创建传统补间

（17）在时间轴面板中选中【图层 4】并右键单击，从弹出的快捷菜单中选择【遮罩层】命令，如图 5-163 所示。

（18）然后按 Ctrl+Enter 组合键测试动画效果，如图 5-164 所示。

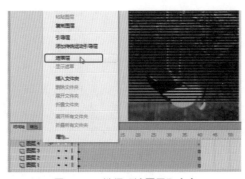

图 5-163　选择【遮罩层】命令

图 5-164　测试动画效果

第6章
文字动画

本章重点

- ◆ 立体文字
- ◆ 渐出文字
- ◆ 波光粼粼的文字
- ◆ 制作打字效果
- ◆ 制作花纹旋转文字
- ◆ 制作碰撞文字

- ◆ 制作放大文字动画
- ◆ 制作变形文字动画
- ◆ 制作闪光文字动画
- ◆ 制作风吹文字动画
- ◆ 制作滚动文字

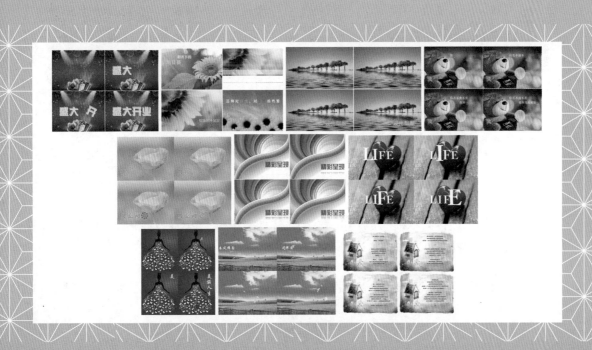

在动画制作中，文字动画是必不可少的一部分，本章将主要通过对文字的创建、设置以及添加关键帧等，来进行简单的讲解，在本章可以学习到各种文字动画的制作方法。

案例精讲 061　立体文字

案例文件：　CDROM | 场景 | Cha06 | 立体文字 .fla

视频文件：　视频教学 | Cha06 | 立体文字 .avi

制作概述

本例将介绍立体文字的制作，主要是复制文字，然后将位于下层的文字分离为形状，并调整其形状，然后制作传统补间动画，完成后的效果如图 6-1 所示。

图 6-1　立体文字

学习目标

- 创建并复制文字。
- 分离文字。
- 创建传统补间动画。

操作步骤

(1) 从菜单栏中选择【文件】|【新建】命令，弹出【新建文档】对话框，在【类型】列表框中选择 ActionScript 3.0，将【宽】设置为 552 像素，将【高】设置为 406 像素，单击【确定】按钮，如图 6-2 所示。

(2) 出现新建的空白文档后，从菜单栏中选择【插入】|【新建元件】命令，弹出【创建新元件】对话框，输入【名称】为【盛】，将【类型】设置为【影片剪辑】，单击【确定】按钮，如图 6-3 所示，即可新建影片剪辑元件。

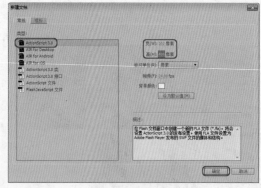

图 6-2　新建文档

图 6-3　新建元件

(3) 在工具箱中选择【文本工具】 T，在【属性】面板中将【系列】设置为【方正综艺简体】，将【大小】设置为 96，将【颜色】设置为 #FFCC00，然后在舞台中输入文字【盛】，如图 6-4 所示。

(4) 使用【选择工具】 ▶ 选择输入的文字，在【属性】面板中，将【位置和大小】选项组中的 X、Y 都设为 0，如图 6-5 所示。

影片剪辑是 Flash 中最具有交互性、用途最多及功能最强的部分。它基本上是一个小的独立电影，可以包含交互式控件、声音，甚至其他影片剪辑实例。由于影片剪辑具有独立的时间轴，所以它们在 Flash 中是相互独立的。如果场景中存在影片剪辑，即使影片的时间轴已经停止，影片剪辑的时间轴仍可以继续播放，这里可以将影片剪辑设想为主电影中嵌套的小电影。影片剪辑元件在主影片播放的时间轴上只需要有一个关键帧，即使一个 60 帧的影片剪辑放置在只有 1 帧的主时间轴上，它也会从开头播放到结束。除此之外，影片剪辑是 Flash 中一种最重要的元件，ActionScript 是实现对影片剪辑元件进行控制的重要方法之一，可以说，Flash 的许多复杂动画效果和交互功能都与影片剪辑密不可分。

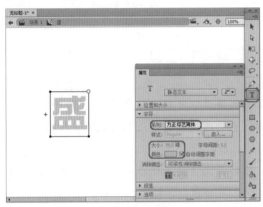

图 6-4　输入文字

图 6-5　调整文字位置

(5) 按 Ctrl+C 组合键复制选择的文字，在【时间轴】面板中单击【新建图层】按钮 ，新建【图层 2】，然后按 Ctrl+V 组合键粘贴选择的文字，并在【属性】面板中将【位置和大小】选项组中的 X、Y 都设为 8，在【字符】选项组中将【颜色】设置为 #FFFF00，如图 6-6 所示。

(6) 锁定【图层 2】，使用【选择工具】 选择【图层 1】中的文字【盛】，然后按 Ctrl+B 组合键分离文字，如图 6-7 所示。

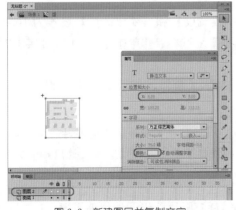

图 6-6　新建图层并复制文字

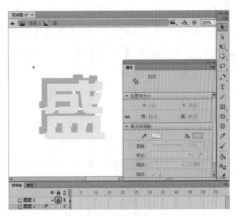

图 6-7　分离文字

(7) 将场景中的文字放大，在工具箱中选择【添加锚点工具】 ，在如图 6-8 所示的位置添加锚点。

(8) 然后使用工具箱中的【部分选取工具】调整锚点位置，如图 6-9 所示。

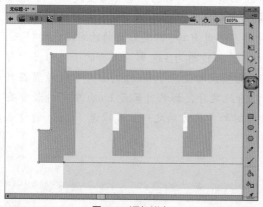 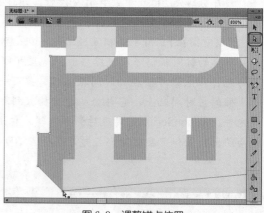

图 6-8　添加锚点　　　　　　　　　　　　　　图 6-9　调整锚点位置

知识链接

　　【部分选取工具】除了可以像【选择工具】工具那样选取并移动对象外，还可以对图形进行变形等处理。当某一对象被部分选取工具选中后，它的图像轮廓线上会出现很多控制点，表示该对象已被选中。

　　使用【部分选取工具】，单击要编辑的锚点，这时该锚点的两侧会出现调节手柄，拖动手柄的一端，可以实现对曲线的形状进行编辑操作。按住 Alt 键拖动手柄，可以只移动一边的手柄，而另一边手柄则保持不动。

---

(9) 使用同样的方法，继续调整分离后的文字，效果如图 6-10 所示。

(10) 使用同样的方法，制作【大】、【开】和【业】的影片剪辑元件，如图 6-11 所示。

(11) 返回到【场景 1】中，按 Ctrl+R 组合键，弹出【导入】对话框，在该对话框中选择随书附带光盘中的"立体文字背景 .jpg"素材文件，单击【打开】按钮，如图 6-12 所示，即可将选择的素材文件导入到舞台中。

(12) 按 Ctrl+T 组合键打开【变形】面板，将【缩放宽度】和【缩放高度】设置为 16.4%，按 Ctrl+K 组合键打开【对齐】面板，勾选【与舞台对齐】复选框，并单击【水平中齐】和【底对齐】按钮，如图 6-13 所示。

(13) 在【时间轴】面板中选择第 55 帧，按 F6 键插入关键帧，然后单击【新建图层】按钮，新建【图层 2】，如图 6-14 所示。

　　从菜单栏中选择【插入】|【时间轴】|【关键帧】命令，或者在时间轴上要插入关键帧的地方单击鼠标右键，从弹出的快捷菜单中选择【插入关键帧】命令，也可以插入关键帧。

(14) 选择【图层 2】的第 1 帧，在【库】面板中将【盛】影片剪辑元件拖拽至舞台中，在【属性】面板中将【位置和大小】选项组中的 X 和 Y 分别设置为 −110、145，如图 6-15 所示。

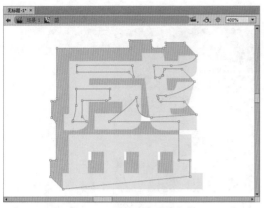

图 6-10　调整分离后的文字

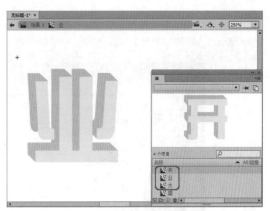

图 6-11　制作其他影片剪辑元件

图 6-12　选择素材文件

图 6-13　调整素材文件

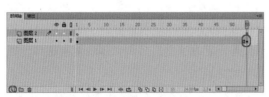

图 6-14　插入关键帧并新建图层

图 6-15　调整元件位置

（15）在【变形】面板中将【旋转】设置为 −90°，效果如图 6-16 所示。

（16）选择【图层 2】的第 11 帧，按 F6 键插入关键帧，在【变形】面板中将【旋转】设置为 0°，在【属性】面板中将【位置和大小】选项组中的 X 和 Y 分别设置为 68、145，如图 6-17 所示。

图 6-16　旋转元件

图 6-17　插入关键帧并调整元件

(17) 选择【图层 2】的第 5 帧并单击鼠标右键，从弹出的快捷菜单中选择【创建传统补间】命令，如图 6-18 所示。

(18) 所创建的传统补间动画效果如图 6-19 所示。

图 6-18　选择【创建传统补间】命令

图 6-19　创建的传统补间动画

知识链接

　　所谓的传统补间动画（以前的版本称为创建补间动画）又叫作中间帧动画、渐变动画，只要建立起始和结束的画面，中间部分会由软件自动生成，省去了中间动画制作的复杂过程，这正是 Flash 的迷人之处，补间动画是 Flash 中最常用的动画效果。

　　利用传统补间方式，可以制作出多种类型的动画效果，如位置移动、大小变化、旋转移动、逐渐消失等。只要能够熟练地掌握这些简单的动作补间效果，就能将它们相互组合，制作出样式更加丰富、效果更加吸引人的复杂动画。使用动作补间，需要具备以下两个前提条件：

　　■　起始关键帧与结束关键帧缺一不可。

　　■　应用于动作补间的对象必须具有元件或者群组的属性。

(19) 新建【图层 3】，选择【图层 3】的第 11 帧，按 F6 键插入关键帧，将【大】元件拖拽至舞台中，在【属性】面板中将【位置和大小】选项组中的 X 和 Y 分别设置为 −110 和 145，在【变形】面板中将【旋转】设置为 −90°，如图 6-20 所示。

 提示　　Flash 文件中的层数只受计算机内存的限制，它不会影响 SWF 文件的大小。

(20) 选择【图层 3】的第 25 帧，按 F6 键插入关键帧，在【变形】面板中将【旋转】设置为 0°，在【属性】面板中将【位置和大小】选项组中的 X 和 Y 分别设置为 173、145，并创建传统补间动画，如图 6-21 所示。

图 6-20　插入关键帧并调整元件

图 6-21　调整元件并创建动画

(21) 使用同样的方法，新建图层，调整【开】和【业】影片剪辑元件，并创建传统补间动画，如图 6-22 所示。

(22) 按 Ctrl+Enter 键测试影片，如图 6-23 所示。然后，导出影片并将场景文件保存即可。

图 6-22　制作其他动画

图 6-23　测试影片

第 6 章　文字动画

259

案例精讲 062　渐出文字

✎　案例文件：CDROM | 场景 | Cha06 | 渐出文字 .fla

💿　视频文件：视频教学 | Cha06 | 渐出文字 .avi

制作概述

本例将介绍渐出文字动画的制作，主要是将输入的文字转换为元件，然后通过设置元件样式和制作传统补间动画来表现渐出文字，完成后的效果如图 6-24 所示。

图 6-24　渐出文字

学习目标

■　制作背景动画。

■　输入文字并转换为元件。

■　设置元件样式并创建传统补间动画。

操作步骤

(1) 按 Ctrl+N 组合键，弹出【新建文档】对话框，在【类型】列表框中选择 ActionScript 3.0，将【宽】设置为 700 像素，将【高】设置为 465 像素，将【帧频】设置为 20fps，将【背景颜色】设置为黑色，单击【确定】按钮，如图 6-25 所示。

知识链接

　　【帧频】：是动画播放的速度，以每秒播放的帧数 (fps) 为度量单位。帧频太慢会使动画看起来一顿一顿的，帧频太快会使动画的细节变得模糊。24fps 的帧速率是 Flash 文档的默认设置，通常能在 Web 上提供最佳效果。标准的动画速率也是 24fps。动画的复杂程度和播放动画的计算机的速度会影响播放的流畅程度。若要确定最佳帧速率，应当在各种不同的计算机上测试动画。

因为只给整个 Flash 文档指定一个帧频，因此应当在开始创建动画之前先设置帧速率。

(2) 出现新建的空白文档后，从菜单栏中选择【文件】|【导入】|【导入到库】命令，如图 6-26 所示。

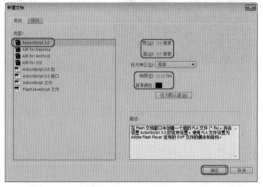

图 6-25　新建文档

图 6-26　选择【导入到库】命令

(3) 弹出【导入到库】对话框，在该对话框中选择随书附带光盘中的"向日葵 1.jpg"、"向日葵 2.jpg"和"向日葵 3.jpg"素材文件，单击【打开】按钮，如图 6-27 所示，即可将选择的素材文件导入到【库】面板中。

(4) 在该面板中将"向日葵 1.jpg"素材文件拖拽到舞台中，然后按 Ctrl+K 组合键打开【对齐】面板，在该面板中勾选【与舞台对齐】复选框，单击【水平中齐】和【垂直中齐】按钮，效果如图 6-28 所示。

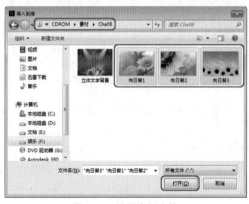

图 6-27　选择素材文件

图 6-28　调整素材文件

(5) 确认舞台中的素材文件处于选中状态，按 F8 键，弹出【转换为元件】对话框，输入【名称】为【图片 1】，将【类型】设置为【图形】，单击【确定】按钮，如图 6-29 所示，即可将素材图片转换为元件。

(6) 然后在【属性】面板中将【样式】设置为 Alpha，并将 Alpha 值设置为 0%，如图 6-30 所示。

图 6-29　转换为元件

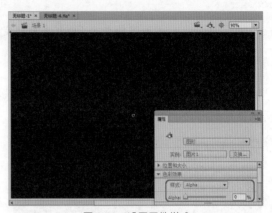

图 6-30　设置元件样式

(7) 在【时间轴】面板中选择【图层 1】的第 20 帧，按 F6 键插入关键帧，然后在【属性】面板中，将【图片 1】图形元件的【样式】设置为【无】，如图 6-31 所示。

(8) 选择【图层 1】的第 10 帧，并单击鼠标右键，从弹出的快捷菜单中选择【创建传统补间】命令，即可创建传统补间动画，如图 6-32 所示。

图 6-31　插入关键帧并设置元件

图 6-32　创建传统补间动画

(9) 然后选择【图层 1】的第 51 帧，按 F6 键插入关键帧，并单击【新建图层】按钮，新建【图层 2】，如图 6-33 所示。

(10) 按 Ctrl+F8 组合键，弹出【创建新元件】对话框，输入【名称】为【文字 1】，将【类型】设置为【图形】，单击【确定】按钮，如图 6-34 所示。

(11) 然后在工具箱中选择【文本工具】 T ，在舞台中输入文字，并选中输入的文字，在【属性】面板中将【字符】选项组中的【系列】设置为【方正粗倩简体】，将【大小】设置为 40 磅，将【颜色】设置为白色，并在【位置和大小】选项组中，将 X 和 Y 都设为 0，如图 6-35 所示。

(12) 返回到【场景 1】中，确认【图层 2】处于选择状态，在【库】面板中将【文字 1】图形元件拖拽到舞台中，并调整其位置，然后在【属性】面板中将【样式】设置为 Alpha，将 Alpha 值设置为 0%，如图 6-36 所示。

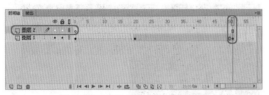

图 6-33 插入关键帧并新建图层

图 6-34 新建元件

图 6-35 输入并设置文字

图 6-36 调整元件

(13)在【时间轴】面板中选择【图层2】的第20帧,按F6键插入关键帧,然后在舞台中调整【文字1】图形元件的位置,并在【属性】面板中将【样式】设置为【无】,如图6-37所示。

(14)结合前面介绍的方法,在【图层2】的两个关键帧之间创建传统补间动画,效果如图6-38所示。

图 6-37 插入关键帧并设置元件

图 6-38 创建传统补间动画

(15) 按 Ctrl+F8 组合键，弹出【创建新元件】对话框，输入【名称】为【文字 2】，将【类型】设置为【图形】，单击【确定】按钮，如图 6-39 所示。

(16) 在工具箱中选择【文本工具】 T ，在舞台中输入文字，并选择输入的文字，在【属性】面板中将【字符】选项组中的【系列】设置为【汉仪粗黑简】，将【大小】设置为 60 磅，将【颜色】设置为 #FBDE2E，并在【位置和大小】选项组中，将 X 和 Y 都设为 0，如图 6-40 所示。

图 6-39　新建元件

图 6-40　输入并设置文字

(17) 返回到【场景 1】中，新建【图层 3】，并在第 20 帧位置处插入关键帧，在【库】面板中将【文字 2】图形元件拖拽到舞台中，并调整其位置，然后在【属性】面板中将【样式】设置为 Alpha，将 Alpha 值设置为 0%，如图 6-41 所示。

(18) 在【时间轴】面板中选择【图层 3】的第 40 帧，按 F6 键插入关键帧，然后在舞台中调整【文字 2】图形元件的位置，并在【属性】面板中将【样式】设置为【无】，如图 6-42 所示。

图 6-41　新建图层并调整元件

图 6-42　插入关键帧并设置元件

(19) 然后在【图层 3】的两个关键帧之间创建传统补间动画，效果如图 6-43 所示。

(20) 在【时间轴】面板中选择【图层 1】的第 52 帧，按 F7 键插入空白关键帧，然后在【库】面板中将"向日葵 2.jpg"素材文件拖拽到舞台中，并在【对齐】面板中单击【水平中齐】 ⬄ 和【垂直中齐】按钮 ⬍ ，效果如图 6-44 所示。

(21) 然后选择【图层 1】的第 130 帧，按 F5 键插入帧，如图 6-45 所示。

(22) 在菜单栏中选择【文件】|【打开】命令，在弹出的【打开】对话框中选择随书附带光

盘中的"矩形动画 .fla"素材文件，单击【打开】按钮，如图 6-46 所示。

图 6-43　创建传统补间动画

图 6-44　调整素材文件

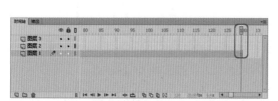

图 6-45　插入帧

图 6-46　选择素材文件并打开

(23) 打开了选择的素材文件后，按 Ctrl+A 组合键选择所有的对象，并从菜单栏中选择【编辑】|【复制】命令，如图 6-47 所示。

(24) 返回到当前制作的场景中，新建【图层 4】，将其移至最上方，并选择第 52 帧，按 F6 键插入关键帧，然后从菜单栏中选择【编辑】|【粘贴到当前位置】命令，即可将选择的对象粘贴到当前制作的场景中，如图 6-48 所示。

(25) 在【时间轴】面板中选择【图层 4】的第 86 帧，按 F7 键插入空白关键帧，如图 6-49 所示。

(26) 按 Ctrl+F8 组合键，弹出【创建新元件】对话框，输入【名称】为【文字 3】，将【类型】设置为【图形】，单击【确定】按钮，如图 6-50 所示。

(27) 在工具箱中选择【文本工具】 T ，在舞台中输入文字，并选择输入的文字，在【属性】面板中将【字符】选项组中的【系列】设置为【方正粗倩简体】，将【大小】设置为 40 磅，将【颜色】设置为 #FBDE2E，并在【位置和大小】选项组中，将 X 和 Y 都设为 0，如图 6-51 所示。

(28) 然后选择输入的文字【美丽】，在【属性】面板中，将【大小】设置为 58 磅，将【颜色】设置为 #FF0099，并调整文字位置，效果如图 6-52 所示。

图 6-47　选择【复制】命令

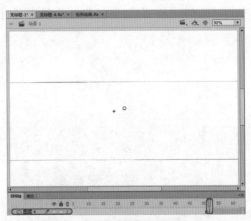

图 6-48　粘贴对象

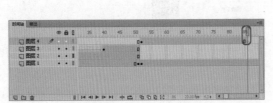

图 6-49　插入空白关键帧

图 6-50　创建新元件

图 6-51　输入并设置文字

图 6-52　设置文字【美丽】

（29）返回到【场景 1】中，在【时间轴】面板中新建【图层 5】，并选择第 85 帧，按 F6 键插入关键帧，如图 6-53 所示。

（30）在【库】面板中将【文字 3】图形元件拖拽到舞台中，并调整其位置，然后结合前面介绍的方法，设置文字样式，并创建传统补间动画，效果如图 6-54 所示。

图 6-53 新建图层并插入关键帧

图 6-54 设置文字样式并创建传统补间动画

(31) 在【时间轴】面板中选择【图层 5】的第 117 帧，按 F7 键插入空白关键帧，然后选择【图层 1】的第 117 帧，按 F7 键插入空白关键帧，如图 6-55 所示。

(32) 在【库】面板中将"向日葵 3.jpg"素材图片拖拽到舞台中，并在【对齐】面板中单击【水平中齐】![] 和【垂直中齐】按钮![]，如图 6-56 所示。

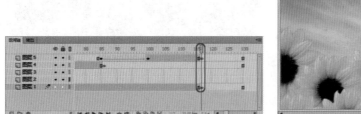

图 6-55 插入空白关键帧

图 6-56 调整图片位置

(33) 确认素材图片处于选中状态，按 F8 键，弹出【转换为元件】对话框，输入【名称】为【图片 3】，将【类型】设置为【图形】，单击【确定】按钮，如图 6-57 所示。

(34) 然后在【属性】面板中将【样式】设置为 Alpha，将 Alpha 值设置为 30%，如图 6-58 所示。

(35) 选择【图层 1】的第 140 帧，按 F6 键插入关键帧，然后在【属性】面板中，将【图片 3】图形元件的【样式】设置为【无】，如图 6-59 所示。

(36) 选择【图层 1】的第 130 帧，并单击鼠标右键，从弹出的快捷菜单中选择【创建传统补间】命令，即可创建传统补间动画，效果如图 6-60 所示。

(37) 然后选择【图层 1】的第 180 帧，按 F6 键插入关键帧，如图 6-61 所示。

(38) 按 Ctrl+F8 组合键，弹出【创建新元件】对话框，输入【名称】为【文字 4】，将【类型】设置为【图形】，单击【确定】按钮，如图 6-62 所示。

图 6-57 转换为元件

图 6-58 设置样式

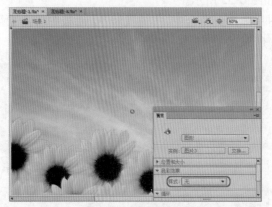

图 6-59 设置元件样式

图 6-60 创建传统补间动画

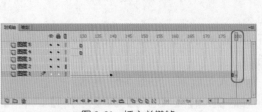

图 6-61 插入关键帧

图 6-62 创建新元件

(39) 在工具箱中选择【文本工具】，在舞台中输入文字，并选择输入的文字，在【属性】面板中将【字符】选项组中的【系列】设置为【方正粗圆简体】，将【大小】设置为40磅，将【字母间距】设置为13，将【颜色】设置为白色，并在【位置和大小】选项组中，将X和Y都设为0，如图6-63所示。

(40) 然后将文字【梦想】的颜色更改为#FF9900，将文字【生活】的颜色更改为#FF33CC，效果如图6-64所示。

图6-63　输入并设置文字

图6-64　更改文字颜色

(41) 返回到【场景1】中，新建【图层6】，并选择【图层6】的第140帧，按F6键插入关键帧，如图6-65所示。

(42) 在【库】面板中将【文字4】图形元件拖拽到舞台中，并调整其位置，然后结合前面介绍的方法，设置文字样式并创建传统补间动画，效果如图6-66所示。

图6-65　新建图层并插入关键帧

图6-66　设置文字样式并创建传统补间动画

(43) 取消选择舞台中的所有对象，然后在【属性】面板中将【舞台】颜色更改为白色，如图6-67所示。

(44) 至此，完成了该动画的制作，按Ctrl+Enter组合键测试影片，效果如图6-68所示。然后导出影片，并将场景文件保存即可。

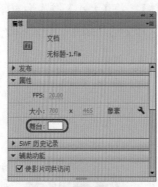

图 6-67　更改舞台颜色

图 6-68　测试影片

案例精讲 063　波光粼粼的文字

案例文件：CDROM |Scenes|Cha06| 波光粼粼的文字 .fla

视频文件：视频教学 | Cha06 | 波光粼粼的文字 .avi

制作概述

本例将介绍波光粼粼的文字的制作，主要是通过制作遮罩动画来表现文字效果，完成后的效果如图 6-69 所示。

图 6-69　波光粼粼的文字

学习目标

- ■　导入背景图片。
- ■　创建元件。
- ■　制作遮罩动画。

操作步骤

(1) 按 Ctrl+N 组合键，弹出【新建文档】对话框，在【类型】列表框中选择 ActionScript 3.0，将【宽】设置为 600 像素，将【高】设置为 365 像素，单击【确定】按钮，如图 6-70 所示。

(2) 出现新建的空白文档后，按 Ctrl+R 组合键，弹出【导入】对话框，在该对话框中选择随书附带光盘中的"水面 .jpg"素材图片，单击【打开】按钮，如图 6-71 所示。

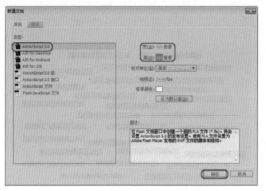

图 6-70 新建文档

图 6-71 选择素材图片并打开

(3)将素材图片导入到舞台中后，按 Ctrl+K 组合键打开【对齐】面板，并在该面板中单击【水平中齐】按钮 和【垂直中齐】按钮 ，效果如图 6-72 所示。

(4)按 Ctrl+F8 组合键，弹出【创建新元件】对话框，在【名称】文本框中输入【矩形】，将【类型】设置为【影片剪辑】，单击【确定】按钮，如图 6-73 所示。

图 6-72 调整素材图片

图 6-73 创建新元件

(5)在工具箱中选择【矩形工具】 ，并确认【对象绘制】工具处于未选中状态，然后在【属性】面板中将【填充颜色】设置为黑色，将【笔触颜色】设置为无，最后在舞台中绘制一个【宽】为 20，【高】为 2 的矩形，如图 6-74 所示。

(6)然后在舞台中使用同样的方法绘制多个矩形，完成后的效果如图 6-75 所示。

(7)按 Ctrl+F8 组合键，弹出【创建新元件】对话框，在【名称】文本框中输入【文字】，将【类型】设置为【图形】，单击【确定】按钮，如图 6-76 所示。

(8)在工具箱中选择【文本工具】 ，在【属性】面板中将【系列】设置为【方正粗圆简体】，将【大小】设置为 30 磅，将【字母间距】设置为 2，将【颜色】设置为 #CCFF00，然后在舞台中输入文字，如图 6-77 所示。

图 6-74　绘制矩形

图 6-75　绘制多个矩形

图 6-76　创建新元件

图 6-77　输入文字

(9) 再次按 Ctrl+F8 组合键，弹出【创建新元件】对话框，在【名称】文本框中输入【文字动画】，将【类型】设置为【影片剪辑】，单击【确定】按钮，如图 6-78 所示。

(10) 然后选择【图层 1】的第 10 帧，按 F6 键插入关键帧，在【库】面板中将【文字】图形元件拖拽到舞台中，并在【属性】面板中将【位置和大小】选项组中的 X 和 Y 设置为 0，将【色彩效果】选项组中的【样式】设置为 Alpha，将 Alpha 值设置为 0%，如图 6-79 所示。

图 6-78　创建新元件

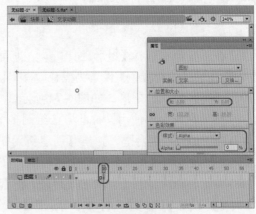

图 6-79　调整图形元件

(11) 选择【图层 1】的第 70 帧，按 F6 键插入关键帧，然后在【属性】面板中将图形元件的【样式】设置为【高级】，并设置其参数，如图 6-80 所示。

(12) 选择【图层 1】的第 100 帧，按 F6 键插入关键帧，然后在【属性】面板中将图形元件的【样式】设置为【无】，如图 6-81 所示。

图 6-80　插入关键帧并设置元件

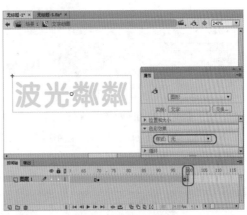

图 6-81　设置元件样式

(13) 然后选择第 10 帧和第 70 帧，并单击鼠标右键，从弹出的快捷菜单中选择【创建传统补间】命令，即可创建传统补间动画，效果如图 6-82 所示。使用同样的方法在第 70 帧和 100 帧之间创建传统补间动画。

(14) 新建【图层 2】，并将【文字】图形元件拖拽到舞台中，然后在【属性】面板中将 X 和 Y 设置为 0，如图 6-83 所示。

图 6-82　创建传统补间动画

图 6-83　新建图层并调整元件

(15) 新建【图层 3】，在【库】面板中将【矩形】影片剪辑元件拖拽到舞台中，然后按 Ctrl+T 组合键打开【变形】面板，将【缩放宽度】设置为 197%，并在舞台中调整其位置，效果如图 6-84 所示。

(16) 然后选择【图层 3】的第 99 帧，按 F6 键插入关键帧，在【变形】面板中将【缩放宽度】设置为 13%，将【缩放高度】设置为 7.2%，如图 6-85 所示。

图 6-84　调整元件缩放宽度　　　　　　　　　图 6-85　插入关键帧并缩放元件

(17) 在【属性】面板中将【样式】设置为 Alpha，将 Alpha 值设置为 0%，如图 6-86 所示。

(18) 然后选择【图层 3】的第 40 帧，并单击鼠标右键，从弹出的快捷菜单中选择【创建传统补间】命令，即可创建传统补间动画，效果如图 6-87 所示。

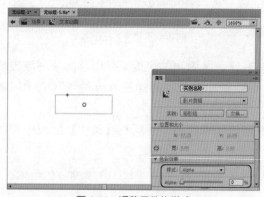

图 6-86　调整元件的样式　　　　　　　　　　图 6-87　创建传统补间动画

(19) 在【图层 3】名称上单击鼠标右键，从弹出的快捷菜单中选择【遮罩层】命令，即可创建遮罩动画，如图 6-88 所示。

(20) 新建【图层 4】，并选择第 100 帧，按 F6 键插入关键帧，如图 6-89 所示。

(21) 然后按 F9 键打开【动作】面板，并输入代码 "stop();"，如图 6-90 所示。

(22) 返回到【场景 1】中，新建【图层 2】，在【库】面板中将【文字动画】影片剪辑元件拖拽到舞台中，并在【变形】面板中将【缩放宽度】和【缩放高度】设置为 150%，然后在舞台中调整其位置，效果如图 6-91 所示。至此，完成了该动画的制作，然后导出影片，并将场景文件保存。

图 6-88　创建遮罩动画

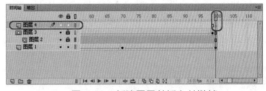

图 6-89　新建图层并插入关键帧

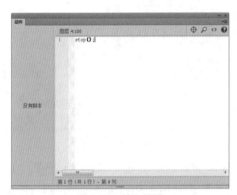

图 6-90　输入代码

图 6-91　调整元件

案例精讲 064　制作打字效果

✍ 案例文件：CDROM | 场景 | Cha05 | 制作打字效果 .fla

🎬 视频文件：视频教学 | Cha05 | 制作打字效果 .avi

制作概述

　　本例来介绍一下打字效果的制作方法，该例主要是利用插入关键帧和空白关键帧制作光标闪烁效果，然后再输入文字，分离文字，通过删除不同帧上的不同对象来实现打字效果。完成后的效果如图 6-92 所示。

学习目标

- ■　插入关键帧。
- ■　插入空白关键帧。
- ■　分离文字。

图 6-92　制作打字效果

　　■　转换关键帧。

　　■　转换为元件。

操作步骤

　　(1) 从菜单栏中选择【文件】|【新建】命令，弹出【新建文档】对话框，在【类型】列表框中选择 ActionScript 3.0 选项，然后在右侧的设置区域中将【宽】设置为 985 像素，将【高】设置为 680 像素，将【帧频】设置为 5fps，如图 6-93 所示。

　　(2) 单击【确定】按钮，即可新建一个文档，按 Ctrl+R 组合键，弹出【导入】对话框，在该对话框中选择"小熊 .jpg"素材文件，如图 6-94 所示。

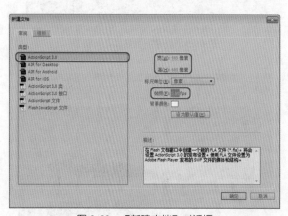

图 6-93　【新建文档】对话框

图 6-94　选择素材文件

　　(3) 单击【打开】按钮，即可将选择的素材文件导入到舞台中。按 Ctrl+K 组合键，在弹出的面板中勾选【与舞台对齐】复选框，单击【匹配大小】选项组中的【匹配宽和高】按钮，效果如图 6-95 所示。

　　(4) 在【时间轴】面板中选中【图层 1】的第 45 帧，右击鼠标，从弹出的快捷菜单中选择【插入关键帧】命令，如图 6-96 所示。

图 6-95　对齐舞台

图 6-96　选择【插入关键帧】命令

　　(5) 在舞台的空白位置上单击鼠标，在【属性】面板中将【舞台】右侧色块的值设置为#FFCC00，按 Ctrl+F8 组合键，弹出【创建新元件】对话框，在该对话框中输入【名称】为【光标】，将【类型】设置为【图形】，如图 6-97 所示。

提示　图形元件可以用来重复应用静态的图片，并且图形元件也可以用到其他类型的元件中，是三种 Flash 元件类型中最基本的类型。

(6) 单击【确定】按钮，在工具箱中选择【矩形工具】，在【属性】面板中将【笔触颜色】设置为【无】，将【填充颜色】设置为白色，在舞台中绘制一个【宽】、【高】分别为 32.6、3.5 的矩形，如图 6-98 所示。

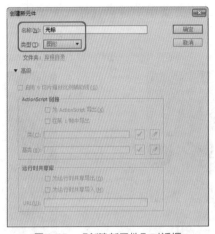

图 6-97　【创建新元件】对话框

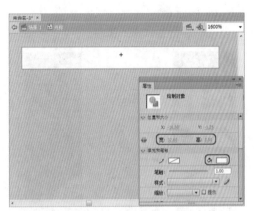

图 6-98　绘制矩形

(7) 返回到【场景 1】中，在【时间轴】面板中单击【新建图层】按钮，新建【图层 2】，如图 6-99 所示。

(8) 将新建的图层命名为【光标 1】，选择第 1 帧，在【库】面板中选择【光标】图形元件，按住鼠标，将其拖拽到舞台中，并调整其位置，效果如图 6-100 所示。

图 6-99　新建图层

图 6-100　添加图形元件

(9) 选中该图层的第 2 帧，右击鼠标，从弹出的快捷菜单中选择【插入空白关键帧】命令，如图 6-101 所示。

知识链接

插入空白关键帧的方法：

从菜单栏中选择【插入】|【时间轴】|【空白关键帧】命令，即可插入空白关键帧。

在时间轴上选择要插入帧的位置，单击鼠标右键，从弹出的快捷菜单中选择【插入空白关键帧】命令。

按F7键插入空白关键帧。

(10) 在该图层中选择第4帧，右击鼠标，从弹出的快捷菜单中选择【插入关键帧】命令，如图6-102所示。

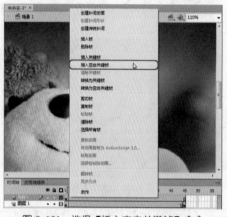

图6-101　选择【插入空白关键帧】命令

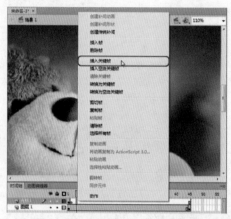

图6-102　选择【插入关键帧】命令

(11) 在【库】面板中选中【光标】图形元件，按住鼠标将其拖拽到舞台中，并调整其位置，如图6-103所示。

(12) 选中该图层的第5帧，右击鼠标，从弹出的快捷菜单中选择【插入空白关键帧】命令，然后选中该图层的第7帧，右击鼠标，从弹出的快捷菜单中选择【插入关键帧】命令，如图6-104所示。

图6-103　添加图形元件

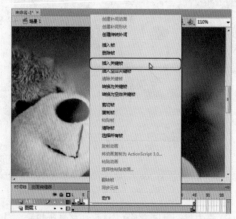

图6-104　插入空白关键帧和插入关键帧

(13) 在【库】面板中将【光标】拖拽到舞台中，调整其位置。在【时间轴】面板中新建一个图层，在工具箱中单击【文本工具】，在舞台中单击鼠标，输入文字，选中输入的文字，在【属性】面板中将字体设置为【方正大标宋简体】，将【大小】设置为 50，将颜色设置为白色，如图 6-105 所示。

(14) 选中该图层中的文字，右击鼠标，从弹出的快捷菜单中选择【分离】命令，如图 6-106 所示。

图 6-105　输入文字并进行设置

图 6-106　选择【分离】命令

(15) 分离完成后，在【时间轴】面板中单击【新建图层】按钮，新建图层 4，选中图层 3 中的第二行文字，按 Ctrl+X 组合键进行剪切，选中图层 4，从菜单栏中选择【编辑】|【粘贴到当前位置】命令，如图 6-107 所示。

(16) 选中图层 3 的第 8 帧，右击鼠标，从弹出的快捷菜单中选择【插入关键帧】命令，如图 6-108 所示。

图 6-107　选择【粘贴到当前位置】命令

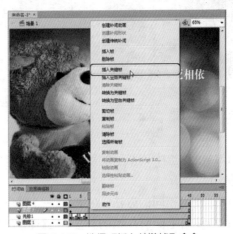

图 6-108　选择【插入关键帧】命令

(17) 插入关键帧后，选中【图层 3】中第 1 帧的所有对象，从菜单栏中选择【编辑】|【清除】命令，如图 6-109 所示。

(18) 在【时间轴】面板中选择第 8 ~ 13 帧，右击鼠标，从弹出的快捷菜单中选择【转换为关键帧】命令，如图 6-110 所示。

图 6-109　选择【清除】命令

图 6-110　选择【转换为关键帧】命令

(19) 执行该操作后，即可将选中的帧转换为关键帧，选中第 8 帧，将该帧上除【你】以外的其他文字删除，如图 6-111 所示。

(20) 选中【光标 1】图层的第 8 帧，按 F6 键插入关键帧，在舞台中调整该对象的位置，效果如图 6-112 所示。

图 6-111　删除对象

图 6-112　插入关键帧

(21) 继续选中该图层的第 9 帧，按 F6 键插入关键帧，在舞台中移动【光标】图形元件的位置，如图 6-113 所示。

(22) 使用相同的方法，在第 10 ～ 13 帧处插入关键帧，并调整对象的位置，如图 6-114 所示。

(23) 使用上面所介绍的方法，将【图层 3】中的对象依次删除，删除后的效果如图 6-115 所示。

(24) 删除完成后，在【时间轴】面板中选择【光标 1】图层中的第 18 帧，右击鼠标，从弹出的快捷菜单中选择【插入关键帧】命令，如图 6-116 所示。

(25) 在【时间轴】面板中选中【光标 1】图层的第 13 帧，按 Delete 键将该帧上的对象删除，如图 6-117 所示。

(26) 使用相同的方法为第二行文字添加动画效果，效果如图 6-118 所示。

图 6-113　插入关键帧并移动对象的位置

图 6-114　插入关键帧并调整对象的位置

图 6-115　删除对象后的效果

图 6-116　选择【插入关键帧】命令

图 6-117　删除第 13 帧上的对象

图 6-118　制作其他动画效果

（27）在【时间轴】面板中单击【新建图层】按钮，新建图层 5，选中第 45 帧，按 F6 键插入关键帧，如图 6-119 所示。

（28）选中第 45 帧，按 F9 键，在弹出的对话框中输入"stop();"，如图 6-120 所示。

（29）输入完成后，对完成后的场景进行输出并保存即可。

图 6-119　新建图层并插入关键帧

图 6-120　输入代码

案例精讲 065　制作花纹旋转文字

　案例文件：CDROM | 场景 | Cha05 | 制作花纹旋转文字 .fla

　视频文件：视频教学 | Cha05 | 制作花纹旋转文字 .avi

制作概述

本例将介绍花纹旋转文字的制作方法，该案例主要通过对创建的文字和图形添加传统补间，使其达到渐隐渐现的效果。完成后的效果如图 6-121 所示。

图 6-121　花纹旋转文字

学习目标

- 创建文字并绘制图形。
- 创建传统补间。
- 通过添加样式并调整其参数添加关键帧。

操作步骤

(1) 从菜单栏中选择【文件】|【新建】命令，弹出【新建文档】对话框，在【类型】列表框中选择 ActionScript 3.0 选项，然后在右侧的设置区域中将【宽】设置为 544 像素，将【高】

设置为 408 像素，将【背景颜色】设置为 #CCCCCC，如图 6-122 所示。

(2) 单击【确定】按钮，即可新建一个文档，按 Ctrl+R 组合键，弹出【导入】对话框，在该对话框中选择 308.jpg 素材文件，单击【打开】按钮，按 Ctrl+K 组合键，在弹出的面板中勾选【与舞台对齐】复选框，单击【水平中齐】按钮和【垂直中齐】按钮，然后单击【匹配大小】选项组中的【匹配宽和高】按钮，如图 6-123 所示。

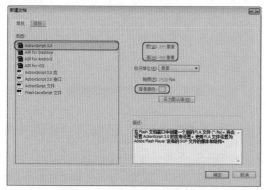

图 6-122　【新建文档】对话框

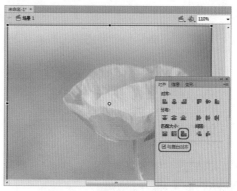

图 6-123　添加素材文件并对齐

(3) 按 Ctrl+F8 组合键，在弹出的对话框中将【名称】设置为【花朵】，将【类型】设置为【图形】，如图 6-124 所示。

(4) 设置完成后，单击【确定】按钮，在工具箱中单击【椭圆工具】，在舞台中绘制一个椭圆，选中绘制的椭圆，在【属性】面板中将【宽】、【高】分别设置为 12.85、15.05，将【笔触颜色】设置为无，将【填充颜色】设置为 #66CC00，将 Alpha 值设置为 60，如图 6-125 所示。

图 6-124　创建元件

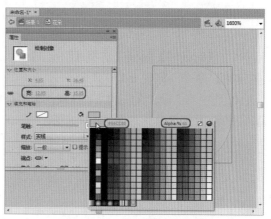

图 6-125　绘制图形并进行设置

(5) 继续选中该图形，按 Ctrl+T 组合键，在弹出的【变形】面板中单击【倾斜】单选按钮，将【水平倾斜】、【垂直倾斜】分别设置为 −147.6、−147.5，如图 6-126 所示。

(6) 设置完成后，对绘制的圆形进行复制，并调整其倾斜参数，效果如图 6-127 所示。

(7) 按 Ctrl+F8 组合键，在弹出的对话框中将【名称】设置为【变换颜色的花朵】，将【类型】设置为【影片剪辑】，如图 6-128 所示。

(8) 设置完成后，单击【确定】按钮，按 Ctrl+L 组合键，在【库】面板中选择【花朵】图形元件，按住鼠标将其拖拽到舞台中，并在舞台中调整其位置，如图 6-129 所示。

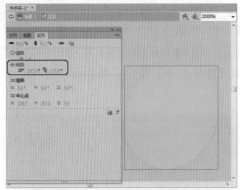

图 6-126　设置对象的倾斜

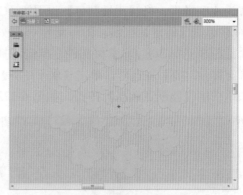

图 6-127　复制对象后的效果

图 6-128　新建影片剪辑元件

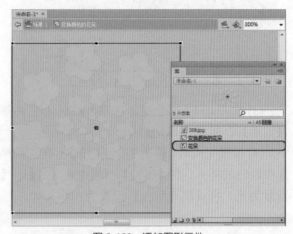

图 6-129　添加图形元件

　　(9) 在【时间轴】面板中选择【图层 1】的第 5 帧，右击鼠标，从弹出的快捷菜单中选择【插入关键帧】命令，如图 6-130 所示。

　　(10) 选中第 5 帧上的元件，在【属性】面板中将【色彩效果】选项组中的【样式】设置为【高级】，并设置其参数，如图 6-131 所示。

图 6-130　选择【插入关键帧】命令

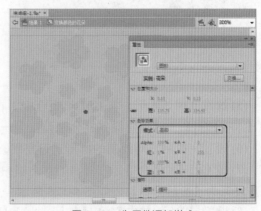

图 6-131　为元件添加样式

(11) 在【时间轴】面板中选择【图层1】的第2帧，右击鼠标，从弹出的快捷菜单中选择【创建传统补间】命令，如图6-132所示。

(12) 在【时间轴】面板中选择【图层1】的第10帧，右击鼠标，从弹出的快捷菜单中选择【插入关键帧】命令，如图6-133所示。

图6-132　选择【创建传统补间】命令

图6-133　选择【插入关键帧】命令

(13) 选中第10帧上的元件，在【属性】面板中的【色彩效果】选项组中设置高级样式的参数，如图6-134所示。

(14) 在【时间轴】面板中选择【图层1】的第7帧，右击鼠标，从弹出的快捷菜单中选择【创建传统补间】命令，如图6-135所示。

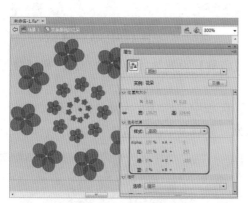

图6-134　设置样式参数

图6-135　选择【创建传统补间】命令

(15) 选中该图层的第15帧，按F6键插入关键帧，选中该帧上的元件，在【属性】面板中的【色彩效果】选项组中设置高级样式的参数，如图6-136所示。

(16) 在【时间轴】面板中选择【图层1】的第12帧，右击鼠标，从弹出的快捷菜单中选择【创建传统补间】命令，如图6-137所示。

(17) 选中该图层的第20帧，按F6键插入关键帧，选中该帧上的元件，在【属性】面板中将【色彩效果】选项组中的【样式】设置为【无】，如图6-138所示。

(18) 在【时间轴】面板中选择该图层的第17帧，右击鼠标，从弹出的快捷菜单中选择【创建传统补间】命令，如图6-139所示。

图 6-136　设置高级样式参数

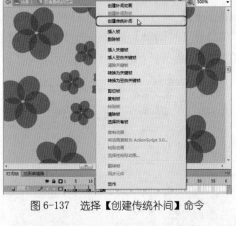

图 6-137　选择【创建传统补间】命令

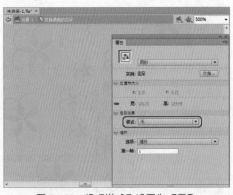

图 6-138　将【样式】设置为【无】

图 6-139　选择【创建传统补间】命令

　　(19) 按 Ctrl+F8 组合键，在弹出的对话框中将【名称】设置为【旋转的花】，将【类型】设置为【影片剪辑】，如图 6-140 所示。

　　(20) 设置完成后，单击【确定】按钮，在【库】面板中选择【变换颜色的花朵】影片剪辑元件，按住鼠标，将其拖拽到舞台中，并调整其位置，如图 6-141 所示。

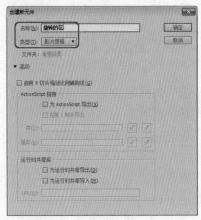

图 6-140　新建影片剪辑元件

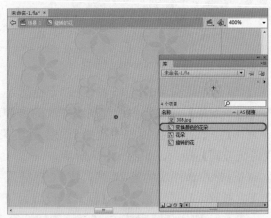

图 6-141　添加影片剪辑元件

(21) 在【时间轴】面板中选择【图层 1】的第 10 帧，按 F6 键插入关键帧，选中该帧上的元件，按 Ctrl+T 组合键，在弹出的【变形】面板中将【旋转】设置为 180，如图 6-142 所示。

(22) 在【时间轴】面板中选择该图层的第 5 帧，右击鼠标，从弹出的快捷菜单中选择【创建传统补间】命令，如图 6-143 所示。

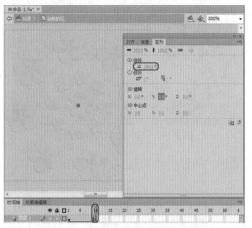

图 6-142 插入关键帧并设置旋转参数

图 6-143 选择【创建传统补间】命令

(23) 在【时间轴】面板中选择【图层 1】的第 20 帧，按 F6 键插入关键帧，选中该帧上的元件，在【变形】面板中将【旋转】设置为 −1，如图 6-144 所示。

(24) 在【时间轴】面板中选择该图层的第 15 帧，右击鼠标，从弹出的快捷菜单中选择【创建传统补间】命令，如图 6-145 所示。

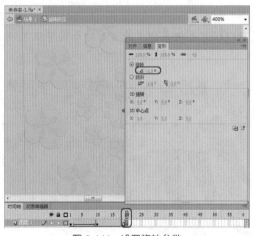

图 6-144 设置旋转参数

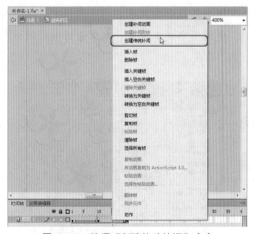

图 6-145 选择【创建传统补间】命令

(25) 创建完成后，按 Ctrl+F8 组合键，在弹出的对话框中将【名称】设置为【勿】，将【类型】设置为【图形】，如图 6-146 所示。

(26) 设置完成后，单击【确定】按钮，在工具箱中单击【文本工具】，在舞台中单击鼠标并输入文字，选中输入的文字，在【属性】面板中将 X、Y 分别设置为 −35、−29.8，将字体设置为【方正大标宋简体】，将【大小】设置为 50，将【颜色】设置为 #FA4676，如图 6-147 所示。

图 6-146　创建新元件

图 6-147　输入文字并进行设置

(27) 在【时间轴】面板中选择【图层1】，右击鼠标，从弹出的快捷菜单中选择【复制图层】命令，如图 6-148 所示。

(28) 将复制后的图层锁定，选中图层 1 中的对象，按 Ctrl+B 组合键，对其进行分离，在舞台的空白位置处单击鼠标，在工具箱中单击【墨水瓶工具】，在【属性】面板中将【笔触颜色】设置为#FFFFFF，将【笔触】设置为 3，在文字上单击鼠标，为文字添加描边，如图 6-149 所示。

> 知识链接
>
> 　　若要更改线条或者形状轮廓的笔触颜色、宽度和样式，可使用【墨水瓶工具】。对直线或形状轮廓只能应用纯色，而不能应用渐变或位图。
>
> 　　使用墨水瓶工具时，无须选择个别的线条，就可以很容易地一次更改多个对象的笔触属性。

图 6-148　选择【复制图层】命令

图 6-149　为文字添加描边

(29) 按 Ctrl+F8 组合键，在弹出的对话框中将【名称】设置为【忘】，将【类型】设置为【图形】，如图 6-150 所示。

(30) 设置完成后，单击【确定】按钮，在工具箱中单击【文本工具】，在舞台中单击鼠标并输入文字，选中输入的文字，在【属性】面板中将 X、Y 分别设置为 −27.2、−27.5，将字体设置为【方正大标宋简体】，将【大小】设置为 50，将【颜色】设置为 #FA4676，如图 6-151 所示。

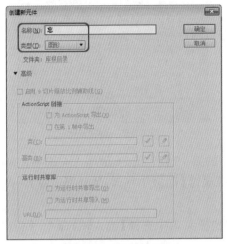

图 6-150　创建新元件

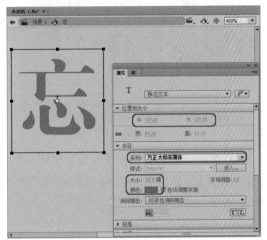

图 6-151　输入文字并进行设置

(31) 在【时间轴】面板中选择【图层 1】，右击鼠标，从弹出的快捷菜单中选择【复制图层】命令，如图 6-152 所示。

(32) 将复制后的图层锁定，选中图层 1 中的对象，按 Ctrl+B 组合键将其分离，在舞台的空白位置处单击鼠标，在工具箱中单击【墨水瓶工具】，在【属性】面板中将【笔触颜色】设置为 #FFFFFF，将【笔触】设置为 3，在文字上单击鼠标，为文字添加描边，如图 6-153 所示。

图 6-152　选择【复制图层】命令

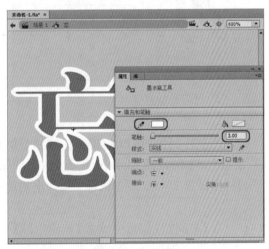

图 6-153　添加描边

(33) 使用同样的方法创建【初】和【心】，并对其进行相应的设置，如图 6-154 所示。

(34) 按 Ctrl+F8 组合键，在弹出的对话框中将【名称】设置为【文字动画】，将【类型】设置为【影片剪辑】元件，如图 6-155 所示。

图 6-154　创建其他文字

图 6-155　创建元件

(35) 设置完成后，单击【确定】按钮，选中图层 1 的第 19 帧，按 F6 键插入关键帧，在【库】面板中选择【勿】字，按住鼠标将其拖拽到舞台中，在【属性】面板中将 X、Y 分别设置为 −92.65、2.35，如图 6-156 所示。

(36) 选中图层 1 的第 125 帧，右击鼠标，从弹出的快捷菜单中选择【插入帧】命令，如图 6-157 所示。

图 6-156　调整元件的位置

图 6-157　选择【插入帧】命令

(37) 选中第 25 帧，按 F6 键插入关键帧，然后再选中第 19 帧上的元件，在【属性】面板中将【样式】设置为 Alpha，将 Alpha 值设置为 0，如图 6-158 所示。

(38) 选择第 21 帧，右击鼠标，从弹出的快捷菜单中选择【创建传统补间】命令，如图 6-159 所示。

(39) 在【时间轴】面板中单击【新建图层】按钮，新建图层 2，在【库】面板中选择【旋转的花】影片剪辑元件，按住鼠标将其拖拽到舞台中，在【属性】面板中将【X】、【Y】分别设置为 −92.95、1，在【变形】面板中将【缩放宽度】和【缩放高度】都设置为 50，如图 6-160 所示。

(40) 在【时间轴】面板中选择【图层 2】的第 20 帧，按 F6 键插入关键帧，然后在第 25 帧处插入关键帧，选中第 25 帧上的元件，在【属性】面板中将【样式】设置为 Alpha，将 Alpha 值设置为 0，如图 6-161 所示。

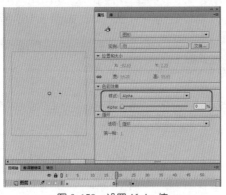

图 6-158　设置 Alpha 值

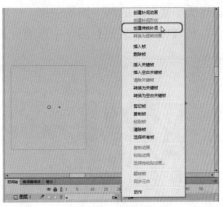

图 6-159　选择【创建传统补间】命令

图 6-160　添加影片剪辑元件并进行设置

图 6-161　设置 Alpha 值

(41) 在【时间轴】面板中选择【图层 2】的第 22 帧，右击鼠标，从弹出的快捷菜单中选择【创建传统补间】命令，如图 6-162 所示。

(42) 在【时间轴】面板中选择图层 1 和图层 2，右击鼠标，从弹出的快捷菜单中选择【复制图层】命令，如图 6-163 所示。

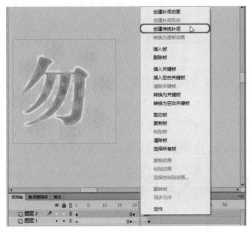

图 6-162　选择【创建传统补间】命令

图 6-163　选择【复制图层】命令

(43)选中复制后的两个图层的第1~26帧,按住鼠标将其移动至第30帧处,如图6-164所示。

(44) 将【图层2复制】图层中所有元件的 X、Y 分别设置为 −31.95、1,如图6-165所示。

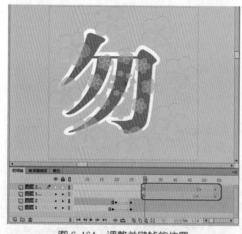

图 6-164　调整关键帧的位置

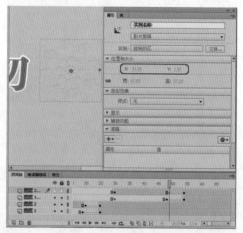

图 6-165　调整元件的位置

(45)选中【图层1复制】图层中第48帧上的元件,右击鼠标,从弹出的快捷菜单中选择【交换元件】命令,如图6-166所示。

(46) 执行该操作后,即可打开【交换元件】对话框,在该对话框中选择【忘】图形元件,如图6-167所示。

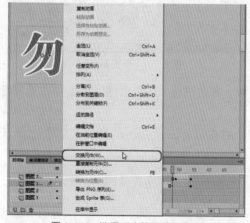

图 6-166　选择【交换元件】命令

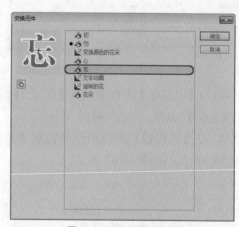

图 6-167　选择图形元件

(47)单击【确定】按钮,继续选中该元件,在【属性】面板中将 X、Y 分别设置为 −31.95、1,如图6-168所示。

(48) 使用相同的方法,将第54帧上的元件进行交换,并调整其位置,如图6-169所示。

(49) 使用同样的方法复制其他图层并对复制的图层进行调整,效果如图6-170所示。

(50) 返回至场景1中,在【时间轴】面板中单击【新建图层】按钮,新建图层2,在【库】面板中选择【文字动画】影片剪辑元件,按住鼠标将其拖拽到舞台中,并调整其位置,效果如图6-171所示,对完成后的场景进行输出并保存。

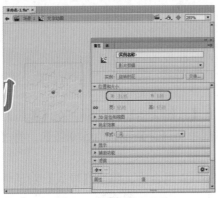

图 6-168　设置元件的位置

图 6-169　交换元件并调整其位置

图 6-170　复制图层并进行调整

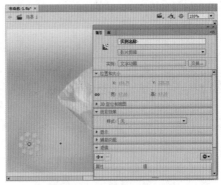

图 6-171　添加影片剪辑元件

案例精讲 066　制作碰撞文字

案例文件：CDROM | 场景 | Cha05 | 制作碰撞文字 .fla

视频文件：视频教学 | Cha05 | 制作碰撞 .avi

制作概述

本案例将介绍如何制作碰撞文字，该案例主要通过将输入的文字转换为元件，然后通过调整其参数，为其创建传统补间，从而完成效果的制作。完成后的效果如图 6-172 所示。

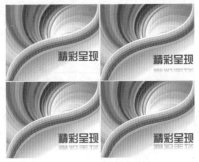

图 6-172　碰撞文字效果

学习目标

■ 输入文字。

■ 创建元件及传统补间。

操作步骤

(1) 从菜单栏中选择【文件】|【新建】命令，弹出【新建文档】对话框，在【类型】列表框中选择 ActionScript 3.0 选项，然后在右侧的设置区域中将【宽】设置为 520 像素，将【高】设置为 408 像素，将【帧频】设置为 23，如图 6-173 所示。

(2) 单击【确定】按钮，即可新建一个文档，按 Ctrl+R 组合键，弹出【导入】对话框，在该对话框中选择 025.jpg 素材文件，单击【打开】按钮，按 Ctrl+K 组合键，在弹出的面板中勾选【与舞台对齐】复选框，单击【匹配大小】选项组中的【匹配宽和高】按钮，单击【水平中齐】按钮和【垂直中齐】按钮，如图 6-174 所示。

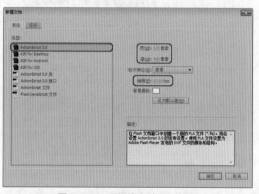

图 6-173 【新建文档】对话框

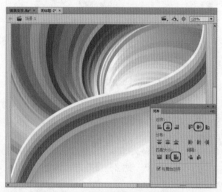

图 6-174 添加素材文件并对齐

(3) 按 Ctrl+F8 组合键，在弹出的对话框中将【名称】设置为【碰撞动画】，将【类型】设置为【影片剪辑】，如图 6-175 所示。

(4) 设置完成后，单击【确定】按钮，在工具箱中单击【文本工具】，在舞台中单击鼠标，输入文字，选中输入的文字，在【属性】面板中将字体设置为【汉仪综艺体简】，将【大小】设置为 84，将【颜色】设置为 #CC3333，如图 6-176 所示。

图 6-175 创建新元件

图 6-176 创建文字

(5) 选中该文字，按 F8 键，在弹出的对话框中将【名称】设置为【文字 1】，将【类型】设置为【图形】，并调整其对齐方式，如图 6-177 所示。

(6) 设置完成后，单击【确定】按钮，选中创建的元件，在【属性】面板中将 X、Y 分别设置为 0、−72，如图 6-178 所示。

图 6-177　转换为元件

图 6-178　调整元件的位置

(7) 选中该图层的第 27 帧，按 F6 键插入关键帧，选中该帧上的元件，在【属性】面板中将 Y 设置为 −25，如图 6-179 所示。

(8) 选中该图层的第 15 帧，右击鼠标，从弹出的快捷菜单中选择【创建传统补间】命令，如图 6-180 所示。

图 6-179　插入关键帧并设置元件的位置

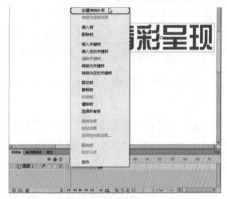

图 6-180　选择【创建传统补间】命令

(9) 选中该图层的第 57 帧，按 F6 键插入关键帧，选中该帧上的元件，在【属性】面板中将 Y 设置为 −72，如图 6-181 所示。

(10) 选择该图层的第 43 帧，右击鼠标，从弹出的快捷菜单中选择【创建传统补间】命令，如图 6-182 所示。

(11) 在【时间轴】面板中单击【新建图层】按钮，新建图层 2，在【库】面板中选择【文字 1】图形文件，按住鼠标，将其拖拽到舞台中，选中该元件，在【变形】面板中单击【倾斜】单选按钮，将【水平倾斜】设置为 180，将【垂直倾斜】设置为 0，在【属性】面板中将 X、Y 分别设置为 0、187，如图 6-183 所示。

(12) 选中第 27 帧，按 F6 键插入关键帧，选中该帧上的元件，在【属性】面板中将 Y 设置为 148，如图 6-184 所示。

图 6-181　插入关键帧并调整元件的位置

图 6-182　选择【创建传统补间】命令

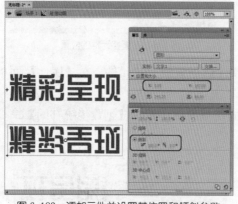

图 6-183　添加元件并设置其位置和倾斜参数

图 6-184　调整 Y 的位置

(13) 选中该图层的第 22 帧，右击鼠标，从弹出的快捷菜单中选择【创建传统补间】命令，如图 3-185 所示。

(14) 选中该图层的第 57 帧，按 F6 键插入关键帧，选中该帧上的元件，在【属性】面板中将【Y】设置为 187，如图 3-186 所示。

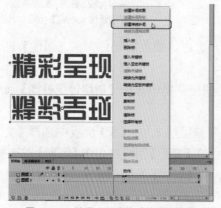

图 3-185　选择【创建传统补间】命令

图 3-186　插入关键帧并设置元件的位置

(15) 选中该图层的第 40 帧，右击鼠标，从弹出的快捷菜单中选择【创建传统补间】命令，返回至场景 1 中，在【时间轴】面板中单击【新建图层】按钮，新建图层，在【库】面板中选择【碰撞动画】影片剪辑元件，按住鼠标，将其拖拽到舞台中，并调整其位置和大小，效果如图 3-187 所示。

(16) 再新建一个图层，使用【钢笔工具】在舞台中绘制一个图形，选中绘制的图形，在【颜色】面板中将填充的填充类型设置为【线性渐变】，将左侧色标的颜色设置为 #FFFFFF，将右侧色标的颜色设置为 #FFFFFF，将 Alpha 值设置为 50，将【笔触填充】设置为无，并使用【渐变变形工具】进行调整，效果如图 3-188 所示。对完成后的场景进行输出并保存即可。

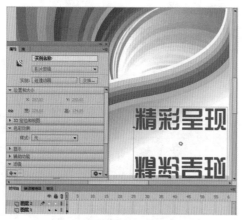

图 3-187 新建图层并添加元件

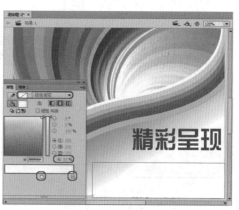

图 3-188 绘制图形并填充颜色

案例精讲 067 制作放大文字动画

案例文件：CDROM | 场景 | Cha06 | 制作放大文字动画 .fla

视频文件：视频教学 | Cha06 | 制作放大文字动画 .avi

制作概述

本例主要制作文字放大的效果，通过本实例的学习，可以对为文本创建传统补间动画的方法有更深一步的了解，本实例的效果如图 6-189 所示。

图 6-189 制作放大文字动画

学习目标

- ■ 学习如何制作放大文字动画。
- ■ 掌握制作放大文字动画的方法。

操作步骤

(1) 启动软件后，在欢迎界面中，单击【新建】选项组中的【ActionScript 3.0】按钮，如图 6-190 所示，即可新建场景。

(2) 进入工作界面后，在工具箱中单击【属性】按钮 📇，在打开的面板中将【属性】选项组中的【大小】设置为 600×400(像素)，如图 6-191 所示。

图 6-190　选择新建类型

图 6-191　设置场景大小

(3) 从菜单栏中选择【文件】|【导入】|【导入到库】命令，在弹出的对话框中选择随书附带光盘中的 CDROM| 素材 |Cha06| 红心 .jpg 文件，单击【打开】按钮，如图 6-192 所示。

(4) 打开【库】面板，将素材拖拽到舞台中，然后在【对齐】面板中单击【水平居中】按钮 📇、【垂直居中】按钮 📇 和【匹配宽和高】按钮 📇，如图 6-193 所示。

图 6-192　【导入到库】对话框

图 6-193　设置对齐

(5) 在舞台中确认选中素材，按 F8 键，打开【转换为元件】对话框，输入【名称】为【红心】，将【类型】设置为【图形】，单击【确定】按钮，如图 6-194 所示。

(6) 选择【图层 1】的第 135 帧，按 F5 键插入帧，并选中该图层的第 40 帧，按 F6 键插入关键帧，如图 6-195 所示。

图 6-194　创建元件

图 6-195　插入帧和关键帧

(7) 选择【图层 1】的第 1 帧并在舞台中选中元件，打开【属性】面板，将【色彩效果】选项组中的【样式】设置为 Alpha，将 Alpha 值设置为 30，如图 6-196 所示。

(8) 然后选择该图层的第 40 帧，并选中元件，在【属性】面板中将【样式】设置为无，如图 6-197 所示。

图 6-196　设置第 1 帧处的元件属性

图 6-197　设置第 40 帧处的元件属性

(9) 在【图层 1】的第 1 ～ 40 帧之间的任意帧位置，右键单击，选择【创建传统补间】命令，如图 6-198 所示。

(10) 新建【图层 2】，按 Ctrl+F8 组合键打开【创建新元件】对话框，在【名称】中输入 L，将【类型】设置为【图形】，单击【确定】按钮，如图 6-199 所示。

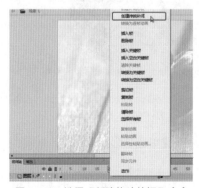

图 6-198　选择【创建传统补间】命令

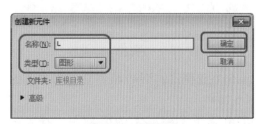

图 6-199　新建元件

(11) 在工具箱中选择【文本工具】 T ，在舞台区中输入文本 L，选中输入的文字，在【属

【性】面板中将字体【系列】设置为 Adobe Caslon Pro，【样式】设置为 Bold，【大小】设置为100，【颜色】设置为白色，如图 6-200 所示。

(12) 使用同样的方法新建名称为 I、F、E 的元件，并在相应的元件中，输入与名称相符的文本，设置属性，在【库】面板中查看新建的元件效果，如图 6-201 所示。

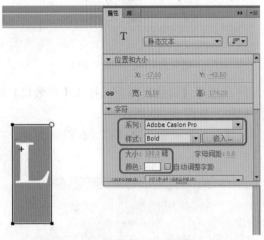

图 6-200　设置文本属性　　　　　　　　图 6-201　新建的其他元件效果

(13) 将各个元件创建完成后，在左上角单击◀按钮，返回到场景中，选中【图层 2】的第 40 帧，按 F6 键插入关键帧，并在【库】面板中将 L 元件拖至舞台中，调整元件的位置，如图 6-202 所示。

(14) 选中【图层 2】的第 49 帧，按 F6 键插入关键帧，按 Ctrl+T 组合键打开【变形】面板，将元件的【缩放宽度】和【缩放高度】设置为 200%，如图 6-203 所示。

图 6-202　在舞台中拖入元件　　　　　　图 6-203　设置元件的缩放

(15) 在该图层的第 40 帧到第 49 帧之间的任意帧位置右键单击，选择【创建传统补间】命令，如图 6-204 所示。

(16) 选择【图层 2】的第 54 帧，插入关键帧，并按 Ctrl+T 组合键，打开【变形】面板，将元件的【缩放宽度】和【缩放高度】设置为 100%，并在第 49 ～ 54 帧处创建传统补间动画，如图 6-205 所示。

图 6-204　创建传统补间动画

图 6-205　插入关键帧缩放元件并创建传统补间

(17) 新建图层 3，选择第 40 帧，插入关键帧，在【库】面板中将 I 元件拖拽到舞台中，并放置在合适的位置，如图 6-206 所示。

(18) 然后在该图层的第 47 帧和第 57 帧处插入关键帧，选中第 57 帧，关键帧并在【变形】面板中将元件的【缩放宽度】和【缩放高度】设置为 200%，如图 6-207 所示。

图 6-206　插入关键帧并拖入元件

图 6-207　插入关键帧并为元件设置缩放

(19) 在该图层的第 47 ～ 57 帧之间创建传统补间，并在第 63 帧处插入关键帧，然后在【变形】面板中将元件缩小到 100%，在第 57 ～ 63 帧处创建传统补间动画，如图 6-208 所示。

(20) 新建【图层 4】，选择第 40 帧插入关键帧，在【库】面板中将 F 元件拖至舞台中调整，并在第 55 帧、第 65 帧和第 70 帧处插入关键帧，将关键帧插入完成后，选择第 65 帧，在【变形】面板中将元件的【缩放宽度】和【缩放高度】设置为 200%，如图 6-209 所示。

(21) 在图层 4 中，在第 55 ～ 65 帧之间与第 65 ～ 70 帧之间分别创建传统补间动画，如图 6-210 所示。

(22) 新建图层，以与上面同样的操作方法，插入关键帧，在【库】面板中将 E 元件拖入舞台中，并为该元件在该图层的 63、73、78 帧处插入关键帧，添加传统补间，设置动画效果，如图 6-211 所示。

(23) 调整完成后，按 Ctrl+Enter 组合键测试动画效果，如图 6-212 所示。

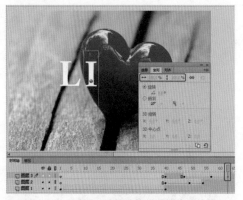

图 6-208 设置元件的缩放并创建传统补间

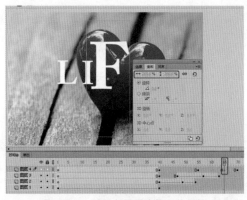

图 6-209 设置新图层中拖入的元件

图 6-210 创建补间动画

图 6-211 为 E 元件设置动画

图 6-212 测试动画

　　(24) 从菜单栏中选择【文件】|【导出】|【导出影片】命令，在弹出的对话框中选择存储路径，设置文件名称，其格式为【SWF 影片 (*.swf)】，单击【保存】按钮，即可将其导出影片，如图 6-213 所示。

　　(25) 从菜单箱中选择【文件】|【另存为】命令，在弹出的对话框中为其指定一个正确的存储路径，将其命名为【放大文本】，其格式为【Flash CS6 文档 (*.fla)】，单击【保存】按钮，即可保存文档，如图 6-214 所示。

图 6-213 导出影片

图 6-214 保存文件

案例精讲 068 制作变形文字动画

案例文件：CDROM | 场景 | Cha06 | 制作变形文字动画 .fla

视频文件：视频教学 | Cha06 | 制作变形文字动画 .avi

制作概述

本例主要制作文字变形的效果，通过本实例的学习，可以对文本进行分离，为文字创建传统补间，本实例的效果如图 6-215 所示。

图 6-215 制作变形文字动画

学习目标

■ 学习如何制作变形文字动画。

■ 掌握制作变形文字动画的方法。

操作步骤

(1) 启动软件后，在欢迎界面中，单击【新建】选项组中的【ActionScript 3.0】按钮，如图 6-216 所示，即可新建场景。

(2) 进入工作界面后，在工具箱中单击【属性】按钮 ，在打开的面板中将【属性】选项组中的【大小】设置为 517×583(像素)，如图 6-217 所示。

图 6-216　选择新建类型

图 6-217　设置场景大小

(3) 从 菜单栏中选择【文件】|【导入】|【导入到库】命令，在弹出的对话框中选择随书附带光盘中的 CDROM| 素材 |Cha06| 人物背景 .jpg 文件，单击【打开】按钮，如图 6-218 所示。

(4) 打开【库】面板，将素材拖拽到舞台中，然后在【对齐】面板中单击【水平居中】按钮、【垂直居中】按钮和【匹配宽和高】按钮，如图 6-219 所示。

图 6-218　【导入】对话框

图 6-219　拖入素材并对齐

(5) 选择【图层 1】的第 90 帧，按 F5 键插入帧，新建【图层 2】，在工具箱中选择【钢笔工具】。在舞台中绘制图形，将颜色设置为 #D9FF00，并调整位置，如图 6-220 所示。

(6) 选择该图层的第 10 帧，按 F6 键插入关键帧，然后在第 34 帧的位置按 F7 键插入空白关键帧，使用【文本工具】在舞台中输入文字，调整位置，如图 6-221 所示。

图 6-220　绘制图形

图 6-221　插入关键帧和空白关键帧并输入文字

(7) 选中输入的文字，打开【属性】面板，在【字符】选项组中将【系列】设置为【汉仪行楷简】，将【大小】设置为 80，将【颜色】设置为白色，如图 6-222 所示。

(8) 设置完成后，按 Ctrl+B 组合键分离对象，在该图层的第 10 帧至第 34 帧的任意帧位置右键单击，选择【创建补间形状】命令，如图 6-223 所示。

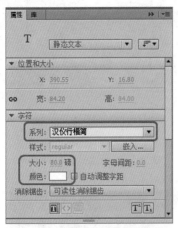

图 6-222　设置文本属性

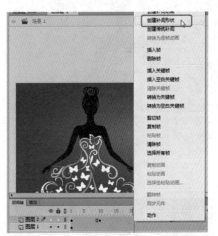

图 6-223　分离文字后创建形状补间

(9) 新建【图层 3】，继续使用【钢笔工具】绘制图形，并将填充颜色设置为 #FE8500，如图 6-224 所示。

(10) 绘制完成后，在该图层的第 34 帧处插入关键帧，在第 54 帧的位置插入空白关键帧，确认选中第 54 帧，使用【文本工具】在舞台中输入文字，并使用相同的方法设置文字的属性，如图 6-225 所示。

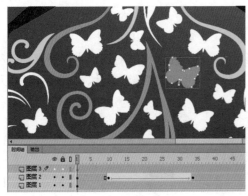

图 6-224　绘制图形

图 6-225　插入关键帧和空白关键帧并输入文字

(11) 确认选中文字，按 Ctrl+B 组合键分离对象，在图层 3 的第 34 帧至第 54 帧之间的任意帧位置创建形状补间，效果如图 6-226 所示。

(12) 新建【图层 4】，使用钢笔工具绘制图形，将填充颜色设置为 #00A4FE，效果如图 6-227 所示。

(13) 在该图层的第 54 帧处插入关键帧，在第 67 帧的位置插入空白关键帧，使用同样方法在舞台中输入文字，并设置属性创建形状补间，效果如图 6-228 所示。

(14) 再次新建图层，并使用同样方法绘制图形，将填充颜色设置为 #FFFF00，在第 67 帧的位置插入关键帧，在第 84 帧的位置插入空白关键帧，使用同样方法输入文字并设置，将对象分离后创建形状补间，效果如图 6-229 所示。

图 6-226　分离文字并创建形状补间

图 6-227　新建图层并绘制图形

图 6-228　插入关键帧和空白关键帧输入文字

图 6-229　使用同样方法制作其他动画

(15) 制作完成后，按 Ctrl+Enter 组合键测试动画效果，如图 6-230 所示。

(16) 从菜单栏中选择【文件】|【导出】|【导出影片】命令，在弹出的对话框中选择存储路径，设置文件名称，格式为【SWF 影片 (*.swf)】，单击【保存】按钮，即可导出影片，如图 6-231 所示。

图 6-230　测试动画效果

图 6-231　导出影片

(17) 从菜单栏中选择【文件】|【另存为】命令，在弹出的对话框中为其指定一个正确的存

储路径，将其命名为【制作变形文字动动画】，其格式为【Flash CS6 文档 (*fla)】，单击【保存】按钮，即可保存文档，如图 6-232 所示。

图 6-232　保存文件

案例精讲 069　制作闪光文字动画

📝 案例文件：CDROM | 场景 | Cha06 | 制作闪光文字动画 .fla

🎬 视频文件：视频教学 | Cha06 | 制作闪光文字动画 .avi

制作概述

本例主要制作文字闪光的效果，该案例主要通过为文字元件添加样式，并创建关键帧来体现闪光效果，本实例的效果如图 6-233 所示。

图 6-233　制作放大文字动画

学习目标

■　学习如何制作文字变色动画。

■　掌握制作文字变色的原理。

操作步骤

(1) 新建空白文档，将舞台大小设置为 979×617，按 Ctrl+R 组合键，将"城市夜景 1.jpg"素材文件导入舞台中，如图 6-234 所示。

(2) 按 Ctrl+F8 组合键打开【创建新元件】对话框，将【名称】设置为【矩形】，将【类型】设置为【图形】，单击【确定】按钮，如图 6-235 所示。

图 6-234　导入素材

图 6-235　创建新元件

(3) 使用【矩形工具】绘制矩形，选中绘制的矩形，在【属性】面板中将【笔触颜色】设置为无，将【填充颜色】设置为白色，如图 6-236 所示。

　技巧　为了方便观察效果，可以将背景颜色设置为黑色。

(4) 再次打开【创建新元件】对话框，输入【名称】为【变色动画】，将【类型】设置为【影片剪辑】，单击【确定】按钮，然后在【库】面板中将【矩形】元件拖入舞台中，选择时间轴的第 15 帧，按 F6 键插入关键帧，选择【矩形】元件，在【属性】面板中将【样式】设置为【色调】，将着色设置为红色，如图 6-237 所示。

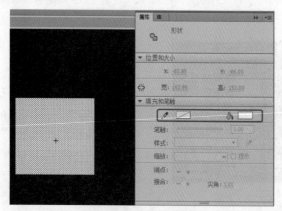

图 6-236　设置矩形的属性

图 6-237　向新建的元件中插入元件并设置

(5) 选择第 1 帧至第 15 帧的任意一帧，从菜单栏中选择【插入】|【传统补间】命令，创建传统补间动画，选择第 30 帧，插入关键帧，选择【矩形】元件，将【样式】设置为色调，将着色设置为黄色，如图 6-238 所示。

(6) 在第 15 帧至第 30 帧处任选一帧，右击鼠标，从弹出的快捷菜单中选择【创建传统补间】命令，创建传统补间动画，选择第 45 帧，插入关键帧，选择【矩形】元件，将【样式】设置为【色调】，将着色设置为绿色，如图 6-239 所示。

图 6-238 设置 30 帧的颜色

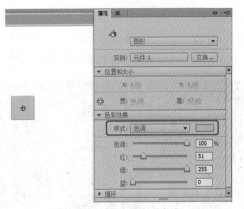

图 6-239 设置 45 帧的颜色

(7) 在第 30 帧与第 45 帧之间创建传统补间动画，使用同样方法，选择第 60、75、90 帧，插入关键帧，选择【矩形】，分别将着色设置为洋红、青、白，并使用同样方法创建传统补间，如图 6-240 所示。

(8) 再次创建新元件，将【名称】设置为遮罩，将【类型】设置为影片剪辑，打开【库】面板，将【变色动画】元件拖拽到舞台中，并调整其位置和大小，如图 6-241 所示。

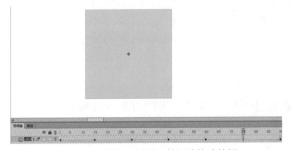

图 6-240 设置【矩形】并创建传统补间

图 6-241 向新建的元件中拖入元件

(9) 新建图层，使用【文本工具】输入文字，选中输入的文字，在【属性】面板中将【系列】设置为【汉仪行楷简】，【大小】设置为 68，颜色可以随意设置，如图 6-242 所示。

(10) 选择【图层 2】，单击鼠标右键，从弹出的快捷菜单中选择【遮罩层】命令，添加遮罩层，如图 6-243 所示。

图 6-242 设置文字属性

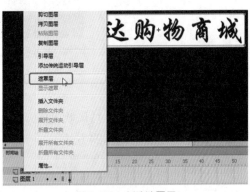

图 6-243 创建遮罩层

(11) 在左上角单击 ◀ 按钮，返回到场景中，新建图层，打开【库】面板，将【遮罩】元件拖拽到舞台中，使用【任意变形工具】调整其位置、形状和大小，如图 6-244 所示。

(12) 按 Ctrl+Enter 组合键测试影片，效果如图 6-245 所示。

图 6-244　调整元件的位置、形状和大小

图 6-245　测试效果

案例精讲 070　制作风吹文字动画

> 📝 案例文件：CDROM | 场景 | Cha06 | 制作风吹文字动画 .fla
>
> 🎬 视频文件：视频教学 | Cha06 | 制作风吹文字动画 .avi

制作概述

本例主要制作风吹文字的效果，该案例主要通过对创建的文本进行打散，并转换为元件，然后为其添加关键帧来实现风吹效果，本实例的效果如图 6-246 所示。

图 6-246　制作风吹文字动画

学习目标

- 学习如何制作文字被风吹动的动画。
- 掌握制作文字动画的方法。

操作步骤

(1) 新建空白文档，将舞台大小设置为 550×400，按 Ctrl+R 组合键，将"草原风景 .jpg"素材文件导入舞台中，并使素材与舞台大小相同，如图 6-247 所示。

(2) 按 Ctrl+F8 组合键打开【创建新元件】对话框，将【名称】设置为【文字动画】，将【类型】设置为【影片剪辑】，单击【确定】按钮，如图 6-248 所示。

图 6-247 导入素材

图 6-248 创建新元件

(3) 然后使用【文本工具】输入文字，选中输入的文字，在【属性】面板中，将【系列】设置为汉仪行楷简，将【大小】设置为 100，将【颜色】设置为白色，如图 6-249 所示。

为了方便观察效果，可以将背景颜色设置为其他的颜色。

(4) 设置完成后，使用【选择工具】选中输入的文字，按 Ctrl+B 组合键分离文字，效果如图 6-250 所示。

图 6-249 设置文字的属性

图 6-250 分离文字

(5) 选中第一个文字，按 F8 键，打开【转换为元件】对话框，使用默认名称将【类型】设置为【影片剪辑】，如图 6-251 所示。

(6) 使用同样方法将其他文字转换为元件，效果如图 6-252 所示。

(7) 然后只保留【春】文字，将多余文字删除，在【图层 1】的第 10 帧位置插入关键帧，在第 15 帧的位置插入关键帧，确认选中第 15 帧，在舞台中使用【任意变形工具】调整文字的位置、旋转、翻转，如图 6-253 所示。

(8) 然后使用同样的方法，在第 20、25、30、35、40、45、50、55、60 帧的位置插入关键帧，并在不同关键帧处调整文字的位置、旋转和翻转，并在关键帧与关键帧之间建创建传统补间，使文字在该图层中呈现被风从左向右吹的效果，如图 6-254 所示。

图 6-251　【转化为元件】对话框

图 6-252　转换为元件后的库面板效果

图 6-253　调整文字

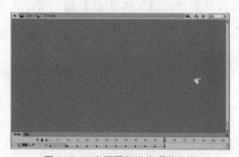

图 6-254　在不同关键中调整文字

　　(9) 新建图层，在【库】面板中将第 2 个元件拖入舞台中，调整好位置，并在第 15 帧的位置插入关键帧，如图 6-255 所示。

　　(10) 然后在第 20 帧的位置插入关键帧，并在舞台中调整位置，使用同样方法插入关键帧并调整元件的位置，并使用同样方法新建其他图层，分别拖入元件、调整位置、制作动画，效果如图 6-256 所示。

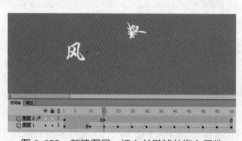

图 6-255　新建图层、插入关键帧并插入元件

图 6-256　制作其他图层和元件的动画

　　(11) 制作完成后，在左上角单击◀按钮，返回场景，新建图层，在库面板将【文字动画】元件拖入舞台中，使用【任意变形工具】调整大小和位置，如图 6-257 所示。

　　(12) 调整完成后，按 Ctrl+Enter 组合键测试动画效果，如图 6-258 所示。

图 6-257 新建图层并拖入元件

图 6-258 测试效果

案例精讲 071 制作滚动文字

> 案例文件：CDROM | 场景 | Cha06 | 制作滚动文字 .fla
>
> 视频文件：视频教学 | Cha06 | 制作滚动文字 .avi

制作概述

本例主要制作滚动文字的效果，通过对本例的学习，可以掌握如何在文本图层中添加组件制作文字滚动的效果，本例的效果如图 6-259 所示。

图 6-259 制作滚动文字

学习目标

- 学习如何制作文字滚动的效果。
- 掌握制作滚动文字的方法。

操作步骤

(1) 新建空白文档，将舞台大小设置为 600×434，按 Ctrl+R 组合键，将"滚动文字背景 .jpg"素材文件导入舞台中，并使素材与舞台大小相同，如图 6-260 所示。

(2) 新建图层，然后使用【文本工具】输入文字，选中输入的文字，在【属性】面板中，将【实例名称】输入为 p，【文本类型】设置为【动态文本】，将 X 设置为 225，Y 设置为 50，【宽】设置为 330，【高】设置为 312，【系列】设置为【方正隶书简体】，【大小】设置为 18，【颜色】设置为 #5F5046，【消除锯齿】设置为使用设备字体，单击【格式】右侧的【居中对齐】按钮 ，如图 6-261 所示。

图 6-260 导入素材

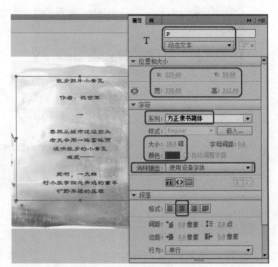

图 6-261 输入文字并设置

(3) 然后使用【选择工具】，在文本上右键单击，选择【可滚动】命令，如图 6-262 所示。

(4) 在键盘上按 Ctrl+F7 组合键，打开【组件】面板，选择 UIScrllBar ，将该项拖入舞台中，然后打开【属性】面板，将 X 设置为 556，将 Y 设置为 77，将【宽】设置为 15，将【高】设置为 250，将【样式】设置为【色调】，将【着色】设置为 #FDFBE7，在 scorllTargetName 右侧输入 p，如图 6-263 所示。

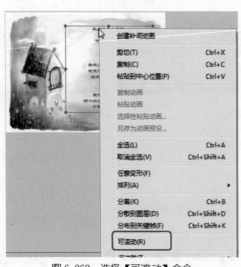

图 6-262 选择【可滚动】命令

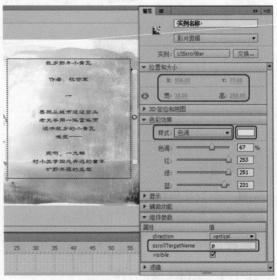

图 6-263 设置组件的属性

(5) 设置完成后，按 Ctrl+Enter 组合键测试影片效果，如图 6-264 所示。

图 6-264　测试效果

第 7 章
声音与视频

本章重点

- ◆ 动态显示音乐进度条
- ◆ 显示音乐播放时间
- ◆ 控制音量
- ◆ 音乐的播放与暂停
- ◆ 制作音乐波形频谱
- ◆ 制作视频播放器
- ◆ 制作嵌入视频

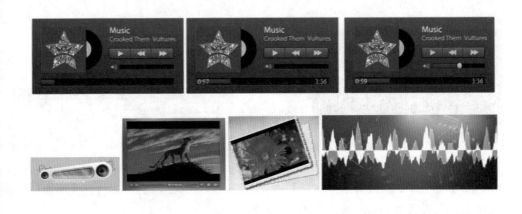

声音和视频都属于多媒体的范畴，并且在交互式应用程序中有着不可或缺的重要性，本章将介绍声音和视频的相关操作，通过本章的学习，可以使读者对声音和视频有个简单的了解。

案例精讲 072　动态显示音乐进度条

案例文件：CDROM | 场景 |Cha07| 音乐播放器 .fla

视频文件：视频教学 |Cha07| 动态显示音乐进度条 .avi

制作概述

本例将介绍如何动态显示音乐进度条，该例首先添加【音乐进度条】影片剪辑元件，然后为其设置遮罩层，最后添加控制代码，完成后的效果如图 7-1 所示。

图 7-1　动态显示音乐进度条

学习目标

- 设置和使用遮罩层。
- 学习通过代码控制动态显示音乐进度条。

操作步骤

(1) 启动 Flash CC 软件，打开随书附带光盘中的 CDROM| 素材 |Cha07| 音乐播放器 .fla 文件，如图 7-2 所示。

(2) 新建图层，并将其重命名为【音乐进度条】，如图 7-3 所示。

图 7-2　打开素材文件

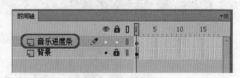

图 7-3　新建图层

(3) 在【库】面板中，将【音乐进度条】影片剪辑元件添加到舞台，然后在【属性】面板中，将其【实例名称】设置为 bfjdt_mc，如图 7-4 所示。

(4) 新建图层，并将其重命名为【遮罩层】，如图 7-5 所示。

图 7-4　添加【音乐进度条】影片剪辑元件　　　　　图 7-5　新建图层

(5) 使用【矩形工具】 ，将【笔触颜色】设置为无，将【填充颜色】设置为任意颜色，在舞台中绘制一个矩形，将【音乐进度条】影片剪辑元件遮盖，如图 7-6 所示。

(6) 在【时间轴】面板中，以鼠标右键单击【遮罩层】图层，从弹出的快捷菜单中选择【遮罩层】命令，如图 7-7 所示。

图 7-6　绘制矩形　　　　　　　图 7-7　将【遮罩层】图层转换为遮罩层

(7) 新建图层，并将其重命名为"AS"，如图 7-8 所示。

(8) 在【AS】图层的第一帧处，按 F9 键打开【动作】面板，输入脚本代码，如图 7-9 所示。

图 7-8　新建图层　　　　　　　图 7-9　输入脚本代码

（9）将【动作】面板关闭，然后将文件另存为【音乐播放器 .fla】，最后按 Ctrl+Enter 组合键对影片进行测试。

> 提示　在测试影片之前，应将场景文件与音乐素材文件保存在同一个文件夹中。

案例精讲 073　显示音乐播放时间

📝 案例文件：CDROM | 场景 |Cha07| 音乐播放器 .fla

🎬 视频文件：视频教学 |Cha07| 显示音乐播放时间 .avi

制作概述

本例将介绍如何显示音乐播放时间。通过添加 Label 组件来显示音乐播放时间，然后在【动作】面板中输入相应的控制代码，完成后的效果如图 7-10 所示。

图 7-10　显示音乐播放时间

学习目标

- 使用 Label 组件。
- 学习如何通过代码控制显示音乐播放时间。

操作步骤

（1）继续上一实例的操作，在【遮罩层】图层上新建图层，并将其命名为【显示时间】，如图 7-11 所示。

（2）从菜单栏中选择【窗口】|【组件】命令，在【组件】面板中，选择 User Interface | Label，如图 7-12 所示。

图 7-11　新建图层

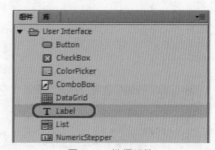

图 7-12　选择组件

知识链接

Flash 的组件是带参数的影片剪辑，可以修改它们的外观和行为。组件既可以是简单的用户界面控件（如单选按钮或复选框），也可以包含内容（如滚动窗格）。

Label（文本标签）组件就是一行文本，可以指定一个标签采用 HTML 格式，也可以控制标签的对齐和大小。Label 组件没有边框，不能具有焦点，并且不广播任何事件。在【属性】|【组件参数】面板中可以对它的参数进行设置。

autoSize：指示如何调整标签的大小并对齐标签以适合文本。默认值为 none。

html：指示标签是否采用 HTML 格式。如果选中此复选框，则不能使用样式来设置标签的格式，但可以使用 font 标记将文本格式设置为 HTML。

text：指示标签的文本，默认值是 Label。

(3) 将 Label 组件添加到舞台中，在【属性】面板中，将【实例名称】设置为 a，然后设置其位置与大小；在【色彩效果】选项组中，将【样式】设置为【色调】，将【色调】设置为 100%，颜色设置为白色；在【组件参数】选项组中，将 autoSize 设置为 center，如图 7-13 所示。

(4) 使用相同方法再次添加 Label 组件到舞台中，在【属性】面板中，将【实例名称】设置为 b，然后设置其位置与大小；在【色彩效果】选项组中，将【样式】设置为【色调】，将【色调】设置为 100%，颜色设置为白色；在【组件参数】选项组中，将 autoSize 设置为 center，如图 7-14 所示。

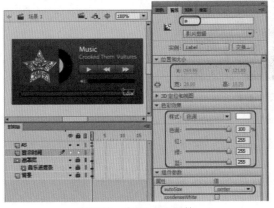
图 7-13　设置 Label 组件

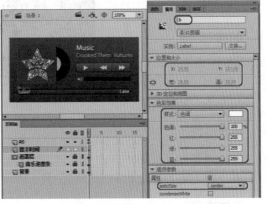
图 7-14　设置另一个 Label 组件

(5) 在【AS】图层的第一帧处，按 F9 键打开【动作】面板，输入设置字体大小的代码，如图 7-15 所示。

(6) 然后，继续输入显示音乐当前播放时间和音乐播放总时间的代码，如图 7-16 所示。

图 7-15 输入设置字体大小的代码

图 7-16 输入显示音乐播放时间的代码

(7) 将【动作】面板关闭，按 Ctrl+Enter 组合键对影片进行测试。

案例精讲 074 控制音量

案例文件：CDROM | 场景 |Cha07| 音乐播放器 .fla

视频文件：视频教学 |Cha07| 控制音量 .avi

制作概述

本例将介绍如何控制音量。首先添加【音量进度条】和【音量控制按钮】影片剪辑元件，然后在【动作】面板中输入相应的控制代码，完成后的效果如图 7-17 所示。

图 7-17 控制音量

学习目标

■ 添加影片剪辑元件。

■ 学习如何通过代码来控制音量。

操作步骤

(1) 继续上一实例的操作，在【显示时间】图层上新建图层，并将其命名为【音量进度条】，如图 7-18 所示。

(2) 在【库】面板中，将【音量进度条】影片剪辑元件添加到舞台中，然后在属性面板中将【实例名称】设置为 ylt_mc，在【位置和大小】组中，将 X 设置为 187，将 Y 设置为 95，如图 7-19 所示。

图 7-18　新建图层　　　　　　　　图 7-19　添加【音量进度条】影片剪辑元件

(3) 在【音量进度条】图层上新建图层，并将其命名为【音量控制】。在【库】面板中，将【音量控制按钮】影片剪辑元件添加到舞台中，然后在属性面板中，将【实例名称】设置为 ylhk_btn，在【位置和大小】组中，将 X 设置为 246，将 Y 设置为 100，如图 7-20 所示。

(4) 在【AS】图层的第一帧处，按 F9 键打开【动作】面板，输入脚本代码，如图 7-21 所示。

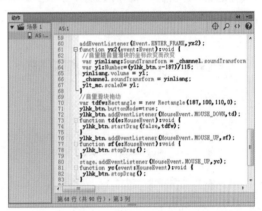

图 7-20　添加【音量控制按钮】影片剪辑元件　　　　图 7-21　输入脚本代码

(5) 将【动作】面板关闭，按 Ctrl+Enter 组合键对影片进行测试，最后将场景文件进行保存。

案例精讲 075　音乐的播放与暂停

✎ 案例文件：CDROM | 场景 | Cha07 | 制作音乐的播放与暂停 .fla

🎬 视频文件：视频教学 | Cha07 | 制作音乐的播放与暂停 ..avi

制作概述

下面介绍如何制作音乐的播放与暂停，在本例中通过代码将音乐与场景链接在一起，然后制作按钮元件，配合在【动作】面板中的代码，来制作出通过按钮实现音乐的播放与暂停的效果，完成后的效果如图 7-22 所示。

图 7-22 制作音乐的播放与暂停

学习目标

■ 学习创建按钮、影片剪辑的方法及【动作】面板中代码的使用。

■ 掌握【动作】面板中代码的使用。

操作步骤

(1) 启动软件后，在打开的界面中单击【ActionScript 3.0】按钮，然后单击【属性】按钮，在打开的面板中将【大小】设置为 800×300(像素)，如图 7-23 所示。

(2) 选择【文件】|【导入】|【导入到库】命令，在弹出的对话框中选择随书附带光盘中的 CDROM|素材|Cha07|yinyueqi.png、AnNiu01.png、AnNiu02.png，然后单击【打开】按钮，如图 7-24 所示。

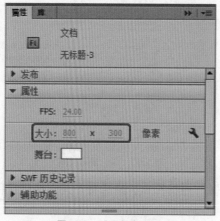

图 7-23 设置舞台大小

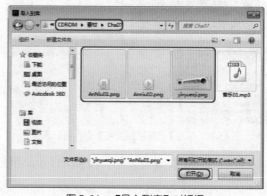

图 7-24 【导入到库】对话框

(3) 在工具箱中单击【矩形工具】按钮，在【属性】面板中将【笔触颜色】设置为无，将【填充颜色】设置为 #CCCCCC，然后在舞台上绘制矩形，选择绘制的矩形，在【属性】面板中将【宽】、【高】分别设置为 800、300，如图 7-25 所示。

(4) 打开【对齐】面板，勾选【与舞台对齐】复选框，在该面板中单击【对齐】选项组中的【水平中齐】、【垂直中齐】按钮，完成后的效果如图 7-26 所示。

(5) 然后对图层进行锁定，单击【新建图层】按钮，新建【图层 2】，然后打开【库】面板，在该面板中将 yinyueqi.png 素材拖拽到舞台中，然后单击【对齐】面板中的【水平中齐】和【垂直中齐】按钮，将其与舞台对齐，效果如图 7-27 所示。

(6) 创建【图层 3】，激活【库】面板，在该面板中将 AnNiu01.png 拖拽到舞台中，然后在舞台中调整图形的位置，完成后的效果如图 7-28 所示。

图 7-25　设置矩形的大小

图 7-26　【对齐】面板

图 7-27　将对象与舞台对齐

图 7-28　调整图形的位置

(7) 在舞台上选择 AnNiu01.png 素材文件，然后按 F8 键打开【转换为元件】对话框，在该对话框中将【名称】设置为【暂停】，将【类型】设置为【按钮】，单击【确定】按钮，如图 7-29 所示。

(8) 确定对象处于选中状态，在【属性】面板中将【实例名称】设置为 stopBt，如图 7-30 所示。

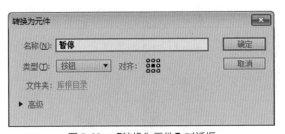

图 7-29　【转换为元件】对话框

图 7-30　设置实例名称

(9) 创建【图层 4】，打开【库】面板，在该面板中将 AnNiu02.png 拖拽到舞台中，然后将该按钮覆盖【暂停】元件，如图 7-31 所示。

(10) 按 F8 键打开【转换为元件】对话框，在该对话框中将【名称】设置为【播放】，然后将【类型】设置为【按钮】，如图 7-32 所示。

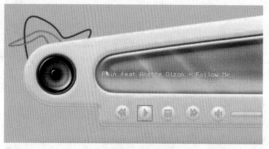

图 7-31　将图形拖拽到舞台中

图 7-32　【转换为元件】对话框

(11) 在【属性】面板中将【实例名称】设置为 playBt。按 Ctrl+F8 组合键，打开【创建新元件】对话框，在该对话框中将【名称】设置为【矩形】，将【类型】设置为【图形】，单击【确定】按钮，如图 7-33 所示。

(12) 在工具箱中单击【矩形工具】按钮，将【填充颜色】设置为 #00FF33，在舞台中绘制矩形，然后在【属性】面板中将【宽】、【高】设置为 15、160，如图 7-34 所示。

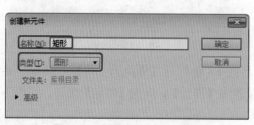

图 7-33　【创建新元件】对话框

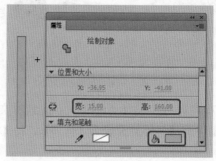

图 7-34　绘制矩形

(13) 按 Ctrl+F8 组合键打开【创建新元件】对话框，在该对话框中将【名称】设置为【矩形动画】，然后将【类型】设置为【影片剪辑】，单击【确定】按钮，如图 7-35 所示。

(14) 在【库】面板中将【矩形】拖拽到【舞台】中，然后使用【任意变形工具】，调整矩形的中心点，效果如图 7-36 所示。

图 7-35　【创建新元件】对话框

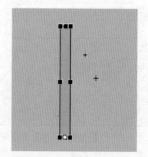

图 7-36　调整中心点

(15) 在第 7、13、19、24、29、35 帧处添加关键帧，选择第 7 帧关键帧，然后调整矩形的高度，效果如图 7-37 所示。

(16) 选择第 1 帧与第 7 帧之间的任意一帧，然后单击鼠标右键，从弹出的快捷菜单中选择【创建传统补间】命令，效果如图 7-38 所示。

(17) 选择第 13 帧，然后调整矩形的高度，然后在第 7 帧与第 13 帧位置创建传统补间动画，效果如图 7-39 所示。

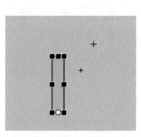

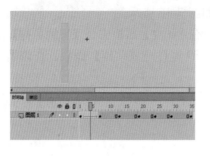

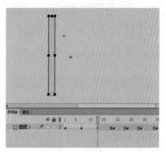

图 7-37　调整矩形的高度　　　　图 7-38　创建传统补间　　　　图 7-39　调整矩形的高度并创建传统补间

(18) 使用同样的方法制作该图层的其他动画，并在关键帧之间创建传统补间动画，如图 7-40 所示。

(19) 使用同样的方法制作其他图层的动画，设置完成后的效果如图 7-41 所示。

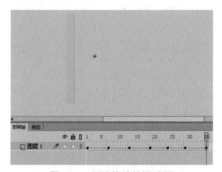

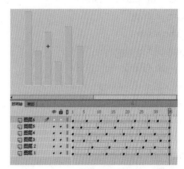

图 7-40　创建传统补间动画　　　　　　　图 7-41　创建其他图层的动画

(20) 按 Ctrl+F8 组合键，在弹出的对话框中保持默认设置，单击【确定】按钮，然后在【库】面板中将【矩形动画】影片剪辑拖拽到舞台中，在【属性】面板中将【实例行为】设置为【图形】。在舞台中按住 Alt 键拖拽【矩形动画】，对该对象进行复制，然后调整其位置，效果如图 7-42 所示。

(21) 选择所有的对象，对选中的对象进行复制，然后选择复制的对象，打开【变形】面板，将【旋转】设置为 180，在【属性】面板中将【色彩效果】卷展栏中的【样式】设置为 Alpha，将 Alpha 的值设置为 30%，然后调整图形的位置，效果如图 7-43 所示。

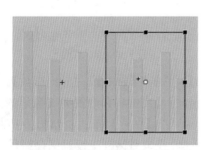

图 7-42　对影片剪辑进行复制　　　　　　图 7-43　设置倒影

(22) 选择该图层的第 35 帧的位置，按 F5 键插入帧，返回到场景 1 中，新建【图层 5】，打开【库】面板，在该面板中将【元件 1】拖拽到舞台中，然后在【变形】面板中调整至合适的大小，然后调整其位置，效果如图 7-44 所示。

(23) 选择【元件 1】对象，然后在【属性】面板中将【实例名称】设置为 "_show"，创建【图层 6】，选择该图层的第 1 帧，按 F9 键打开【动作】面板，在该面板中输入如下代码：

```
var mymp3:Sound=new Sound();
mymp3.load(new URLRequest("F:\\CDROM\\ 素材 \\Cha07\\ 音乐 01.mp3"));
var music:SoundChannel=mymp3.play();
music.stop();
_show.stop();
var position:int
stopBt.addEventListener(MouseEvent.CLICK,clickStop);
playBt.addEventListener(MouseEvent.CLICK,clickPlay);
function clickStop(event:MouseEvent):void{
    position=music.position;
    music.stop();
    _show.stop();
    playBt.visible=true;
    stopBt.visible=false;
}
function clickPlay(event:MouseEvent):void{
    music=mymp3.play(position);
    _show.play();
    playBt.visible=false;
    stopBt.visible=true;
}
```

在【动作】面板中的外观如图 7-45 所示。

图 7-44　调整【元件 1】

图 7-45　输入代码

(24) 按 Ctrl+Enter 键测试影片，确认无误后，选择【文件】|【导出】|【导出影片】命令，弹出【导出影片】对话框，在该对话框中设置存储路径并将【文件名】设置为【音乐的播放与暂停】，将【保存类型】设置为【SWF 影片 (*.SWF)】，单击【保存】按钮，如图 7-46 所示。

(25) 导出影片后，按 Ctrl+S 组合键打开【另存为】对话框，在该对话框中设置保存路径，将【文件名】设置为【音乐的播放与暂停】，将【保存类型】设置为【Flash 文档 (*.fla)】，如图 7-47 所示。

图 7-46　【导出影片】对话框

图 7-47　【另存为】对话框

案例精讲 076　制作音乐波形频谱

案例文件：CDROM | 场景 | Cha07 | 制作音乐波形频谱 .fla

视频文件：视频教学 | Cha07 | 制作音乐波形频谱 .avi

制作概述

下面介绍如何制作音乐波形频谱，本例主要通过脚本代码显示音乐波形频谱，完成后的效果如图 7-48 所示。

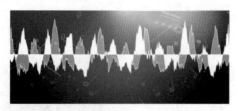

图 7-48　制作音乐波形频谱

学习目标

- 学会导入影片背景。
- 了解显示音乐波形频谱的相关代码。

操作步骤

(1) 启动软件后，在欢迎界面中，单击【新建】选项组中的【ActionScript 3.0】按钮，如图 7-49 所示，即可新建场景。

(2) 进入工作界面后，在工具箱中单击【属性】按钮，在打开的面板中将【属性】选项组中的【大小】设置为 512×213(像素)，如图 7-50 所示。

(3) 从菜单栏中选择【文件】|【导入】|【导入到舞台】命令，如图 7-51 所示。

(4) 在打开的【导入】窗口中，选择素材文件【播放器背景 1.jpg】，单击【打开】按钮，并使素材对齐舞台，效果如图 7-52 所示。

图 7-49　选择新建类型

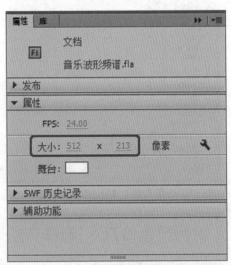

图 7-50　设置场景大小

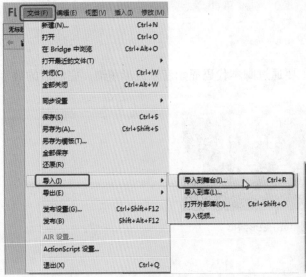

图 7-51　选择【导入到舞台】命令

图 7-52　导入图片

(5) 按 Ctrl+F8 组合键打开【创建新元件】对话框，在该对话框中，输入【名称】为【代码】，将【类型】设置为【影片剪辑】，如图 7-53 所示。

(6) 进入元件中，按 F9 键打开【动作】面板，输入如图 7-54 所示的代码，输入完成后关闭该窗口即可。

(7) 单击左上角的 ← 按钮，返回到场景中，新建【图层 2】，在【库】面板中将创建的【代码】元件拖到舞台中，然后打开【属性】面板，将 X 设置为 0，将 Y 设置为 0，如图 7-55 所示。

(8) 调整完成后，按 Ctrl+Enter 组合键测试视频效果，如图 7-56 所示。

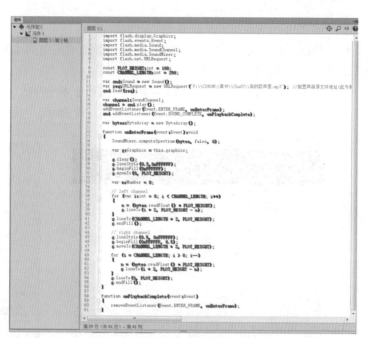

图 7-54 输入代码

图 7-53 创建元件

图 7-55 设置元件的位置

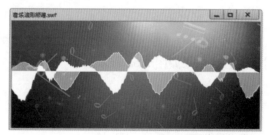

图 7-56 测试效果

案例精讲 077 制作视频播放器

案例文件：CDROM | 场景 | Cha07 | 制作视频播放器 .fla

视频文件：视频教学 | Cha07 | 制作视频播放器 .avi

制作概述

下面介绍如何制作播放器，本例中使用了软件自带的播放器组件来加载外部的视频，通过对本例的学习，可以学会使用播放组件的方法，完成后的效果如图 7-57 所示。

学习目标

■ 学习为外部视频添加播放器组件。

■ 掌握添加播放器组件的方法。

图 7-57 视频播放器效果

操作步骤

(1) 启动软件后，在欢迎界面中单击【新建】选项组中的【ActionScript 3.0】按钮，如图 7-58 所示，即可新建场景。

(2) 进入工作界面后，在工具箱中单击【属性】按钮，在打开的面板中将【属性】选项组中的【大小】设置为 490×427(像素)，如图 7-59 所示。

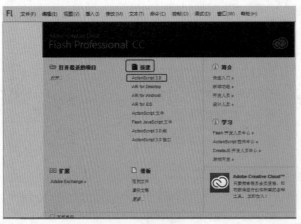

图 7-58　选择新建类型

图 7-59　设置场景大小

(3) 从菜单栏中选择【文件】|【导入】|【导入到舞台】命令，如图 2-60 所示。

(4) 在打开的【导入】窗口中，选择素材文件"播放器背景 2.jpg"，单击【打开】按钮并对齐舞台，效果如图 2-61 所示。

图 7-60　选择【导入到舞台】命令

图 7-61　导入图片

(5) 然后从菜单栏中选择【文件】|【导入】|【导入视频】命令，在打开的【导入视频】对话框中，选择【使用播放组件加载外部视频】选项，然后单击【浏览】按钮　浏览…　，如图 7-62 所示。

(6) 在弹出的【打开】对话框中选择素材文件"播放器视频素材 .flv"，单击【打开】按钮，如图 7-63 所示。

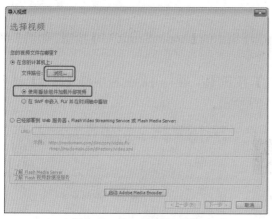

图 7-62　单击【浏览】按钮

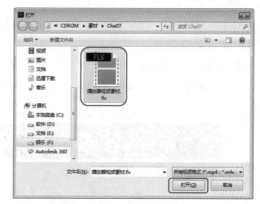

图 7-63　打开外部视频

(7) 返回到【导入视频】对话框,单击【下一步】按钮,在出现的界面中选择一种【外观】,单击【下一步】按钮,如图 7-64 所示。

(8) 在出现的界面中单击【完成】按钮,即可将素材视频导入舞台中,选中视频素材,在工具箱中选择【任意变形工具】调整其大小和位置,如图 2-65 所示。

(9) 调整完成后,按 Ctrl+Enter 组合键测试视频效果,效果如图 2-66 所示。

图 7-64　选择【外观】

图 7-65　调整组件和视频

图 7-66　测试效果

案例精讲 078　制作嵌入视频

案例文件：CDROM | 场景 | Cha07 | 制作嵌入视频 .fla

视频文件：视频教学 | Cha07 | 制作嵌入视频 .avi

制作概述

下面介绍如何制作嵌入视频,在本例中,通过嵌入式方法添加视频素材,然后制作控制播放视频播放和暂停的按钮,完成后的效果如图 7-67 所示。

学习目标

■　掌握嵌入式添加视频素材的方法。

■　学会制作视频控制按钮。

图 7-67　制作嵌入视频

操作步骤

(1) 启动软件后，在欢迎界面中，单击【新建】选项组中的【ActionScript 3.0】按钮，如图7-68所示，即可新建场景。

(2) 进入工作界面后，在工具箱中单击【属性】按钮 ，在打开的面板中将【属性】选项组中的【大小】设置为490×427(像素)，如图7-69所示。

图 7-68　选择新建类型

图 7-69　设置场景大小

(3) 从菜单栏中选择【文件】|【导入】|【导入到舞台】命令，在打开的【导入】窗口中，选择素材文件"照片.jpg"，单击【打开】按钮，如图7-70所示。

(4) 将素材导入后，使素材对齐舞台，新建图层，然后从菜单栏中选择【文件】|【导入】|【导入视频】命令，在打开的【导入视频】对话框中，选择【在 SWF 中嵌入 FLV 并在时间轴中播放】选项，然后单击【浏览】按钮 浏览... ，如图7-71所示。

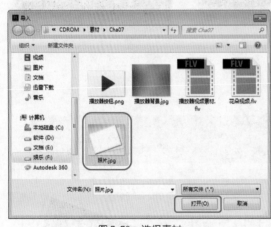

图 7-70　选择素材

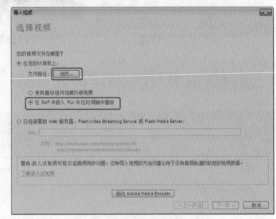

图 7-71　单击【浏览】按钮

(5) 在弹出的【打开】对话框中选择素材文件"花朵视频.flv"，单击【打开】按钮，如图7-72所示。

(6) 返回到【导入视频】对话框，单击【下一步】按钮，在出现的界面中将【符号类型】设置为【影片剪辑】，然后单击【下一步】按钮，如图7-73所示。

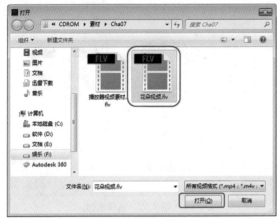

图 7-72 打开视频素材

图 7-73 设置【符号类型】

(7) 在出现的界面中单击【完成】按钮，即可将素材视频导入舞台中。选中视频素材，在工具箱中选择【任意变形工具】，调整其大小和位置，如图 7-74 所示。

(8) 按 Ctrl+F8 组合键，在打开的窗口中使用默认名称，将【类型】设置为【图形】，单击【确定】按钮，如图 7-75 所示。

图 7-74 调整组件和视频

图 7-75 创建新元件

(9) 进入元件 1 中，选择工具箱中的【矩形工具】，在舞台中绘制矩形，绘制完成后，选中绘制的矩形，打开属性面板，取消【宽】和【高】的锁定，设置【宽】为 472，【高】为 383，将【笔触颜色】设置为无，将【填充颜色】设置为 #CCCCCC，将 Alpha 值设置为40%，如图 7-76 所示。

(10) 再次按 Ctrl+F8 组合键，使用默认设置，单击【确定】按钮，进入元件 2 中，按Ctrl+R 组合键，打开【导入】对话框，选择"播放器按钮 .png"素材，如图 7-77 所示。

(11) 单击【打开】按钮后，将素材导入，选中素材，打开【属性】面板，将【宽】设置为170，【高】设置为 110，如图 7-78 所示。

(12) 按 Ctrl+F8 组合键，在打开的对话框中，输入【名称】为【按钮】，将【类型】设置为【按钮】，单击【确定】按钮，如图 7-79 所示。

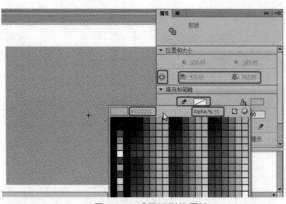

图 7-76　设置矩形的属性

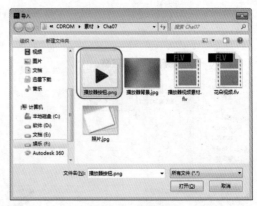

图 7-77　选择素材

图 7-78　设置素材的属性

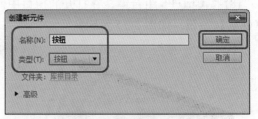

图 7-79　新建元件

(13) 打开【库】面板，将【元件 1】拖到舞台中并调整位置，如图 7-80 所示。

(14) 调整完成后，新建图层，将【元件 2】拖到舞台中，调整位置，如图 7-81 所示。

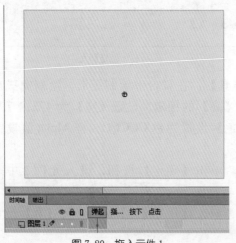

图 7-80　拖入元件 1

图 7-81　拖入元件 2

(15) 单击左上角的 ⬅ 按钮，返回到场景中，新建图层，在【库】面板中将【按钮】元件拖到舞台中并使用【任意变形工具】调整，如图 7-82 所示。

(16) 调整完成后，打开【属性】面板，将【实例名称】设置为"p"，如图 7-83 所示。

图 7-82　拖入并调整元件

图 7-83　设置图层 3 中元件的属性

(17) 在【图层 2】中选中视频素材，在【属性】面板中将【实例名称】设置为"m"，如图 7-84所示。

(18) 新建图层，选中第 1 帧，按 F9 键打开【动作】面板，输入代码，如图 7-85 所示，输入完成后，关闭该面板即可。

图 7-84　设置图层 2 中元件的属性

图 7-85　输入代码

(19) 最后按 Ctrl+Enter 组合键测试视频效果，效果如图 7-86 所示。

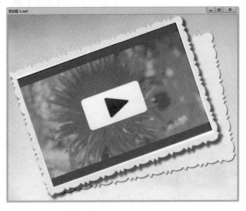

图 7-86　测试效果

第8章
交互式动画

本章重点

◆ 制作按钮动画
◆ 制作星光闪烁效果
◆ 制作按钮切换图片效果
◆ 制作导航栏动画效果
◆ 制作图片切换动画效果
◆ 制作放大镜效果
◆ 按钮切换背景颜色

在本章中将结合文本、图像和元件以及代码的应用来学习 Flash 交互功能，主要介绍视觉特效中的 Flash 鼠标特效。

案例精讲 079　制作按钮动画

案例文件：CDROM | 场景 | Cha08 | 制作按钮动画 .fla

视频文件：视频教学 | Cha08 | 制作按钮动画 .avi

制作概述

下面介绍如何制作按钮动画，在本例中，通过使用外部素材和各种元件来制作鼠标经过按钮的效果，完成后的效果如图 8-1 所示。

图 8-1　制作按钮动画

学习目标

- 学习制作按钮。
- 掌握制作按钮的方法。

操作步骤

(1) 启动软件后，新建场景。进入工作界面后，在工具箱中单击【属性】按钮 ，在打开的面板中将【属性】选项组中的【大小】设置为 378×250(像素)，将【舞台】颜色设置为 #FFCC00，如图 8-2 所示。

(2) 然后按 Ctrl+F8 组合键，在打开的对话框中，输入【名称】为【彩色图形】，将【类型】设置为【图形】，单击【确定】按钮，如图 8-3 所示。

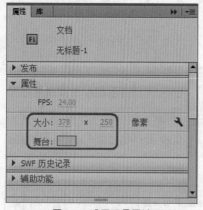

图 8-2　设置场景属性

图 8-3　创建新元件

(3) 按 Ctrl+R 组合键，在弹出的【导入】对话框中选择素材文件"设置 1.png"，单击【打开】按钮，如图 8-4 所示。

(4) 确认选中素材文件，在【属性】面板中将【宽】、【高】都设置为 100，并在【对齐】面板中单击【水平中齐】和【垂直中齐】按钮，如图 8-5 所示。

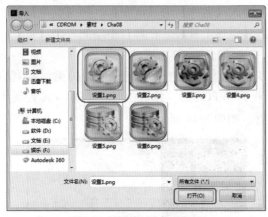

图 8-4　选择素材文件并打开

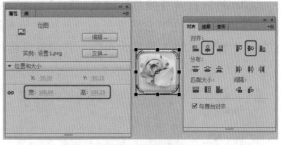

图 8-5　调整素材

（5）按 Ctrl+F8 组合键，在弹出的对话框中将【名称】设置为【图标动画 1】，将【类型】设置为【影片剪辑】，单击【确定】按钮，如图 8-6 所示。

（6）在【库】面板中将【彩色图形】元件拖至舞台中，在【属性】面板中将【宽】、【高】均设置为 90，并在【对齐】面板中单击【水平中齐】和【垂直中齐】按钮，如图 8-7 所示。

图 8-6　创建新元件

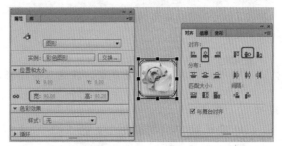

图 8-7　拖入并调整元件

（7）在【时间轴】面板中选择【图层 1】的第 5 帧，按 F6 键插入关键帧，在【属性】面板中将【宽】和【高】都设置为 100，如图 8-8 所示。

（8）设置完成后，在【图层 1】的两个关键帧之间创建传统补间动画，在【时间轴】面板中新建【图层 2】，在第 5 帧处插入关键帧，按 F9 键，在弹出的面板中输入代码"stop()"，如图 8-9 所示。

图 8-8　设置元件属性

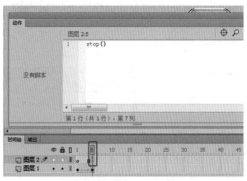

图 8-9　输入代码

(9) 关闭面板，按 Ctrl+F8 组合键，新建元件，输入【名称】为【渐变】，将【类型】设置为【图形】，单击【确定】按钮。在工具箱中单击【矩形工具】，在舞台中绘制一个【宽】、【高】都为 130 的矩形，如图 8-10 所示。

(10) 然后打开【颜色】面板，将【笔触颜色】设置为无，将【填充颜色】的类型设置为【线性渐变】，在下方将渐变条的色标颜色都设置为 #FFCC00，并将中间处色标的 A 设置为 90%，右侧色标的 A 设置为 60%，并调整色标位置，如图 8-11 所示。

图 8-10　绘制矩形

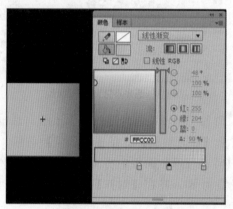

图 8-11　设置渐变颜色

提示　　　　为了方便观察，在这里暂时将舞台背景色设置为其他颜色。

(11) 确认选中绘制的矩形，按 Ctrl+Shift+7 组合键旋转矩形，按 Ctrl+F8 组合键，在弹出的对话框中将【名称】设置为【按钮 1】，将【类型】设置为【按钮】，设置完成后，单击【确定】按钮，如图 8-12 所示。

(12) 按 Ctrl+R 组合键，在打开的对话框中选择素材文件"设置 2.png"，单击【打开】按钮，如图 8-13 所示。

图 8-12　创建新元件

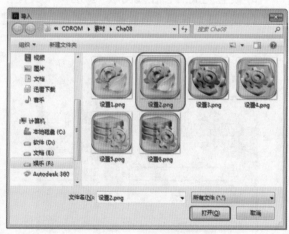

图 8-13　打开素材文件

(13) 在弹出的对话框中，单击【否】按钮，选中导入的素材文件，在【属性】面板中，将【宽】、【高】都设置为100，并在【对齐】面板中单击【水平中齐】和【垂直中齐】按钮，使素材对齐舞台，如图8-14所示。

(14) 然后按住Alt键向下拖动素材，对其进行复制，从菜单栏中选择【修改】|【变形】|【垂直翻转】命令，翻转复制的素材，效果如图8-15所示。

图8-14　设置素材的属性

图8-15　复制并翻转素材

(15) 在【库】面板中将【渐变】元件拖入舞台中，调整位置，效果如图8-16所示。

(16) 在【时间轴】面板中【图层1】的【指针经过】帧上插入关键帧，并在舞台中将所有对象删除，在【库】面板中将【图标动画1】元件拖到舞台中，并使元件对齐舞台，如图8-17所示。

(17) 使用同样的方法对该元件进行复制、翻转，并拖入【渐变】元件，调整位置，效果如图8-18所示。

图8-16　拖入【渐变】元件

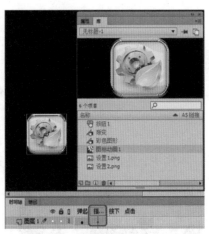

图8-17　拖入【图标动画】元件

图8-18　制作【指针经过】帧

(18) 调整完成后，单击左上角的◀按钮，返回到场景中，在【库】面板中将【按钮1】元件拖到舞台中，调整该按钮元件的位置，效果如图8-19所示。

(19) 使用同样的方法制作其他按钮动画，制作完成后，拖到舞台中的效果如图8-20所示，对完成后的场景进行保存即可。

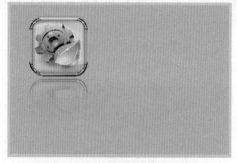

图 8-19　将【按钮 1】元件拖到舞台中

图 8-20　其他按钮元件制作效果

(20) 按 Ctrl+Enter 组合键测试影片效果，如图 8-21 所示。

图 8-21　测试效果

案例精讲 080　制作星光闪烁效果

案例文件：CDROM | 场景 | Cha08 | 制作星光闪烁效果 .fla

视频文件：视频教学 | Cha08 | 制作星光闪烁效果 .avi

制作概述

下面介绍制作星光闪烁效果，本例中，通过代码来进行制作，完成后的效果如图 8-22 所示。

图 8-22　制作星光闪烁效果

学习目标

■ 学习制作星光闪烁效果。

■ 掌握元件的使用方法。

操作步骤

(1) 启动软件后新建场景。进入工作界面后，在工具箱中单击【属性】按钮 ，在打开的面板中将【属性】选项组中的【大小】设置为 500×333(像素)，将【舞台】颜色设置为灰色，如图 8-23 所示。

(2) 按 Ctrl+R 组合键，在弹出的【导入】对话框中选择素材文件"夜空背景 .jpg"，单击【打开】按钮，如图 8-24 所示。

图 8-23 设置场景属性

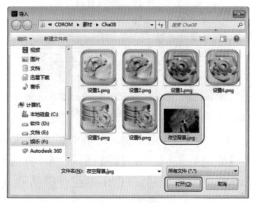

图 8-24 打开素材

(3) 然后按 Ctrl+F8 组合键，在打开的对话框中，使用默认名称，将【类型】设置为【影片剪辑】，单击【确定】按钮，如图 8-25 所示。

(4) 在工具箱中选择【椭圆工具】 ，在舞台中绘制椭圆，绘制完成后，在【属性】面板中将【宽】和【高】均设置为 63，如图 8-26 所示。

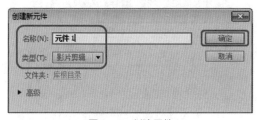

图 8-25 创建元件

图 8-26 绘制椭圆

(5) 确认选中绘制的图形，在【颜色】面板中将【笔触颜色】设置为无，将【填充颜色】的类型设置为【径向渐变】，在下方将渐变条的色标颜色均设置为白色，并将中间色标的 A 设置为 65%，右侧色标的 A 设置为 0%，然后调整色标的位置，如图 8-27 所示。

(6) 按 Ctrl+F8 组合键，在打开的对话框中，使用默认名称，将【类型】设置为【影片剪辑】，单击【确定】按钮。选择【椭圆工具】 ，在舞台中绘制椭圆，绘制完成后，在【属性】面面板中将【宽】设置为6，将【高】设置为268，将【笔触颜色】设置为无，将【填充颜色】设置为【径向渐变】，并将渐变条的色标颜色均设置为白色，将右侧色标的 A 设置为75%，如图8-28所示。

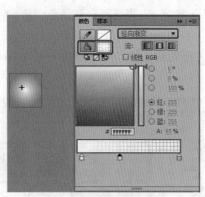

图8-27 设置椭圆的颜色

图8-28 绘制并设置椭圆

(7) 按 Ctrl+F8 组合键，在打开的对话框中，使用默认名称，将【类型】设置为【图形】，单击【确定】按钮。在【库】面板中，将【元件2】拖入舞台中，并使其中心对齐舞台中心，按 Ctrl+C 组合键复制，按 Ctrl+V 组合键粘贴，然后按 Ctrl+Shift+9 组合键旋转对象，效果如图8-29所示。

(8) 选中这两个对象，打开【属性】面板，在【滤镜】选项组中单击【添加滤镜】按钮 **+▼**，选择【发光】，将【模糊 X】和【模糊 Y】都设置为10像素，将【品质】设置为【高】，将【颜色】设置为白色，如图8-30所示。

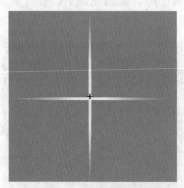

图8-29 复制元件

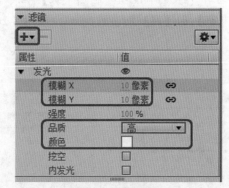

图8-30 设置属性

(9) 按 Ctrl+F8 组合键，在打开的对话框中，输入【名称】为【星星】，将【类型】设置为【影片剪辑】，单击【高级】，勾选【为 ActionScript 导出】复选框，在【类】文本框中输入"xh_mc"，单击【确定】按钮，如图8-31所示。

(10) 在【库】面板中将【元件1】拖到舞台中，并使其中心对齐舞台中心，确认选中该元件，打开【属性】面板，将【样式】设置为 Alpha，将 Alpha 值设置为0%，单击【添加滤镜】

按钮 ，选择【发光】，将【模糊 X】、【模糊 Y】均设置为 50 像素，将【强度】设置为 165%，将【品质】设置为【高】，将【颜色】设置为白色，如图 8-32 所示。

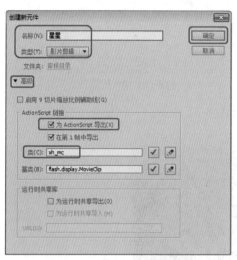

图 8-31　新建元件并设置属性

图 8-32　拖入元件并设置属性

(11) 在【图层 1】的第 30 帧位置插入关键帧，选中舞台中的元件，在【属性】面板中将【样式】设置为无，并在【图层 1】的关键帧与关键帧之间创建传统补间，在第 40 帧的位置按 F5 键插入帧，效果如图 8-33 所示。

(12) 新建图层，在【库】面板中将【元件 3】拖到舞台中，并使其中心对齐舞台中心，确认选中该元件，打开【属性】面板，将【样式】设置为 Alpha，将 Alpha 值设置为 0%，如图 8-34 所示。

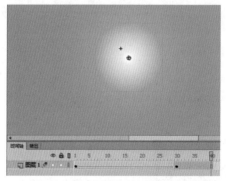

图 8-33　插入关键帧并创建传统补间

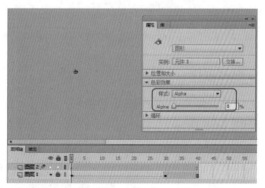

图 8-34　新建图层、拖入元件并设置属性

(13) 然后在第 30 帧的位置插入关键帧，在【属性】面板中将【样式】设置为无，在该图层的关键帧之间创建传统补间，效果如图 8-35 所示。

(14) 在左上角单击 按钮，返回到场景中，新建图层，选中【图层 2】的第 1 帧，按 F9 键，在打开的面板中输入代码，如图 8-36 所示，然后关闭该面板。

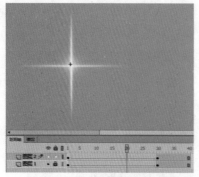

图 8-35　设置【图层 2】的动画

图 8-36　输入代码

(15) 最后按 Ctrl+Enter 组合键测试动画效果，如图 8-37 所示。

图 8-37　测试动画效果

案例精讲 081　制作按钮切换图片效果

案例文件：CDROM | 场景 | Cha08 | 制作按钮切换图片效果 .fla

视频文件：视频教学 | Cha08 | 制作按钮切换图片效果 .avi

制作概述

下面介绍如何制作按钮切换图片效果，通过使用按钮元件和代码来进行制作，完成后的效果如图 8-38 所示。

图 8-38　制作按钮切换图片效果

学习目标

■ 学习制作按钮切换图片效果。

■ 掌握按钮元件的使用方法。

操作步骤

(1) 启动软件后，新建场景。按 Ctrl+O 组合键，在打开的对话框中选择素材文件"按钮切换图片效果 .fla"，如图 8-39 所示。

(2) 打开【库】面板，将 r1.jpg 素材拖入舞台中，并使素材对齐舞台，如图 8-40 所示。

图 8-39　打开素材

图 8-40　将素材拖入舞台

(3) 然后在第 2 帧的位置插入空白关键帧，在【库】面板中将 r2.jpg 素材拖入舞台中，并对齐舞台，如图 8-41 所示。

(4) 使用同样的方法，在第 3、4 帧插入空白关键帧，并在不同关键帧处拖入不同的素材，效果如图 8-42 所示。

图 8-41　插入空白关键帧并拖入素材

图 8-42　使用同样的方法制作其他关键帧

(5) 新建【图层 2】，在工具箱中选择【矩形工具】，在舞台中绘制与舞台大小相仿的矩形，并在【属性】面板中，将【笔触颜色】设置为白色，将【填充颜色】设置为无，将【笔触】设置为 10，将【接合】设置为【尖角】，如图 8-43 所示。

(6) 新建【图层 3】，按 Ctrl+F8 组合键，在打开的对话框中，输入【名称】为【按钮 1】，将【类型】设置为【按钮】，单击【确定】按钮，在【库】面板中，将【02】元件拖至舞台中，并对齐舞台中心，在【属性】面板中将【样式】设置为 Alpha，将 Alpha 值设置为 30%，如图 8-44 所示。

图 8-43　设置矩形的属性　　　　　　　　　　图 8-44　设置元件的属性

　　(7) 在【图层 1】的【指针经过】帧处插入关键帧，在舞台中选中元件，打开【属性】面板，将【样式】设置为无，如图 8-45 所示。

　　(8) 使用同样的方法新建按钮元件，将 01 元件拖入舞台中，在不同帧处设置属性，效果如图 8-46 所示。

图 8-45　插入关键帧并设置元件的属性　　　　图 8-46　新建其他元件并设置帧动画

　　(9) 返回到场景中，在【库】面板中将创建的按钮元件拖入舞台中，并调整位置和大小，效果如图 8-47 所示。

　　(10) 选中舞台中左侧的按钮元件，打开【属性】面板，将【实例名称】设置为 btn1，如图 8-48 所示。

图 8-47　新建图层并拖入元件　　　　　　　　图 8-48　设置元件的属性

(11) 选中舞台右侧的按钮元件，打开【属性】面板，将【实例名称】设置为 btn，如图 8-49 所示。

(12) 新建【图层 4】，在【时间轴】面板中选中【图层 4】，按 F9 键，在打开的面板中，输入代码，如图 8-50 所示。

图 8-49　设置另一个元件的属性

图 8-50　新建图层并输入代码

(13) 输入完成后，关闭该面板，按 Ctrl+Enter 组合键测试动画效果，如图 8-51 所示。

图 8-51　测试效果

案例精讲 082　制作导航栏动画效果

> 案例文件：CDROM | 场景 | Cha08 | 制作导航栏动画效果 .fla
>
> 视频文件：视频教学 | Cha08 | 制作导航栏动画效果 .avi

制作概述

下面介绍如何制作导航栏动画效果，通过使用元件并设置属性进行制作，完成后的效果如图 8-52 所示。

学习目标

■　学习如何制作导航栏动画效果。

■　掌握元件的使用方法。

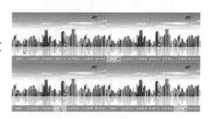

图 8-52　制作导航栏动画效果

操作步骤

(1) 启动软件后，新建场景。进入工作界面后，在工具箱中单击【属性】按钮，在打开的面板中，将【属性】选项组中的【大小】设置为 550×280(像素)，将【舞台】背景颜色设置为白色，如图 8-53 所示。

(2) 按 Ctrl+R 组合键，在弹出的【导入】对话框中，选择素材文件"导航栏背景 .jpg"，单击【打开】按钮，效果如图 8-54 所示。

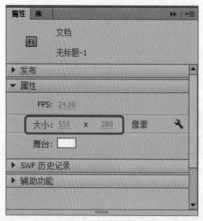

图 8-53　设置场景属性

图 8-54　将素材导入舞台

(3) 按 Ctrl+F8 组合键，在打开的对话框中，输入【名称】为【蓝底】，将【类型】设置为【图形】，单击【确定】按钮，然后使用【矩形工具】绘制矩形，选中绘制的矩形，在【属性】面板中将【宽】设置为 117，将【高】设置为 56，将【笔触颜色】设置为无，将【填充颜色】设置为 #009FE9，如图 8-55 所示。

(4) 按 Ctrl+F8 组合键，在打开的对话框中，输入【名称】为【白色遮罩】，将【类型】设置为【图形】，单击【确定】按钮，然后使用【矩形工具】绘制矩形，选中绘制的矩形，在【属性】面板中将【宽】设置为 121，将【高】设置为 58，将【笔触颜色】设置为无，将【填充颜色】设置为白色，如图 8-56 所示。

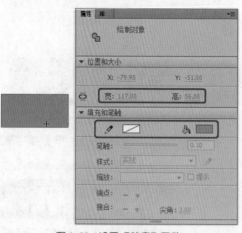

图 8-55　设置【蓝底】元件

图 8-56　设置【白色遮罩】元件

(5) 再次按 Ctrl+F8 组合键，在打开的【创建新元件】对话框中，输入【名称】为【文字1】，将【类型】设置为【图形】，单击【确定】按钮，然后使用【文本工具】输入文字，选中输入的文字，在【属性】面板中将【系列】设置为【方正隶书简体】，将【大小】设置为25，将【颜色】设置为白色，如图 8-57 所示。

(6) 继续按 Ctrl+F8 组合键，在打开的【创建新元件】对话框中，输入【名称】为【按钮1】，将【类型】设置为【按钮】，单击【确定】按钮，在【库】面板中将【蓝底】元件拖到舞台中，并调整位置，如图 8-58 所示。

图 8-57　设置文字属性

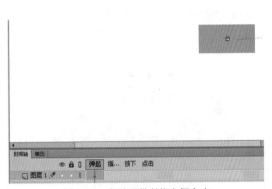

图 8-58　新建元件并拖入舞台中

(7) 然后在【指针经过】帧处，按F6键插入关键帧，并新建【图层2】，在该图层的【指针经过】帧处插入关键帧，在【库】面板中将【白色遮罩】元件拖至舞台中，在舞台中调整位置，选中该元件，在【属性】面板中将【样式】设置为Alpha，将Alpha值设置为50%，如图 8-59 所示。

(8) 新建【图层3】，然后在【库】面板中将【文字1】元件拖到舞台中，并调整位置，如图 8-60 所示。

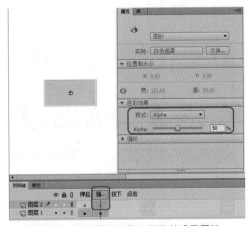

图 8-59　新建图层、拖入元件并设置属性

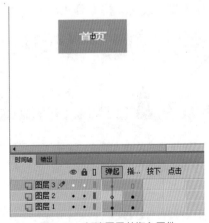

图 8-60　新建图层并插入元件

(9) 在【图层3】的【指针经过】帧处，按F6键插入关键帧，调整【文字】元件的大小，如图 8-61 所示。

知识链接

对【时间轴】面板中按钮元件各帧的功能介绍如下。

【弹起】：鼠标不在按钮上时的状态，即按钮的原始状态。

【指针经过】：鼠标移动到按钮上时的按钮状态。

【按下】：鼠标单击按钮时的按钮状态。

【点击帧】：用于设置对鼠标动作做出反应的区域，这个区域在 Flash 影片播放时是不会显示的。

(10) 调整完成后，返回场景中，在【库】面板中将【按钮 1】元件拖到舞台中，并调整位置和大小，效果如图 8-62 所示。

图 8-61　插入关键帧并调整元件大小

图 8-62　向舞台中拖入按钮元件

(11) 使用同样的方法，创建其他按钮元件，并拖到舞台中，效果如图 8-63 所示。

(12) 调整完成后，按 Ctrl+Enter 组合键测试影片，效果如图 8-64 所示。

图 8-63　将其他元件插入舞台中

图 8-64　测试影片效果

案例精讲 083　制作图片切换动画效果

案例文件：CDROM | 场景 | Cha08 | 制作图片切换动画效果 .fla

视频文件：视频教学 | Cha08 | 制作图片切换动画效果 .avi

制作概述

下面介绍如何制作图片切换动画效果，通过使用元件、传统补间和代码进行制作，完成后的效果如图 8-65 所示。

图 8-65　制作图片切换动画效果

学习目标

■　学习如何制作图片切换动画效果。
■　掌握按钮元件和传统补间的使用方法。

操作步骤

(1) 启动软件后，新建场景。进入工作界面后，在工具箱中单击【属性】按钮，在打开的面板中将【属性】选项组中的【大小】设置为 965×407(像素)，如图 8-66 所示。

(2) 按 Ctrl+R 组合键，在弹出的【导入】对话框中，选择素材文件"图片切换 1.jpg"，单击【打开】按钮，在弹出的对话框中单击【否】按钮，导入效果如图 8-67 所示。

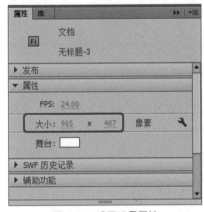

图 8-66　设置场景属性

图 8-67　将素材导入舞台

(3) 选中导入的素材，按 F8 键，在打开的对话框中，输入【名称】为【图 1】，将【类型】设置为【图形】，单击【确定】按钮，在【属性】面板中，将【样式】设置为 Alpha，将 Alpha 值设置为 0%，如图 8-68 所示。

(4) 设置完成后，在第 49 帧的位置插入关键帧，在【属性】面板中将【样式】设置为【无】，并在【图层 1】的两个关键帧之间插入传统补间，效果如图 8-69 所示。

图 8-68　设置元件的属性

图 8-69　创建传统补间

(5) 在该图层第 150 帧的位置插入关键帧，然后在第 180 帧的位置插入关键帧，在舞台中选中元件，在【属性】面板中将【样式】设置为 Alpha，将 Alpha 值设置为 0%，并在第 150 帧至 180 帧之间创建传统补间，如图 8-70 所示。

(6) 新建【图层2】，然后在第 180 帧的位置插入关键帧，使用同样的方法导入"图片切换2.jpg"素材文件，并将其转换为图形元件，选中舞台中的元件，在【属性】面板中将【样式】设置为 Alpha，将 Alpha 值设置为 0%，然后在第 235 帧的位置插入关键帧，将元件的 Alpha 设置为无，并在两个关键帧之间创建传统补间，效果如图 8-71 所示。

图 8-70　插入关键帧、设置元件属性并创建传统补间

图 8-71　设置元件属性并创建传统补间

(7) 然后在第 335 帧的位置插入关键帧，在第 360 帧的位置插入关键帧，将 Alpha 设置为 0%，并在这两个关键帧之间创建传统补间，效果如图 8-72 所示。

(8) 使用同样的方法新建图层并创建动画效果，按 Ctrl+F8 组合键，在打开的对话框中，输入【名称】为【按钮 1】，将【类型】设置为【按钮】，单击【确定】按钮，使用【矩形工具】在舞台中绘制矩形，然后在【属性】面板中将【宽】和【高】均设置为 30，将【笔触颜色】设置为白色，将【填充颜色】设置为黑色，将【笔触】设置为 1.5，如图 8-73 所示。

(9) 使用【文本工具】，在矩形中输入文字，选中输入的文字，在【属性】面板中将【系列】设置为【方正大标宋简体】，将【大小】设置为 20，将【颜色】设置为白色，如图 8-74 所示。

(10) 在该图层的【指针经过】帧插入关键帧，选中文字，将【颜色】设置为 #FFCC00，如图 8-75 所示。

图 8-72　插入关键帧、设置元件属性并创建传统补间

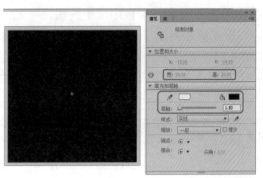

图 8-73　创建元件、绘制矩形并设置属性

图 8-74　输入文字的设置

图 8-75　插入关键帧并设置元件的属性

(11) 使用同样的方法再制作两个按钮元件，并输入不同的文字，效果如图 8-76 所示。

 在【库】面板中要复制元件时，可以通过选中要复制的元件，右键单击，从弹出的快捷菜单中选择【直接复制】命令。

(12) 返回到场景中，新建【图层 4】，将创建的按钮元件拖入舞台中，并调整位置和大小，如图 8-77 所示。

图 8-76　创建的其他按钮元件

图 8-77　新建图层并插入元件

(13) 然后分别在舞台中选中按钮元件 1、2、3，在【属性】面板中设置【实例名称】为 a、b、c，设置完成后新建【图层 5】，并选中第 1 帧，按 F9 键，在打开的【动作】面板中输入代码，如图 8-78 所示。

(14) 然后选中该图层的第 540 帧，插入关键帧，按 F9 键，在打开的【动作】面板中输入代码，如图 8-79 所示。

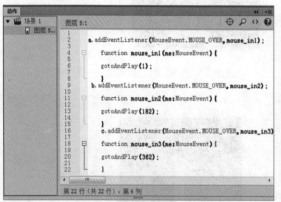

图 8-78　在第 1 帧处输入代码

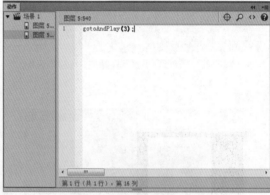

图 8-79　在第 540 帧处输入代码

(15) 关闭该面板，按 Ctrl+Enter 组合键测试影片，效果如图 8-80 所示。

图 8-80　测试效果

案例精讲 084　制作放大镜效果

案例文件：CDROM | 场景 | Cha08 | 制作放大镜效果 .fla

视频文件：视频教学 | Cha08 | 制作放大镜效果 .avi

制作概述

本例将介绍放大镜效果的制作方法，该例首先制作影片剪辑元件，然后将其添加到舞台中，最后添加脚本代码，完成后的效果如图 8-81 所示。

学习目标

■　学习如何制作影片剪辑元件。

图 8-81　放大镜效果

■ 掌握制作放大镜效果的方法。

操作步骤

(1) 启动 Flash CC 软件，打开随书附带光盘中的 CDROM| 素材 |Cha08| 制作放大镜效果 .fla 文件。按 Ctrl+F8 组合键，在弹出的【创建新元件】对话框中，将【名称】设置为【小字画】，将【类型】设置为【影片剪辑】，然后单击【确定】按钮，如图 8-82 所示。

(2) 将【库】面板中的 2.jpg 素材图片添加到舞台中，在【属性】面板中，将【位置和大小】中的 X 和 Y 都设置为 0，如图 8-83 所示。

图 8-82 新建元件

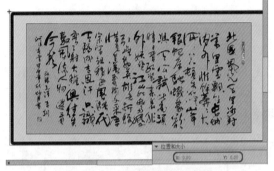

图 8-83 设置素材图片的位置

(3) 返回到【场景 1】中，将【库】面板中的【小字画】影片剪辑元件添加到舞台中，并将其调整到舞台中央，将其【实例名称】设置为 xzh，如图 8-84 所示。

(4) 按 Ctrl+F8 组合键，新建【大字画】影片剪辑元件，将【库】面板中的 1.jpg 素材图片添加到舞台中，在【属性】面板中，将【位置和大小】中的 X 设置为 −8，Y 设置为 −3，如图 8-85 所示。

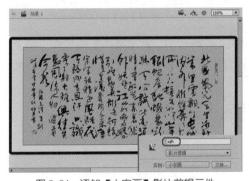

图 8-84 添加【小字画】影片剪辑元件

图 8-85 新建【大字画】影片剪辑元件

(5) 按 Ctrl+F8 组合键，新建【放大镜】影片剪辑元件，将【库】面板中的【放大镜】素材图片添加到舞台中，在【属性】面板中，将【位置和大小】中的 X 设置为 −12，Y 设置为 −12，如图 8-86 所示。

(6) 按 Ctrl+F8 组合键，新建【圆】影片剪辑元件，使用【椭圆工具】 ◯ ，在舞台中绘制一个圆形，然后在【属性】面板中，将【笔触颜色】设置为无，将【填充颜色】设置为任意颜色，将【位置和大小】中的 X 和 Y 都设置为 0，将【宽】和【高】都设置为 66.8，如图 8-87 所示。

图 8-86 新建【放大镜】影片剪辑元件

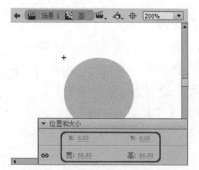

图 8-87 新建【圆】影片剪辑元件

(7) 返回至【场景 1】，新建【图层 2】，将【大字画】影片剪辑元件添加到舞台中，在【属性】面板中，将其【实例名称】设置为 dzh，然后调整其位置，如图 8-88 所示。

(8) 新建【图层 3】，将【圆】影片剪辑元件添加到舞台中，在【属性】面板中，将其【实例名称】设置为 yuan，如图 8-89 所示。

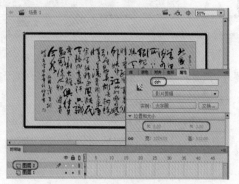

图 8-88 添加【大字画】影片剪辑元件

图 8-89 添加【圆】影片剪辑元件

(9) 新建【图层 4】，将【放大镜】影片剪辑元件添加到舞台中，在【属性】面板中，将其【实例名称】设置为 fdj，在【变形】面板中，将【缩放宽度】和【缩放高度】都设置为 55%，将其调整至如图 8-90 所示的位置。

(10) 将【图层 3】转换为遮罩层，然后新建【图层 5】，如图 8-91 所示。

图 8-90 添加【放大镜】影片剪辑元件

图 8-91 将【图层 3】转换为遮罩层并新建图层

(11) 在【图层5】的第1帧处，按F9键打开【动作】面板，输入脚本代码，如图8-92所示。

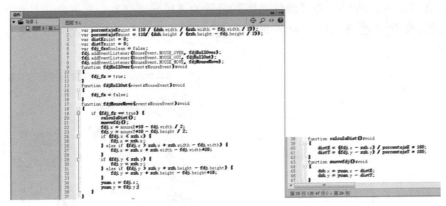

图8-92　输入脚本代码

(12) 将【动作】面板关闭，然后将文件保存，最后按Ctrl+Enter组合键对影片进行测试。

案例精讲 085　按钮切换背景颜色

案例文件：CDROM | 场景 | Cha08 | 按钮切换背景颜色 .fla

视频文件：视频教学 | Cha08 | 按钮切换背景颜色 .avi

制作概述

本例将介绍一下按钮切换背景颜色动画的制作，该例的制作比较简单，主要是制作按钮元件，然后输入代码，完成后的效果如图8-93所示。

图8-93　按钮切换背景颜色

学习目标

■　制作背景图片。

■　制作按钮元件。

■　输入代码。

操作步骤

(1) 按Ctrl+N组合键，弹出【新建文档】对话框，在【类型】列表框中选择ActionScript 3.0，将【宽】设置为300像素，将【高】设置为457像素，单击【确定】按钮，如图8-94所示。

（2）使用【矩形工具】 在舞台中绘制宽为 300 像素，高为 457 像素的矩形，然后选择绘制的矩形，在【颜色】面板中将【颜色类型】设置为【径向渐变】，将左侧色块的颜色设置为 #F95050，将右侧色块的颜色设置为 #B50000，将【笔触颜色】设置为无，填充颜色后的效果如图 8-95 所示。

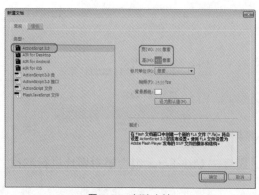

图 8-94　新建文档

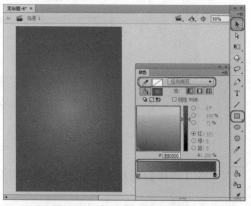

图 8-95　绘制矩形并填充颜色

（3）确认绘制的矩形处于选中状态，按 Ctrl+C 组合键进行复制，选择【图层 1】的第 2 帧，按 F7 键插入空白关键帧，并按 Ctrl+Shift+V 组合键进行粘贴，然后选择复制后的矩形，在【颜色】面板中将左侧色块的颜色设置为 #13647F，将右侧色块的颜色设置为 #13223E，效果如图 8-96 所示。

（4）选择【图层 1】的第 3 帧，按 F7 键插入空白关键帧，然后按 Ctrl+Shift+V 组合键进行粘贴，并选择复制后的矩形，在【颜色】面板中将左侧色块的颜色设置为 #6ECB23，将右侧色块的颜色设置为 #3F8803，效果如图 8-97 所示。

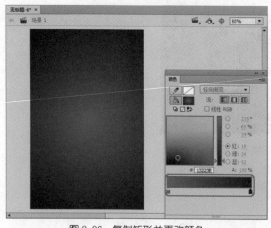

图 8-96　复制矩形并更改颜色

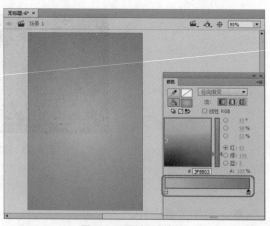

图 8-97　更改矩形颜色

（5）选择【图层 1】第 1 帧上的矩形，按 F8 键，弹出【转换为元件】对话框，输入【名称】为【红色矩形】，将【类型】设置为【图形】，单击【确定】按钮，如图 8-98 所示。

（6）使用同样的方法，将【图层 1】第 2 帧和第 3 帧上的矩形分别转换为【蓝色矩形】图形元件和【绿色矩形】图形元件，如图 8-99 所示。

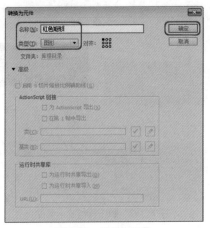

图 8-98　转换为元件

图 8-99　转换其他元件

(7) 按 Ctrl+F8 组合键，弹出【创建新元件】对话框，输入【名称】为【红色按钮】，将【类型】设置为【按钮】，单击【确定】按钮，如图 8-100 所示。

(8) 然后在【库】面板中将【红色矩形】图形元件拖拽到舞台中，并在【属性】面板中取消宽度值和高度值的锁定，将【红色矩形】图形元件的【宽】设置为 70，将【高】设置为 28，如图 8-101 所示。

图 8-100　创建新元件

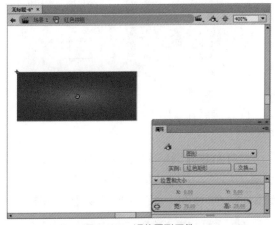

图 8-101　调整图形元件

(9) 选择【指针经过】帧，按 F6 键插入关键帧，然后在工具箱中选择【矩形工具】 ，在舞台中绘制宽为 70，高为 28 的矩形，并选择绘制的矩形，在【属性】面板中将【填充颜色】设置为白色，并将填充颜色的 Alpha 值设置为 30%，将【笔触颜色】设置为无，如图 8-102 所示。

(10) 使用同样的方法，制作【蓝色按钮】和【绿色按钮】按钮元件，效果如图 8-103 所示。

(11) 返回到【场景 1】中，新建【图层 2】，然后按 Ctrl+R 组合键，弹出【导入】对话框，在该对话框中选择随书附带光盘中的"圣诞树背景 .png"素材图片，单击【打开】按钮，即可将选择的素材图片导入到舞台中，并在【对齐】面板中勾选【与舞台对齐】复选框，然后单击【水平中齐】 和【垂直中齐】按钮 ，效果如图 8-104 所示。

(12) 确认素材图片处于选中状态，按 F8 键，弹出【转换为元件】对话框，输入【名称】为【圣诞树】，将【类型】设置为【影片剪辑】，单击【确定】按钮，如图 8-105 所示。

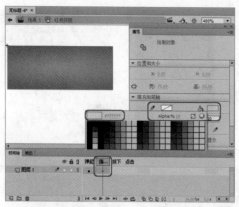

图 8-102　绘制矩形并填充颜色

图 8-103　制作其他按钮元件

图 8-104　调整素材图片

图 8-105　转换为元件

（13）然后在【属性】面板的【显示】选项组中，将【混合】设置为【滤色】，效果如图 8-106 所示。

（14）新建【图层 3】，在工具箱中选择【矩形工具】 □，在【属性】面板中将【填充颜色】设置为白色，并确认填充颜色的 Alpha 值为 100%，将【笔触颜色】设置为无，然后在舞台中绘制一个宽为 80、高为 100 的矩形，如图 8-107 所示。

图 8-106　设置元件的显示方式

图 8-107　绘制矩形

（15）新建【图层 4】，在【库】面板中将【蓝色按钮】元件拖拽到舞台中，并调整其位置，然后在【属性】面板中输入【实例名称】为"B"，如图 8-108 所示。

(16) 使用同样的方法，将【红色按钮】元件和【绿色按钮】元件拖拽到舞台中，并在【属性】面板中将【实例名称】分别设置为"R"和"G"，如图 8-109 所示。

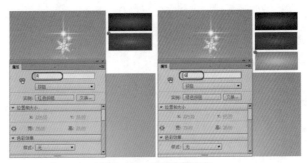

图 8-108　添加元件并设置实例名称　　　　　　图 8-109　设置实例名称

(17) 新建【图层 5】，按 F9 键打开【动作】面板，在该面板中输入代码，如图 8-110 所示。

(18) 至此，完成了该动画的制作，按 Ctrl+Enter 组合键测试影片，效果如图 8-111 所示。然后导出影片，并将场景文件保存即可。

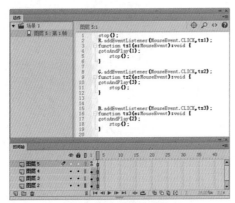

图 8-110　输入代码　　　　　　　　　　　图 8-111　测试影片

第9章
网站动画的制作

本章重点
◆ 制作宠物网站动画
◆ 制作购物网站动画

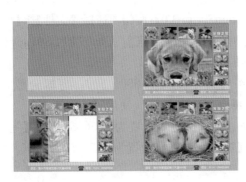

动画的概念不同于一般意义上的动画片，动画是一种综合艺术，它是集合了绘画、漫画、电影、数字媒体、摄影、音乐、文学等众多艺术门类于一身的艺术表现形式。而在网站中也有多种样式的动画，本章将介绍最常见的两种动画形式的制作方法。

案例精讲 086　制作宠物网站动画

 案例文件：CDROM | 场景 | Cha09 | 制作宠物网站动画 .fla

视频文件：视频教学 | Cha09 | 制作宠物网站动画 .avi

制作概述

本例将介绍如何制作宠物网站动画，主要利用形状补间和按钮以及配合【动作】面板的代码来制作动画，完成后的效果如图 9-1 所示。

图 9-1　宠物网站动画

学习目标

- 学习如何制作按钮元件和形状补间。
- 掌握形状补间和按钮以及代码的使用。

操作步骤

（1）启动软件后，在打开的界面中单击【ActionScript 3.0】按钮，选择【文件】|【导入到库】命令，在弹出的对话框中选择随书附带光盘中的 CDROM| 素材 |Cha09|LPLS01.jpg~LPLS08.jpg、LPLS09.png 素材文件，单击【打开】按钮，如图 9-2 所示。

（2）打开【属性】面板，在该面板中将舞台大小设置为 800×500，将舞台颜色设置为 #FF9966。在工具箱中选择【矩形】工具，在舞台上绘制矩形。使用【选择工具】选择刚刚绘制的矩形，打开【属性】面板，在该面板中将【笔触颜色】设置为 #666666，将【笔触】设置为 1.5，将【填充颜色】设置为 #FF6633，将【宽】、【高】设置为 137、50，将 X、Y 设置为 331.5、225，如图 9-3 所示。

（3）单击【新建图层】按钮，新建【图层 2】，选择【图层 2】的第 1 帧，选择【工具箱】中的【矩形工具】，在舞台上绘制矩形，选择绘制的矩形，在【属性】面板中将【笔触】设置为无，将【填充颜色】设置为#666666，将【宽】、【高】设置为137、3，将 X、Y 设置为331.5、218，如图 9-4 所示。

(4) 在【图层 1】和【图层 2】的第 5 帧和第 10 帧处按 F6 键插入关键帧，选择第 10 帧，然后使用【选择工具】在舞台中选择所有的对象，打开【属性】面板，在该面板中将 Y 设置为 265，如图 9-5 所示。

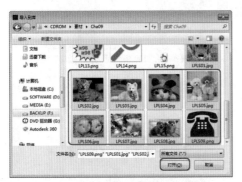

图 9-2　【导入到库】对话框

图 9-3　绘制矩形

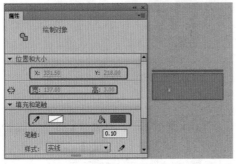

图 9-4　绘制矩形并进行调整

图 9-5　调整选择对象的位置

(5) 在【图层 1】和【图层 2】的第 5～10 帧创建形状补间动画，在【图层 1】、【图层 2】的第 15 帧处添加关键帧，选择所有的对象，在【属性】面板中将 Y 设置为 20，在【图层 1】、【图层 2】的第 10～15 帧之间创建形状补间动画，如图 9-6 所示。

(6) 在时间轴上选择【图层 2】，单击【新建图层】按钮，新建【图层 3】，将其重命名为"LOADING"，在工具箱中选择【文本工具】，在舞台上单击鼠标，输入文字"LOADING……"，选择输入的文字，在【属性】面板中将【系列】设置为【方正琥珀简体】，将【大小】设置为15，将【颜色】设置为#66FF00，将 X、Y 设置为346、244，在【滤镜】卷展栏中单击【添加滤镜】按钮，在弹出的下拉列表中选择【投影】选项，将【距离】设置为2，如图 9-7 所示。

(7) 选择文字，按 F8 键打开【转换为元件】对话框，在该对话框中将【名称】设置为LOADING，将【类型】设置为【图形】，单击【确定】按钮，如图 9-8 所示。

(8) 选择 LOADING 图层的第 5 帧，按 F6 键插入关键帧，在场景中选择元件，在【属性】面板中，将【色彩效果】卷展栏中的【样式】设置为 Alpha，将 Alpha 值设置为 0，如图 9-9 所示。

图 9-6　调整位置并创建形状补间动画

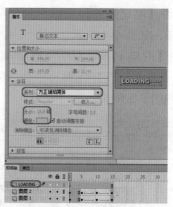

图 9-7　设置文字

图 9-8　【转换为元件】对话框

图 9-9　设置 Alpha

(9)选择 LOADING 图层的第 3 帧，单击鼠标右键，从弹出的快捷菜单中选择【创建传统补间】命令，单击【新建图层】按钮，将该图层重命名为【底矩形】，将该【底矩形】图层调整到【图层 1】的下方，选择该图层的第 5 帧，按 F6 键插入关键帧，效果如图 9-10 所示。

(10)在工具箱中选择【矩形工具】，在舞台上绘制矩形，打开【属性】面板，在该面板中将【宽】设置为 600，将【高】设置为 1，将【笔触】设置为无，将【填充颜色】设置为 #FFCC99，打开【对齐】面板，在该面板中单击【水平中齐】按钮和【顶对齐】按钮，如图 9-11 所示。

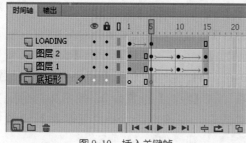

图 9-10　插入关键帧

图 9-11　设置【属性】和【对齐】方式

(11)选择【底矩形】的第 15 帧，按 F6 键插入关键帧，在舞台上选择矩形，在【属性】面板中将【高】设置为 460，选择该图层的第 10 帧，单击鼠标右键，从弹出的快捷菜单中选择【创建补间形状】命令，创建完成后的效果如图 9-12 所示。

(12)选择【底矩形】图层的第 180 帧，按 F5 键插入帧。选择【图层 1】、【图层 2】的第

20、25 帧，按 F6 键插入关键帧，选择第 25 帧，在舞台上选择【图层 1】、【图层 2】的图形，在【属性】面板中将【宽】设置为 590，在【对齐】面板中单击【水平中齐】按钮，如图 9-13 所示。

图 9-12　创建形状补间动画

图 9-13　调整矩形

(13) 在【图层 1】、【图层 2】的第 20 ~ 25 帧之间创建形状补间，选择【图层 2】的第 180 帧，按 F5 键插入帧。选择【图层 1】的第 30 帧，按 F6 键插入关键帧，在舞台上选择【图层 1】的矩形，在【属性】面板中将【高】设置为 410，选择第 27 帧，单击鼠标右键，从弹出的快捷菜单中选择【创建补间形状】命令，设置完形状补间后的效果如图 9-14 所示。

(14) 选择【图层 1】的第 180 帧，按 F5 键插入帧，按 Ctrl+F8 组合键，弹出【创建新元件】对话框，在该对话框中将【名称】命名为"Dog1"，将【类型】设置为【按钮】，单击【确定】按钮，如图 9-15 所示。

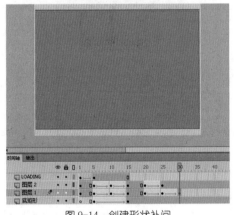

图 9-14　创建形状补间

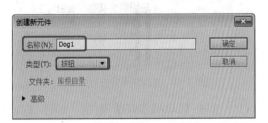

图 9-15　【创建新元件】对话框

(15) 打开【库】面板，在该面板中将 LPLS01.jpg 拖拽到舞台上，打开【属性】面板，在该面板中单击【将宽度值和高度值锁定在一起】按钮，将【宽】和【高】锁定在一起，将【高】设置为 85，打开【对齐】面板，在该面板中单击【水平中齐】按钮和【垂直中齐】按钮，如图 9-16 所示。

(16) 选择图片，按 Ctrl+B 组合键将其打散，选择【钢笔工具】，在【属性】面板中将【笔触】设置为 1.5，将【笔触颜色】设置为白色，然后选择【墨水瓶工具】，在图片的边缘处单击鼠标，为图片描边，效果如图 9-17 所示。

图 9-16　等比例缩放图片并调整其位置

图 9-17　使用墨水瓶工具进行描边

知识链接

　　墨水瓶工具不仅能够在选定图形的轮廓线上加上规定的线条，还可以改变一条线段的粗细、颜色、线型等，并且可以给打散后的文字和图形加上轮廓线。墨水瓶工具本身不能在工作区中绘制线条，只能对已有线条进行修改。

　　(17) 选择【指针经过】帧，按 F6 键插入关键帧，在工具箱中选择【矩形工具】，在舞台上绘制矩形，打开【属性】面板，在该面板中将【笔触】设置为无，将【填充颜色】设置为白色，将 Alpha 的值设置为 50，将【宽】、【高】设置为 100、85，将 X、Y 设置为 −50、−42.5，如图 9-18 所示。

　　(18) 选择【按下】帧，按 F6 键插入关键帧，选择刚刚绘制的矩形，按 Delete 键将其删除，使用同样的方法制作其他按钮，制作完成后，在【库】面板中的表现如图 9-19 所示。

图 9-18　绘制矩形并进行设置

图 9-19　使用同样的方法制作其他按钮

　　(19) 选择【LOADING】图层，单击【新建图层】按钮，将该图层命名为"Dog1"，选择该图层的第 30 帧，按 F6 键插入关键帧，打开【库】面板，在该面板中将 Dog1 按钮拖拽到舞台上，打开【属性】面板，在该面板中将【实例名称】设置为"Dog1"，将 X、Y 设置为 163.7、85.6，如图 9-20 所示。

　　(20) 单击【新建图层】按钮，将新建的图层命名为"Cat1"，选择该图层的第 32 帧，按 F6 键插入关键帧，打开【库】面板，在该面板中将 Cat1 按钮拖拽到舞台上，打开【属性】面板，在该面板中将【实例名称】设置为"Cat1"，将 X、Y 设置为 282、85.6，如图 9-21 所示。

图 9-20　按钮的位置

图 9-21　设置按钮的实例名称并调整其位置

(21) 使用同样的方法制作其他按钮的动画，制作完成后的效果如图 9-22 所示。

(22) 单击【新建图层】按钮，将新建的图层命名为【矩形 1】，选择该图层的第 36 帧，按 F6 键插入关键帧，在舞台上绘制矩形，将【宽】、【高】设置为 467、305，将 X、Y 设置为 112.7、132.05，将【笔触】设置为无，将【填充颜色】设置为 #FF9900，如图 9-23 所示。

图 9-22　制作完成后的效果

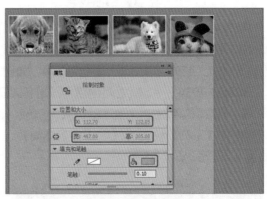

图 9-23　绘制矩形

(23) 选择矩形，按 F8 键打开【转换为元件】对话框，在该对话框中将【名称】命名为【矩形】，将【类型】设置为【图形】，单击【确定】按钮，如图 9-24 所示。

(24) 选择【矩形】元件，在【属性】面板中将【样式】设置为 Alpha，将 Alpha 值设置为 0，选择【矩形】图层的第 42 帧，按 F6 键插入关键帧，在【属性】面板中将 Alpha 设置为 100，选择第 38 帧，单击鼠标右键，从弹出的快捷菜单中选择【创建传统补间】命令，创建完传统补间动画后的效果如图 9-25 所示。

图 9-24　【转换为元件】对话框

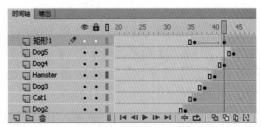

图 9-25　创建传统补间动画

(25) 将【矩形 1】图层拖拽到【新建图层】按钮上，对【矩形 1】图层进行复制，然后新建图层，将其图层命名为【矩形 2】，选择第 36 帧，按 F6 键插入关键帧，在工具箱中选择【矩形工具】，在舞台上绘制矩形，在【属性】面板中将【宽】、【高】设置为 600、30，将【笔触】设置为无，将【填充颜色】设置为 66CC00，如图 9-26 所示。

(26) 选择刚刚绘制的矩形，按 F8 键打开【转换为元件】对话框，在该对话框中将【名称】设置为【矩形 1】，将【类型】设置为【图形】，单击【确定】按钮，如图 9-27 所示。

图 9-26　【属性】面板　　　　　　　　　　图 9-27　【转换为元件】对话框

(27) 在【属性】面板中将 X、Y 设置为 395、518，将【色彩效果】下的【样式】设置为 Alpha，将 Alpha 设置为 0，选择第 42 帧，按 F6 键插入关键帧，在【属性】面板中将 X、Y 设置为 400、479，将 Alpha 设置为 100，如图 9-28 所示。

(28) 在第 36 ~ 42 帧之间创建传统补间动画，单击【新建图层】按钮 ，将其重命名为【文字 1】，选择第 42 帧，按 F6 键插入关键帧，使用【文本工具】在舞台上输入文字，在【属性】面板中将【系列】设置为【方正综艺体简】，将【大小】设置为 18，将【颜色】设置为白色，如图 9-29 所示。

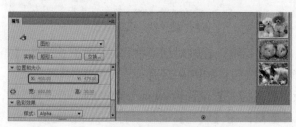

图 9-28　设置属性　　　　　　　　　　图 9-29　设置文字属性

(29) 打开【库】面板，将 LPLS09.png 拖拽到舞台中，在【属性】面板中将【宽】、【高】设置为 37.1、30，将 X、Y 设置为 449.4、464，如图 9-30 所示。

(30) 选择刚刚输入的文字和 LPLS09.png 图片，按 F8 键打开【转换为元件】对话框，在该对话框中将【名称】命名为【文字 1】，将【类型】设置为【图形】，单击【确定】按钮，选择【文字 1】元件，在【属性】面板中将 X、Y 设置为 401.8、510，将【样式】设置为 Alpha，将 Alpha 的值设置为 0，如图 9-31 所示。

(31) 在第 46 帧处插入关键帧，在【属性】面板中将 Alpha 设置为 100，将 X、Y 设置为 401.8、479，然后在第 42 ~ 47 帧之间创建传统补间动画，如图 9-32 所示。

(32) 按 Ctrl+F8 组合键，在弹出的对话框中将【名称】命名为 "Dog01"，将【类型】设置为【影片剪辑】，单击【确定】按钮，打开【库】面板，在该面板中将 LPLS01.jpg 拖拽到舞台中，在【属性】面板中将【宽】、【高】设置为 467、305，在【对齐】面板中单击【水平中齐】按钮和【垂直中齐】按钮，如图 9-33 所示。

图 9-30　设置图片属性

图 9-31　设置关键帧

图 9-32　创建传统补间动画

图 9-33　设置图片

(33) 选择第 15 帧，按 F5 键插入帧，单击【新建图层】按钮 □，在工具箱中选择【矩形工具】，在舞台上绘制矩形。选择绘制的矩形，在【属性】面板中将【宽】、【高】分别设置为 35、305，将 X、Y 设置为 −233.5、−152.5，将【笔触】设置为无，将【填充颜色】设置为白色，如图 9-34 所示。

(34) 选择刚刚绘制的矩形，按 F8 键打开【转换为元件】对话框，在该对话框中将【名称】设置为【白色矩形】，单击【确定】按钮，如图 9-35 所示。

图 9-34　设置矩形的属性

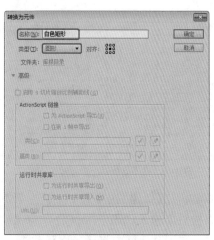

图 9-35　【转换为元件】对话框

(35) 单击【确定】按钮，选择【图层 2】的第 5 帧，按 F6 键插入关键帧，在【属性】面板中将【宽】设置为 20，将【色彩效果】下的【样式】设置为 Alpha，将 Alpha 值设置为 0，如图 9-36 所示。

(36) 在第 0 ～ 5 帧之间创建传统补间动画，单击【新建图层】按钮，打开【库】面板，将【白色矩形】拖拽到舞台上，在【属性】面板中将【宽】设置为 85，将 X、Y 设置为 −156、0，如图 9-37 所示。

(37) 选择新图层的第 3 帧，按 F6 键插入关键帧，选择该图层的第 8 帧，按 F6 键插入关键帧，在场景中选择矩形元件，在【属性】面板中将【宽】设置为 50，将【色彩效果】下的【样式】设置为 Alpha，将 Alpha 值设置为 0，如图 9-38 所示。

图 9-36　设置关键帧　　　　图 9-37　设置元件的位置和大小　　　　图 9-38　设置属性

(38) 在第 3 ～ 8 帧之间创建传统补间动画，单击【新建图层】按钮，打开【库】面板，将【白色矩形】拖拽到舞台上，在【属性】面板中将【宽】设置为 152，将 X、Y 设置为 −37.5、0。选择第 6 帧，按 F6 键插入关键帧，选择该图层的第 11 帧，按 F6 键插入关键帧，在场景中选择矩形元件，在【属性】面板中将【宽】设置为 125，将【色彩效果】下的【样式】设置为 Alpha，将 Alpha 值设置为 0，如图 9-39 所示，然后创建传统补间。

(39) 再次单击【新建图层】按钮，使用同样的方法制作该图层动画，制作完成后的效果如图 9-40 所示。

 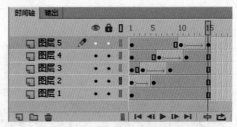

图 9-39　在不同的帧上设置矩形的属性　　　　图 9-40　设置完成后的效果

(40) 单击【新建图层】按钮，选择第 15 帧，按 F6 键插入关键帧，按 F9 键打开【动作】面板，在该面板只能输入代码"stop()"，将【动作】面板关闭，按 Ctrl+F8 组合键打开【创建新元件】对话框，在该对话框中将【名称】设置为"Cat01"，将【类型】设置为【影片剪辑】，单击【确定】按钮，如图 9-41 所示。

(41) 打开【库】面板，在该面板中，将LPLS02.jpg拖拽到舞台上，打开【属性】面板，将【宽】、【高】设置为467、305，在【对齐】面板上单击【水平中齐】按钮和【垂直中齐】按钮，如图9-42所示。

图 9-41　【创建新元件】对话框

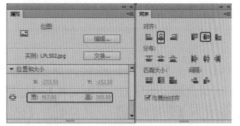

图 9-42　设置属性及对齐方式

(42) 选择第15帧，按F5键插入帧，在【库】面板中双击Dog01元件，在该元件中选择除图层1的所用帧，单击鼠标右键，从弹出的快捷菜单中选择【复制】命令，返回到Cat01元件中，单击【新建元件】按钮，选择新图层的第1帧，单击鼠标右键，从弹出的快捷菜单中选择【粘贴帧】命令，将第15帧以后的帧选中，单击鼠标右键，从弹出的快捷菜单中选择【删除帧】命令，设置完成后的效果如图9-43所示。

(43) 使用同样的方法设置其他的影片剪辑，返回到【场景1】中，将【矩形1复制】图层先隐藏显示，选择【矩形1】图层，单击【新建图层】按钮，将新建的图层重命名为【影片剪辑】，选择该图层的第42帧，按F6键插入关键帧，打开【库】面板，在该面板中将Dog01拖拽到上，在【属性】面板中将X、Y设置为346.25、284.55，如图9-44所示。

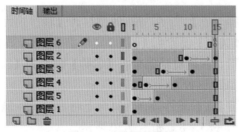

图 9-43　复制及粘贴帧

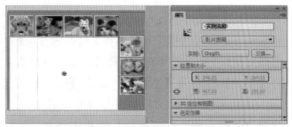

图 9-44　将影片剪辑拖拽到舞台中并调整位置

(44) 选择第57帧，按F6键插入关键帧，在【库】面板中将Dog01拖拽到舞台上，在【属性】面板中将X、Y设置为346.25、284.55。选择该图层的第71帧，按F7键插入空白关键帧，选择第72帧，按F6键插入关键帧，将Cat01拖拽到舞台上，在【属性】面板中将X、Y设置为346.25、284.55，如图9-45所示。

(45) 使用同样的方法设置该图层的其他动画，设置完成后将【矩形1复制】图层显示，选中该图层，单击鼠标右键，从弹出的快捷菜单中选择【遮罩层】命令，如图9-46所示。

图 9-45　设置关键帧

图 9-46　选择【遮罩层】命令

(46) 选择【文字 1】图层，单击【新建图层】按钮 ，将其重命名为【文字 2】，按 Ctrl+F8 组合键，打开【创建新元件】对话框，在该对话框中将【名称】设置为【文字 2】，将【类型】设置为【影片剪辑】，然后单击【确定】按钮，如图 9-47 所示。

(47) 在工具箱中使用【文本工具】，在舞台上输入文字【宠物之家】，在【属性】面板中将【系列】设置为【汉仪综艺体简】，将【大小】设置为 25，将【颜色】设置为白色，如图 9-48 所示。

图 9-47　【创建新元件】对话框

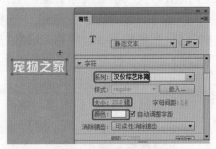

图 9-48　设置文字的属性

(48) 选择文字按 Ctrl+B 组合键将文字打散，选择【宠】文字，按 F8 键打开【转换为元件】对话框，在该对话框中将【名称】命名为【宠】，将【类型】设置为【图形】，单击【确定】按钮；选择【物】文字，按 F8 键打开【转换为元件】对话框，在该对话框中将【名称】命名为【物】，将【类型】设置为【图形】，单击【确定】按钮，如图 9-49 所示。

(49) 使用同样的方法将其他文字转换为元件，除【宠】元件外，在舞台上将其他元件删除。选择【宠】元件，在【属性】面板中将 X、Y 设置为 −83、0，如图 9-50 所示。

图 9-49　【转换为元件】对话框

图 9-50　设置文字属性

(50) 选择第 15 帧，按 F6 键插入关键帧，在【变形】面板中单击【约束】按钮 ，将【缩放宽度】设置为 130，如图 9-51 所示。

(51) 选择第 17 帧，按 F6 键插入关键帧，在【变形】面板中将【缩放宽度】设置为 100。选择【图层 1】的第 23 帧，按 F5 键插入帧。单击【新建图层】按钮 ，将【物】元件拖拽到舞台中，在【属性】面板中将 X、Y 设置为 −51.8、0，如图 9-52 所示。

图 9-51　设置变形　　　　　　　　　　　　　　图 9-52　设置位置

(52) 选择第 17 帧，按 F6 键插入关键帧，在【变形】面板中将【缩放宽度】设置为 130，选择第 19 帧，按 F6 键插入关键帧，将【缩放宽度】设置为 100，如图 9-53 所示。

(53) 使用同样的方法制作其他图层的动画，设置完成后，在【时间轴】面板中的表现如图 9-54 所示。

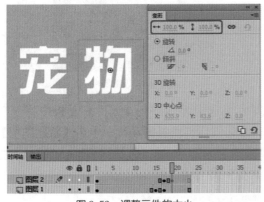

图 9-53　调整元件的大小　　　　　　　　　　　图 9-54　设置完成后的效果

(54) 返回到场景 1 中，在工具箱中选择【文本工具】，在舞台上输入文字"Happiness home"，将【系列】设置为【汉仪综艺体简】，将【大小】设置为 11，将【颜色】设置为白色，按 F8 键打开【转换为元件】对话框，在该对话框中将【名称】设置为"Happiness home"，将【类型】设置为【图形】，单击【确定】按钮，如图 9-55 所示。

(55) 在舞台上将"Happiness home"元件删除，选择【文字 2】图层的第 36 帧，按 F6 键插入关键帧，在【库】面板中将【文字 2】影片剪辑拖拽到舞台上，在【属性】面板中将 X、Y 设置为 793.25、88.2，将【样式】设置为 Alpha，将 Alpha 的值设置为 0，如图 9-56 所示。

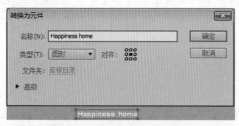

图 9-55 【转换为元件】对话框

图 9-56 设置位置

(56) 选择第 42 帧，按 F6 键插入关键帧，在舞台上选择元件，在【属性】面板中将 X 设置为 671，将 Alpha 值设置为 100。选择第 40 帧，单击鼠标右键，从弹出的快捷菜单中选择【创建传统补间】命令，完成后的效果如图 9-57 所示。

(57) 单击【新建图层】按钮 ，将其重命名为 "Happiness home"，选择第 36 帧，按 F6 键插入关键帧，在【库】面板中将 Happiness home 元件拖拽到舞台上，在【属性】面板中将 X、Y 设置为 636.45、151，将【样式】设置为 Alpha，将 Alpha 值设置为 0，如图 9-58 所示。

图 9-57 创建传统补间

图 9-58 设置属性

(58) 选择第 42 帧，按 F6 键插入关键帧，在舞台上选中元件，在【属性】面板中将 Y 设置为 108，将 Alpha 值设置为 100。在第 36 ~ 42 帧之间创建传统补间动画。单击【新建图层】按钮 ，将新建的图层重命名为【代码】，选择该图层的第 56 帧，按 F6 键插入关键帧，按 F9 键打开【动作】面板，在该面板中输入代码，如图 9-59 所示。

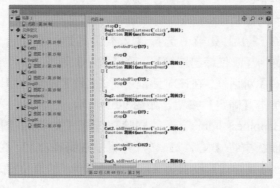

图 9-59 在【动作】面板中输入代码

(59) 至此，宠物网站动画就制作完成了，将影片导出后，对场景进行保存即可。

案例精讲 087　制作购物网站动画

案例文件：CDROM | 场景 | Cha09 | 制作购物网站动画 .fla

视频文件：视频教学 | Cha09 | 制作购物网站动画 .avi

制作概述

下面介绍如何制作购物网站动画，本例中主要介绍矩形工具、文字工具等工具的使用，以及配合遮罩、形状补间动画、传统补间动画来制作出网站动画，效果如图 9-60 所示。

图 9-60　购物网站动画

学习目标

■　学习矩形工具、文字工具等工具的使用。

■　掌握形状补间动画、传统补间动画、影片剪辑元件的使用。

操作步骤

(1) 启动软件后，在打开的界面中单击【ActionScript 3.0】按钮，在工具箱中选择【矩形工具】，在舞台上绘制矩形，在【属性】面板中将【宽】、【高】设置为 550、400，在【对齐】面板中单击【水平中齐】按钮和【垂直中齐】按钮，如图 9-61 所示。

(2) 打开【颜色】面板，在该面板中将【颜色类型】设置为【径向渐变】，选择左侧的色标，将颜色设置为 #FFCC33，选择右侧的色标，将颜色设置为 #FF9900，如图 9-62 所示。

图 9-61　设置大小及对齐方式

图 9-62　【颜色】面板

（3）选择【图层1】的第145帧，按F5键插入帧，将图层1锁定，按Ctrl+F8组合键，打开【创建新元件】对话框，在该对话框中将【名称】命名为【动画01】，将【类型】设置为【影片剪辑】，如图9-63所示。

（4）选择【文件】|【导入】|【导入到库】菜单命令，在弹出的对话框中选择LPL01.png～LPL15.png，单击【打开】按钮，如图9-64所示。

图9-63 【创建新元件】对话框

图9-64 【导入到库】对话框

（5）打开【库】面板，在该面板中将LPL01.jpg拖拽到舞台上，打开【变形】面板，单击【约束】按钮🔗，将【缩放宽度】设置为15，在【属性】面板中将X、Y设置为−237、−170，如图9-65所示。

（6）单击【新建图层】按钮🔲，在【库】面板中将LPL10.png拖拽到舞台中，在【变形】面板中将【缩放宽度】设置为8，在【属性】面板中将X、Y设置为−173.15、−158.35，如图9-66所示。

图9-65 设置图形的位置

图9-66 设置位置

（7）使用同样的方法设置影片剪辑的其他图层，并在所有图层的第35帧的位置插入帧，设置完成后的效果如图9-67所示。

（8）在舞台上选择LPL03.png对象，按F8键打开【转换为元件】对话框，在该对话框中将【名称】设置为【图01】，将【类型】设置为【图形】，单击【确定】按钮，如图9-68所示。

（9）选择【图01】元件所在图层的第20帧，按F6键插入关键帧。选择【图01】，在【变形】面板中将【缩放宽度】设置为120，如图9-69所示。

（10）选择第25帧，按F6键插入关键帧，在【变形】面板中将【缩放宽度】设置为100，在第20～25帧之间创建传统补间动画，完成后的效果如图9-70所示。

（11）按Ctrl+F8组合键打开【创建新元件】对话框，在该对话中将【名称】设置为【动画02】，将【类型】设置为【影片剪辑】，单击【确定】按钮，如图9-71所示。

（12）使用同样的方法制作【动画02】影片剪辑，制作完成后的效果如图9-72所示。

图 9-67　设置完成后的效果

图 9-68　【转换为元件】对话框

图 9-69　设置缩放大小

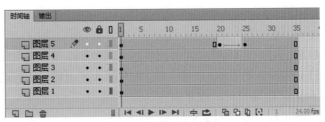

图 9-70　创建传统补间动画

图 9-71　【创建新元件】对话框

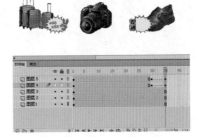

图 9-72　制作完成后的效果

(13) 使用同样的方法制作【动画 03】影片剪辑，设置完成后的效果如图 9-73 所示。

(14) 返回到【场景 1】中，单击【新建图层】按钮，将新建的图层重命名为【动画01】，在【库】面板中将【动画01】影片剪辑拖拽到舞台上，并调整其位置，效果如图 9-74 所示。

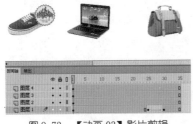

图 9-73　【动画 03】影片剪辑

图 9-74　设置影片剪辑的位置

(15) 选择【动画01】图层的第 15 帧，按 F6 键插入关键帧，在舞台上调整其位置，效果如图 9-75

所示。

(16) 选择第 1～15 帧的任意一帧，单击鼠标右键，从弹出的快捷菜单中选择【创建传统补间】命令，单击【新建图层】按钮 ⬜，将新图层命名为【动画 02】，在【库】面板中将【动画 02】拖拽到舞台中，在舞台上调整其位置，效果如图 9-76 所示。

图 9-75　调整影片剪辑的位置　　　　　图 9-76　调整【动画 02】影片剪辑的位置

(17) 选择【动画 02】图层的第 15 帧，按 F6 键插入关键帧，在舞台上调整其位置，效果如图 9-77 所示。

(18) 在第 1～15 帧之间创建传统补间动画，单击【新建图层】按钮 ⬜，将新图层命名为【动画 03】，选择该图层的第 3 帧，按 F6 键插入关键帧，在【库】面板中将【动画 03】拖拽到舞台中，在舞台上调整其位置，效果如图 9-78 所示。

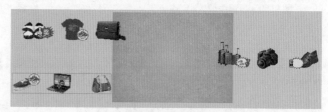

图 9-77　调整【动画 02】影片剪辑的位置　　　　　图 9-78　调整位置

(19) 选择【动画 03】的第 15 帧，按 F6 键插入关键帧，在舞台中调整【动画 03】的位置，效果如图 9-79 所示。

(20) 在第 3～15 帧之间创建传统补间动画，单击【新建图层】按钮 ⬜，将新图层命名为【遮罩矩形】，在工具箱中选择【矩形工具】，在舞台上绘制矩形，在【属性】面板中将【笔触】设置为无，将【填充颜色】设置为任意颜色，将【宽】、【高】设置为 550、400，将 X、Y 设置为 0、0，如图 9-80 所示。

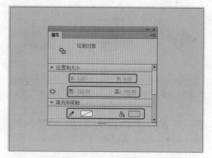

图 9-79　调整【动画 03】的位置　　　　　图 9-80　绘制矩形

(21) 单击【新建图层】按钮 🔲，将其重命名为【边框】。选择【矩形工具】，在舞台上绘制矩形，在【属性】面板中将【宽】、【高】设置为540、390，将【笔触】设置为10，将【笔触颜色】设置为#66FFFF，将【填充颜色】设置为无，将X、Y设置为5、5，如图9-81所示。

(22) 暂时将【遮罩矩形】隐藏。在【动画01】、【动画02】、【动画03】的第45帧位置处添加关键帧，选择这三个图层的第45帧，然后在舞台上选择【动画01】、【动画02】、【动画03】对象，在【属性】面板中单击【滤镜】卷展栏中的【添加滤镜】按钮 ➕▾，从弹出的下拉列表中选择【模糊】滤镜，将【模糊X】设置为0，如图9-82所示。

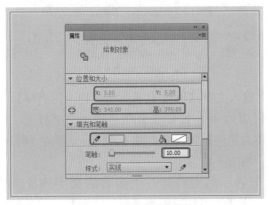

图9-81　设置矩形的属性

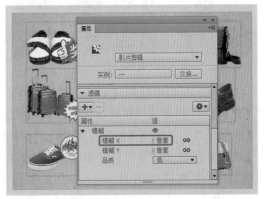

图9-82　添加【模糊】滤镜并进行设置

(23) 在【动画01】、【动画02】、【动画03】的第55帧位置处添加关键帧，选择这三个图层的第50帧，在【属性】面板中将【模糊X】设置为6，如图9-83所示。

(24) 在【动画01】、【动画02】、【动画03】图层的第45～55帧之间创建传统补间动画，将【遮罩图层】显示，在【时间轴】面板中选择【遮罩图层】，单击鼠标右键，从弹出的快捷菜单中选择【遮罩层】命令。选择【动画02】、【动画01】图层，单击鼠标右键，从弹出的快捷菜单中选择【属性】命令，在【属性】对话框中选择【被遮罩】单选按钮，如图9-84所示。

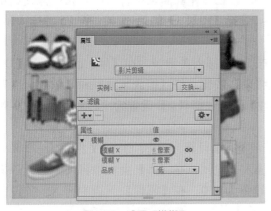

图9-83　设置【模糊】

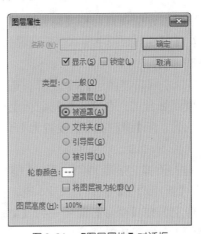

图9-84　【图层属性】对话框

(25) 将【动画02】、【动画01】图层锁定。选择【边框】图层的第55帧，按F6键插入关键帧，选择第65帧，按F6键插入关键帧，在舞台上选择对象，在【属性】面板中将【高】设置为110，在【对齐】面板中单击【水平中齐】按钮和【垂直中齐】按钮，如图9-85所示。

(26) 选择【边框】图层的第 60 帧，单击鼠标右键，从弹出的快捷菜单中选择【创建补间形状】命令，将【遮罩矩形】图层解除锁定，按 F6 键在第 55 帧处添加关键帧，在第 65 帧处按 F6 键插入关键帧，在舞台上选择对象，在【属性】面板中将【高】设置为 120，在【对齐】面板中单击【水平中齐】按钮和【垂直中齐】按钮，如图 9-86 所示。

图 9-85　调整边框的大小

图 9-86　调整矩形的大小并对齐

(27) 在工具箱中选择【文本工具】，在舞台上输入文字【网罗天下商品购物一网打尽】，将【系列】设置为【汉仪魏碑简】，将【大小】设置为 40，按 Ctrl+B 组合键将文字打散，使用【选择工具】选择【网】字，按 F8 键打开【转换为元件】对话框，将【名称】设置为【网】，将【类型】设置为【图形】，单击【确定】按钮，如图 9-87 所示。

(28) 使用同样的方法将剩余的文字转换为元件，然后将舞台上所有的文字删除。按 Ctrl+F8 组合键，将【名称】设置为【文字动画】，将【类型】设置为【影片剪辑】，如图 9-88 所示。

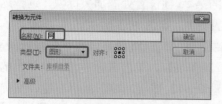
图 9-87　【转换为元件】对话框

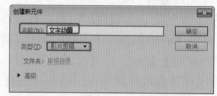
图 9-88　【创建新元件】对话框

(29) 为了方便观察，将【舞台】设置为【黑色】。在【库】面板中将【网】元件拖拽到舞台上，在【属性】面板中将 X、Y 设置为 −263、0，选择【图层 1】的第 31 帧，按 F5 键插入帧，如图 9-89 所示。

(30) 单击【新建图层】按钮，选择第 2 帧按 F6 键插入关键帧，在【库】面板中将【罗】元件拖拽到舞台上，在【变形】面板上，单击【约束】按钮，将【缩放宽度】和【缩放高度】锁定在一起，将【缩放宽度】设置为 150，在【属性】面板上将 X、Y 设置为 −238、0，如图 9-90 所示。

(31) 按 F6 键，在第 3 帧处插入关键帧，将【缩放宽度】设置为 100，将 X、Y 设置为 −218.8、0，单击【新建图层】按钮，按 F6 键，在第 3 帧插入关键帧，在【库】面板中将【天】元件拖拽到舞台上，在【变形】面板中将【缩放宽度】设置为 150，在【属性】面板中将 X、Y 设置为 −201、0，如图 9-91 所示。

(32) 在第 4 帧处插入关键帧，将【缩放宽度】设置为 100，将 X、Y 设置为 −174.6、0。使用同样的方法制作其他关键帧，完成后的效果如图 9-92 所示。

图 9-89　设置位置

图 9-90　设置缩放并调整其位置

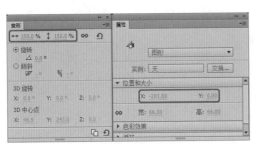

图 9-91　设置缩放及位置

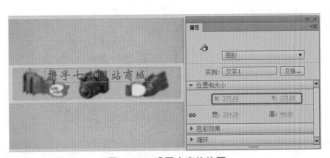

图 9-92　设置完成后的效果

(33) 返回到场景 1 中，选择【边框】图层，单击【新建图层】按钮，将其重命名为【文字 1】，按 F6 键，在第 65 帧处插入关键帧，使用【文本工具】输入文字【携手七大网站商城】，在【属性】面板中将【系列】设置为【汉仪魏碑简】，将【颜色】设置为红色，将【大小】设置为 40，如图 9-93 所示。

(34) 选择输入的文字，按 F8 键打开【转换为元件】对话框，在对话框中将【名称】设置为【文字 1】，将【类型】设置为【图形】，单击【确定】按钮，在【属性】面板中将 X、Y 设置为275、173，如图 9-94 所示。

图 9-93　设置文字的属性

图 9-94　设置文字的位置

(35) 单击【新建图层】按钮，将其命名为【文字 2】，选择第 65 帧，按 F6 键插入关键帧，打开【库】面板，在该面板中将【文字动画】影片剪辑拖拽到舞台上，在舞台上调整其位置，效果如图 9-95 所示。

(36) 使用前面介绍的方法制作其他动画效果，制作完成后的效果如图 9-96 所示。

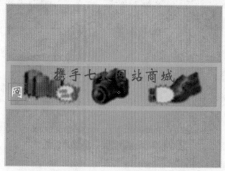

图 9-95　调整位置

图 9-96　制作完成后的效果

第 10 章
广告制作

本章重点

- ◆ 制作旅游宣传广告
- ◆ 制作家居宣传广告
- ◆ 制作环保广告
- ◆ 制作房地产广告

本章将介绍宣传广告的制作方法，其中包括旅游宣传广告、家居宣传广告、环保广告以及房地产广告等。通过本章的学习，可以使读者了解广告的制作流程及方法。

案例精讲 088 制作旅游宣传广告

案例文件：CDROM | 场景 | Cha10 | 制作旅游宣传广告 .fla

视频文件：视频教学 | Cha10 | 制作旅游宣传广告 .avi

制作概述

本例来介绍旅游宣传广告的制作方法，首先导入素材文件，将导入的素材文件转换为元件，并为其添加传统补间动画，创建文字，通过调整文字的位置和不透明度来创建文字显示动画，最后为宣传广告添加背景音乐。完成后的效果如图 10-1 所示。

图 10-1 制作旅游宣传广告

学习目标

- 导入素材文件。
- 转换为元件。
- 创建传统补间。
- 创建文字并进行相应的设置。
- 添加音乐。

操作步骤

(1) 从菜单栏中选择【文件】|【新建】命令，弹出【新建文档】对话框，在【类型】列表框中选择 ActionScript 3.0 选项，然后在右侧的设置区域中将【宽】设置为 800 像素，将【高】设置为 600 像素，将【背景颜色】设置为 #990000，如图 10-2 所示。

(2) 单击【确定】按钮，即可新建一个文档，从菜单栏中选择【文件】|【导入】|【导入到库】命令，在对话框中选择如图 10-3 所示的素材文件。

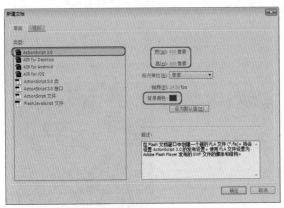

图 10-2　【新建文档】对话框

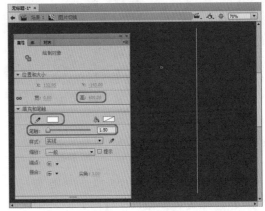

图 10-3　选择素材文件

　　(3) 单击【打开】按钮，即可将选择的素材文件导入到【库】中，按 Ctrl+F8 组合键，在弹出的对话框中将【名称】设置为【图片切换】，将【类型】设置为【影片剪辑】，如图 10-4 所示。

　　(4) 设置完成后，单击【确定】按钮，在工具箱中单击【线条工具】，在舞台中绘制一条垂直的直线，选中绘制的图形，在【属性】面板中将【高】设置为 600，将【笔触颜色】设置为 #FFFFFF，将【笔触】设置为 1.5，如图 10-5 所示。

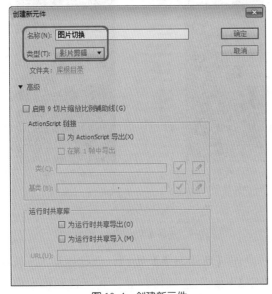

图 10-4　创建新元件

图 10-5　绘制线条

　　(5) 选中该图形，按 F8 键，在弹出的对话框将【名称】设置为【线】，将【类型】设置为【图形】，并调整其对齐方式，如图 10-6 所示。

　　(6) 设置完成后，单击【确定】按钮，选中该图形元件，在【属性】面板中将 X、Y 分别设置为 400、-300，将【样式】设置为 Alpha，将 Alpha 值设置为 0，如图 10-7 所示。

　　(7) 选中该图层的第 10 帧，按 F6 键插入关键帧，选中该帧上的元件，在【属性】面板中将 Y 设置为 300，将 Alpha 值设置为 100，如图 10-8 所示。

(8) 选中该图层的第 5 帧，右击鼠标，从弹出的快捷菜单中选择【创建传统补间】命令，效果如图 10-9 所示。

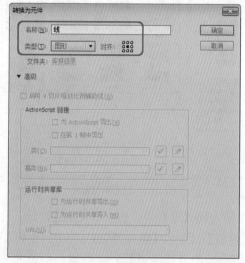

图 10-6　转换为元件

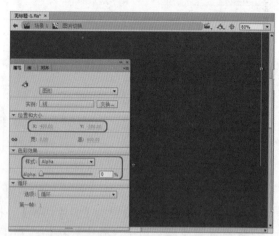

图 10-7　调整图形元件的位置并添加样式

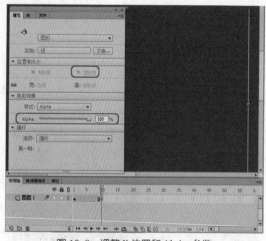

图 10-8　调整 Y 位置和 Alpha 参数

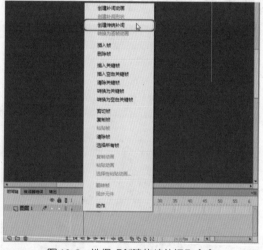

图 10-9　选择【创建传统补间】命令

(9) 选中该图层的第 105 帧，按 F5 键插入帧，单击【新建图层】按钮，新建图层 2，选择第 10 帧，插入关键帧，在【库】面板中选择"小图 01.jpg"，按住鼠标将其拖拽到舞台中，选中该图像，在【属性】面板中将【宽】、【高】分别设置为 400、600，如图 10-10 所示。

(10) 继续选中该图像，按 F8 键，在弹出的对话框中将【名称】设置为【切换图 01】，将【类型】设置为【影片剪辑】，如图 10-11 所示。

(11) 设置完成后，单击【确定】按钮，在【属性】面板中将 X、Y 分别设置为 200、300，将【样式】设置为【高级】，并设置其参数，如图 10-12 所示。

(12) 选择该图层的第 25 帧，按 F6 键插入关键帧，选中该帧上的元件，在【属性】面板中调整高级参数，如图 10-13 所示。

图 10-10　添加素材文件并设置其大小

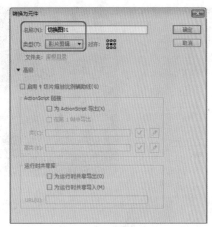

图 10-11　转换为元件

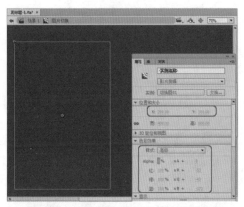

图 10-12　调整其位置并添加【高级】样式

图 10-13　调整高级参数

（13）选中该图层的第 17 帧，右击鼠标，从弹出的快捷菜单中选择【创建传统补间】命令，创建传统补间后的效果如图 10-14 所示。

知识链接

使用传统补间，需要具备以下两个前提条件：

- 起始关键帧与结束关键帧缺一不可。
- 应用于动作补间的对象必须具有元件或者群组的属性。

（14）在【时间轴】面板中选择【图层 1】，右击鼠标，从弹出的快捷菜单中选择【复制图层】命令，如图 10-15 所示。

（15）复制完成后，将该图层调整至【图层 2】的上方，将【图层 1 复制】的第 1 帧和第 10 帧分别移动至第 25 帧和第 34 帧处，选中第 25 帧处的元件，在【属性】面板中将 X 设置为 800，如图 10-16 所示。

（16）选中第 34 帧上的元件，在【属性】面板中将 X 设置为 800，如图 10-17 所示。

第 10 章　广告制作

393

图 10-14　创建传统补间后的效果

图 10-15　选择【复制图层】命令

图 10-16　复制图层并进行调整

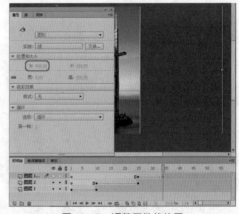

图 10-17　调整元件的位置

(17) 在【时间轴】面板中单击【新建图层】按钮，新建图层 3，选中第 34 帧，按 F6 键插入关键帧，在【库】面板中选择"小图 02.jpg"图像文件，按住鼠标，将其拖拽到舞台中，选中该图像，在【属性】面板中将【宽】、【高】分别设置为 400、600，如图 10-18 所示。

(18) 选中该图像，按 F8 键，在弹出的对话框中将【名称】设置为【切换图 02】，将【类型】设置为【影片剪辑】，如图 10-19 所示。

(19) 设置完成后，单击【确定】按钮，选中该元件，在【属性】面板中将 X、Y 分别设置为 601、300，将【样式】设置为【高级】，并调整高级样式的参数，如图 10-20 所示。

(20) 选中该图层的第 49 帧，按 F6 键，插入关键帧，选中该帧上的元件，在【属性】面板中调整高级样式的参数，效果如图 10-21 所示。

(21) 选择该图层的第 40 帧，右击鼠标，从弹出的快捷菜单中选择【创建传统补间】命令，创建传统补间后的效果如图 10-22 所示。

(22) 在【时间轴】面板中单击【新建图层】按钮，新建一个图层，选择该图层的第 60 帧，按 F6 键插入关键帧，在【库】面板中选择"小图 03.jpg"素材文件，按住鼠标，将其拖拽到舞台中，将其【宽】、【高】分别设置为 400、600，并调整其位置，效果如图 10-23 所示。

图 10-18　新建图层并调整图像的大小

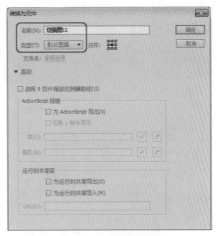

图 10-19　转换为元件

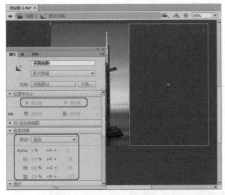

图 10-20　调整位置并添加【高级】样式

图 10-21　调整高级样式

图 10-22　创建传统补间

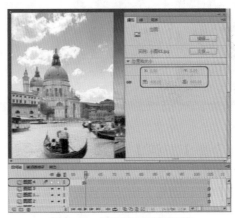

图 10-23　新建图层并添加图像

（23）选中该图像，按 F8 键，在弹出的对话框中将【名称】设置为【切换图 03】，将【类型】设置为【影片剪辑】，如图 10-24 所示。

（24）设置完成后，单击【确定】按钮，在【属性】面板中将【样式】设置为【高级】，并设置其参数，如图 10-25 所示。

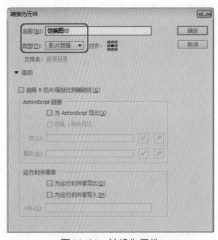

图 10-24　转换为元件

图 10-25　添加【高级】样式

(25) 设置完成后，选中该图层的第 75 帧，按 F6 键插入关键帧，选中该帧上的元件，在【属性】面板中调整【高级】样式参数，如图 10-26 所示。

(26) 选中该图层的第 68 帧，右击鼠标，从弹出的快捷菜单中选择【创建传统补间】命令，然后使用同样的方法创建其右侧的切换动画，效果如图 10-27 所示。

图 10-26　调整高级样式

图 10-27　创建其他切换动画

(27) 在【时间轴】面板中单击【新建图层】按钮，新建一个图层，选中该图层的第 105 帧，按 F6 键插入关键帧，选中该关键帧，按 F9 键，在弹出的面板中输入代码，如图 10-28 所示。

(28) 将该面板关闭，返回到场景 1 中，在【库】面板中选择【图片切换】影片剪辑，按住鼠标，将其拖拽到舞台中，选中该元件，在【属性】面板中将 X、Y 分别设置为 −1、0，如图 10-29 所示。

(29) 选中该图层的第 110 帧，按 F7 键，插入空白关键帧，在【库】面板中选择"大图 01.jpg"，按住鼠标，将其拖拽到舞台中，选中该对象，在【对齐】面板中单击【水平中齐】 、【垂直中齐】 和【匹配宽和高】按钮 ，如图 10-30 所示。

(30) 选中该图像，按 F8 键，在弹出的对话框中将【名称】设置为【背景01】，如图 10-31 所示。

图 10-28　输入代码

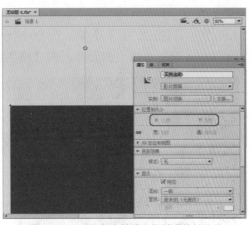

图 10-29　添加影片剪辑元件并调整其位置

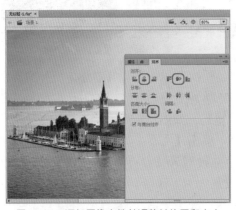

图 10-30　添加图像文件并调整其位置和大小

图 10-31　转换为元件

(31) 设置完成后，单击【确定】按钮，选中该元件，在【属性】面板中将【样式】设置为【高级】，并设置其参数，如图 10-32 所示。

(32) 选中该图层的第 130 帧，按 F6 键插入关键帧，选中该帧上的元件，在【属性】面板中调整【高级】样式参数，如图 10-33 所示。

图 10-32　添加【高级】样式

图 10-33　调整【高级】样式参数

(33) 选中第 120 帧，右击鼠标，从弹出的快捷菜单中选择【创建传统补间】命令，创建后的效果如图 10-34 所示。

(34) 选中该图层的第 195 帧，按 F6 键插入关键帧，然后选中该图层的第 215 帧，按 F6 键插入关键帧，选中该帧上的元件，在【属性】面板中调整高级样式的参数，如图 10-35 所示。

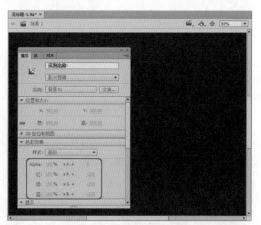

图 10-34　创建传统补间后的效果　　　　　　　　图 10-35　调整高级参数

(35) 选中该图层的第 205 帧，右击鼠标，从弹出的快捷菜单中选择【创建传统补间】命令，选中该图层的第 460 帧，按 F5 键插入关键帧，按 Ctrl+F8 组合键，在弹出的对话框中将【名称】设置为【文字动画 1】，将【类型】设置为【影片剪辑】，如图 10-36 所示。

(36) 设置完成后，单击【确定】按钮，在工具箱中单击【文本工具】，在舞台中单击鼠标，输入文字，选中输入的文字，在【属性】面板中将字体设置为【方正仿宋简体】，将【大小】设置为 17，将【字母间距】设置为 2，将【颜色】设置为 #FFFFFF，如图 10-37 所示。

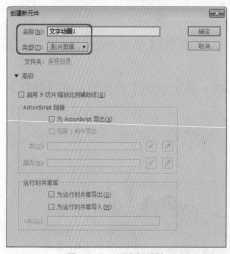

图 10-36　创建新元件　　　　　　　　　　　图 10-37　创建文字并进行设置

(37) 选中该文字，按 F8 键，在弹出的对话框中将【名称】设置为【文字 1】，将【类型】设置为【影片剪辑】，并调整其对齐方式，如图 10-38 所示。

(38) 设置完成后，单击【确定】按钮，选中该元件，将 X、Y 分别设置为 1.85、6.8，单击【滤镜】选项组中的【添加滤镜】按钮 ➕▾，在弹出的下拉列表中选择【模糊】命令，如图 10-39 所示。

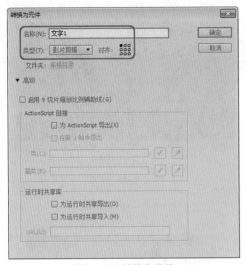

图 10-38　转换为元件

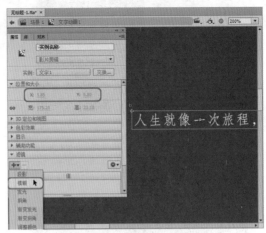

图 10-39　选择【模糊】命令

(39) 在【属性】面板中将【模糊 X】、【模糊 Y】都设置为 20，将【品质】设置为【高】，如图 10-40 所示。

(40) 选中该图层的第 20 帧，按 F6 键插入关键帧，选中该帧上的元件，在【属性】面板中将【模糊 X】、【模糊 Y】都设置为 0，如图 10-41 所示。

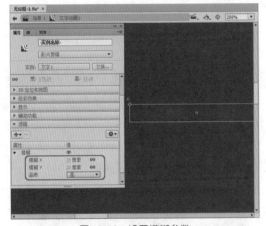

图 10-40　设置模糊参数

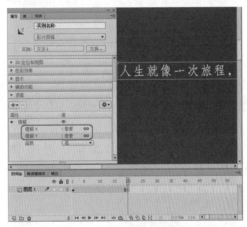

图 10-41　将【模糊】设置为 0

(41) 选中第 10 帧，右击鼠标，从弹出的快捷菜单中选择【创建传统补间】命令，选中第 60 帧，按 F6 键插入关键帧，然后在第 80 帧位置处添加关键帧，选中该帧上的元件，在【属性】面板中将【样式】设置为 Alpha，将 Alpha 值设置为 0，如图 10-42 所示。

(42) 选中该图层的第 70 帧，右击鼠标，从弹出的快捷菜单中选择【创建传统补间】命令，创建传统补间后的效果如图 10-43 所示。

(43) 使用同样的方法创建其他文字，并将其转换为元件，然后为其添加关键帧，并进行相应的设置，效果如图 10-44 所示。

(44) 在【时间轴】面板中单击【新建图层】按钮，新建一个图层，选中该图层的第 80 帧，按 F6 键，插入关键帧，选中该关键帧，按 F9 键，从弹出的面板中输入代码，如图 10-45 所示。

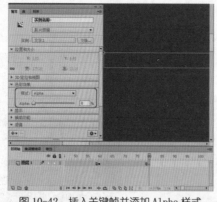

图 10-42　插入关键帧并添加 Alpha 样式

图 10-43　创建传统补间

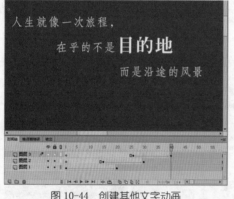

图 10-44　创建其他文字动画

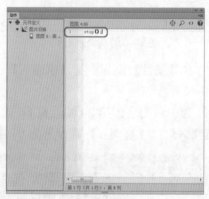

图 10-45　输入代码

(45) 输入完成后,将该面板关闭,返回到场景 1 中,在【时间轴】面板中单击【新建图层】按钮,在第 130 帧处插入关键帧,在【库】面板中选择【文字动画 1】影片剪辑元件,按住鼠标将其拖拽到舞台中,并调整其位置,效果如图 10-46 所示。

(46) 选中该图层的第 220 帧,按 F7 键,插入空白关键帧,在【库】面板中选择【大图 02.jpg】素材文件,按住鼠标将其拖拽到舞台中,并调整其大小和位置,效果如图 10-47 所示。

图 10-46　新建图层并添加元件

图 10-47　添加图像文件

(47) 选中该图像文件,按 F8 键,在弹出的对话框中将【名称】设置为【背景 02】,将【类

型】设置为【影片剪辑】，并调整其对齐方式，如图 10-48 所示。

(48) 设置完成后，单击【确定】按钮，选中该元件，在【属性】面板中将【样式】设置为【高级】，并设置其参数，如图 10-49 所示。

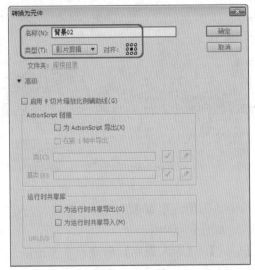

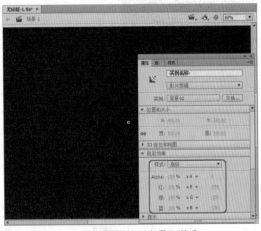

图 10-48　转换为元件　　　　　　　　图 10-49　添加【高级】样式

(49) 选中该图层的第 240 帧，按 F6 键，插入关键帧，选中该帧上的元件，在【属性】面板中调整高级样式的参数，如图 10-50 所示。

(50) 选中该图层的第 230 帧，右击鼠标，从弹出的快捷菜单中选择【创建传统补间】命令，如图 10-51 所示。

图 10-50　设置高级样式参数　　　　　　图 10-51　创建传统补间

(51) 选中该图层的第 310 帧，按 F6 键插入关键帧，再选中该图层的第 330 帧，按 F6 键插入关键帧，选中该帧上的元件，在【属性】面板中调整高级参数，如图 10-52 所示。

(52) 选中该图层的第 320 帧，右击鼠标，从弹出的快捷菜单中选择【创建传统补间】命令，使用前面介绍的方法创建文字动画和其他切换动画，效果如图 10-53 所示。

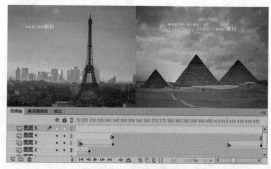

图 10-52　调整高级样式参数

图 10-53　创建其他动画

　　(53) 在【时间轴】面板中单击【新建图层】按钮，选中该图层的第460帧，按F6键插入关键帧，选中该关键帧，按F9键，在弹出的面板中输入代码，如图10-54所示。

　　(54) 关闭该面板，从菜单栏中选择【文件】|【导入】|【导入到库】命令，在弹出的对话框中选择【背景音乐021.mp3】音频文件，单击【打开】按钮，在【时间轴】面板中单击【新建图层】按钮，在【库】面板中选择导入的音频文件，按住鼠标将其拖拽到舞台中，为其添加音乐，如图10-55所示。

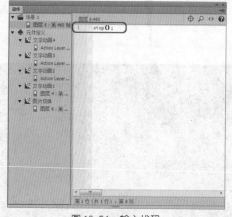

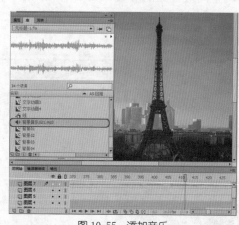

图 10-54　输入代码

图 10-55　添加音乐

案例精讲 089　制作家居宣传广告

制作概述

　　本例来介绍家居宣传广告的制作方法，首先导入素材文件，将导入的素材文件转换为元件，添加导入的素材文件并将其转换为影片剪辑元件，然后为其创建传统补间动画，再使用绘图工具绘制不同的图形，通过进行相应的设置制作图形动画，最后创建文字，并对其进行相应的设置。完成的效果如图 10-56 所示。

图 10-56　制作家居宣传广告

学习目标

- 导入素材文件。
- 转换影片剪辑元件。
- 创建传统补间。
- 绘制图形并为其设置动画效果。
- 创建文字并进行相应的设置。

操作步骤

(1) 新建一个【宽】为 800 像素，【高】为 400 像素的场景文件，从菜单栏中选择【文件】|【导入】|【导入到库】命令，在弹出的对话框中选择如图 10-57 所示的素材文件。

(2) 单击【打开】按钮，将选中的素材文件导入到【库】面板中，在【库】面板中选择【家居 01.jpg】素材文件，按住鼠标将其拖拽到舞台中，在【对齐】面板中单击【水平中齐】、【垂直中齐】和【匹配宽和高】按钮，如图 10-58 所示。

图 10-57　选择素材文件

图 10-58　调整图像的位置和大小

(3) 选中该图像，按 F8 键，在弹出的对话框中将【名称】设置为【背景 01】，将【类型】设置为【影片剪辑】，并调整其对齐方式，如图 10-59 所示。

(4) 设置完成后，单击【确定】按钮。选中该元件，在【属性】面板中将【样式】设置为【高级】，并设置其参数，如图 10-60 所示。

图 10-59　转换为元件

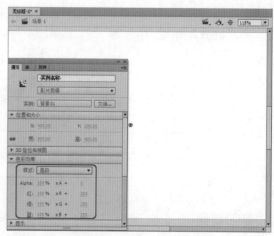

图 10-60　添加样式并进行设置

(5) 选中该图层的第 15 帧，按 F6 键，插入关键帧，选中该帧上的元件，在【属性】面板中设置高级样式的参数，如图 10-61 所示。

(6) 选中该图层的第 10 帧，右击鼠标，从弹出的快捷菜单中选择【创建传统补间】命令，创建传统补间后的效果如图 10-62 所示。

(7) 选中该图层的第 255 帧，按 F5 键插入关键帧，按 Ctrl+F8 组合键，在弹出的对话框中将【名称】设置为【小矩形动画】，将【类型】设置为【影片剪辑】，如图 10-63 所示。

(8) 设置完成后，单击【确定】按钮。在工具箱中单击【矩形工具】，在舞台中绘制一个【宽】、【高】都为 210 的矩形，选中该矩形，在【属性】面板中将【填充颜色】设置为 #FFFFFF，将 Alpha 值设置为 50，将【笔触颜色】设置为 #FFFFFF，将 Alpha 值设置为 80，如图 10-64 所示。

提示　为了更好地查看绘制的矩形的效果，在此将舞台颜色设置为 #006600，读者可以在本案例结束时将舞台颜色设置为白色。

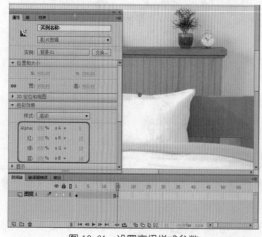

图 10-61　设置高级样式参数

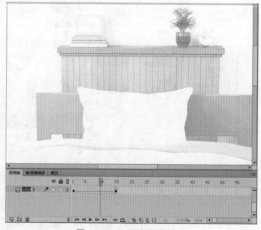

图 10-62　创建传统补间

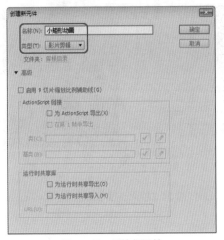

图 10-63　创建新元件

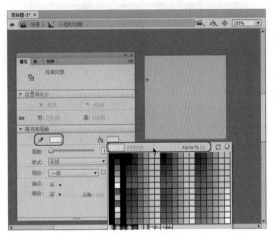

图 10-64　绘制矩形

(9) 选中图形，按 F8 键，在弹出的对话框中将【名称】设置为【小矩形】，将【类型】设置为【图形】，并调整其对齐方式，如图 10-65 所示。

(10) 设置完成后，单击【确定】按钮，选中该元件，在【属性】面板中将 X、Y 分别设置为 372、−2，将【样式】设置为 Alpha，将 Alpha 设置为 0，如图 10-66 所示。

(11) 在【时间轴】面板中选择该图层的第 5 帧，按 F6 键插入关键帧，选中该帧上的元件，在【属性】面板中将 Alpha 设置为 100，如图 10-67 所示。

(12) 选中该图层的第 3 帧，右击鼠标，从弹出的快捷菜单中选择【创建传统补间】命令，再选中该图层的第 9 帧，按 F6 键，插入关键帧，选中该帧上的元件，在【属性】面板中将 Alpha 设置为 20，如图 10-68 所示。

(13) 在第 5 帧和第 9 帧之间创建传统补间。选中第 10 帧，按 F6 键插入关键帧，选中该帧上的元件，在【属性】面板中将 Alpha 设置为 0，如图 10-69 所示。

(14) 选中该图层的第 40 帧，按 F5 键插入帧，使用同样的方法创建其他矩形动画，如图 10-70 所示。

图 10-65　转换为元件

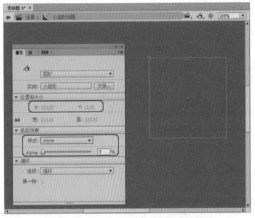

图 10-66　调整位置并添加样式

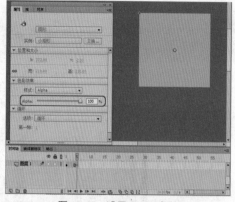

图 10-67　设置 Alpha 参数

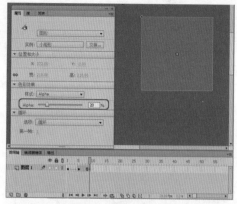

图 10-68　设置 Alpha 参数

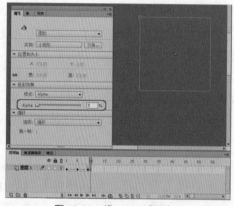

图 10-69　将 Alpha 设置为 0

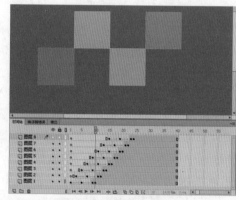

图 10-70　创建其他矩形动画

（15）在【时间轴】面板中单击【新建图层】按钮，选中该图层的第 40 帧，按 F6 键插入关键帧，选中该关键帧，按 F9 键，在弹出的面板中输入代码，如图 10-71 所示。

（16）关闭该面板，返回到场景 1 中，在【时间轴】面板中单击【新建图层】按钮，选中该图层的第 51 帧，按 F6 键插入关键帧，在【库】面板中选择"家居 02.jpg"，按住鼠标将其拖拽到舞台中，并调整其大小和位置，如图 10-72 所示。

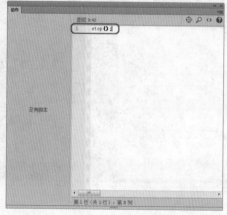

图 10-71　输入代码

图 10-72　添加素材文件并调整其大小和位置

(17) 选中该图像，按 F8 键，在弹出的对话框中将【名称】设置为【背景 02.jpg】，将【类型】设置为【影片剪辑】，并调整其对齐方式，如图 10-73 所示。

知识链接

还可以通过以下几种方法新建元件：

■ 按快捷键 Ctrl+F8，弹出【创建新元件】对话框。
■ 单击【库】面板下方的【新建元件】按钮，也可以打开【创建新元件】对话框。
■ 单击【库】面板右上角的 按钮，从弹出的下拉菜单中选择【新建元件】命令。

(18) 设置完成后，单击【确定】按钮，选中该元件，在【属性】面板中将【样式】设置为【高级】，并调整其参数，如图 10-74 所示。

图 10-73　转换为元件

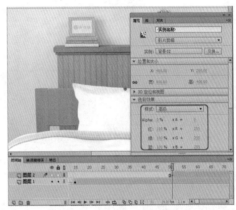

图 10-74　添加样式并进行设置

(19) 选中该图层的第 66 帧，按 F6 键插入关键帧，选中该帧上的元件，在【属性】面板中调整高级样式的参数，如图 10-75 所示。

(20) 选中该图层的第 58 帧，右击鼠标，从弹出的快捷菜单中选择【创建传统补间】命令，创建传统补间后的效果如图 10-76 所示。

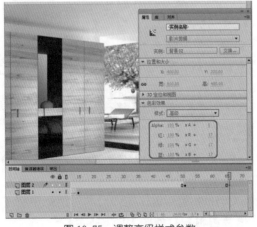

图 10-75　调整高级样式参数

图 10-76　创建传统补间后的效果

(21) 在【时间轴】面板中单击【新建图层】按钮，选中该图层的第 51 帧，按 F6 键插入关键帧，在【库】面板中选择【小矩形动画】影片剪辑元件，按住鼠标将其拖拽到舞台中，并调整其位置和大小，如图 10-77 所示。

(22) 在【时间轴】面板中单击【新建图层】按钮，选择该图层的第 101 帧，按 F6 键插入关键帧，将【家居 03.jpg】素材文件拖拽到舞台中，并调整其大小和位置，将其转换为影片剪辑元件，如图 10-78 所示。

图 10-77　添加元件并调整其大小和位置

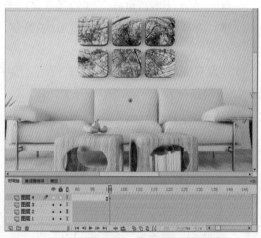
图 10-78　添加图像

(23) 选中该影片剪辑元件，在【属性】面板中将【样式】设置为【高级】，并设置其参数，如图 10-79 所示。

(24) 设置完成后，选中该图层的第 117 帧，按 F6 键插入关键帧，选中该关键帧上的元件，在【属性】面板中设置高级样式的参数，如图 10-80 所示。

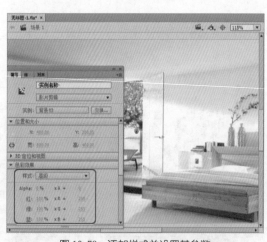
图 10-79　添加样式并设置其参数

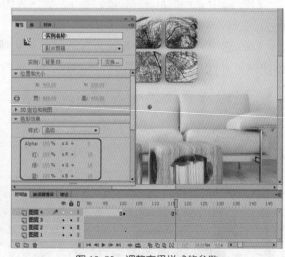
图 10-80　调整高级样式的参数

(25) 在第 101 帧和 117 帧之间创建传统补间，按 Ctrl+F8 组合键，在弹出的对话框中将【名称】设置为【大矩形动画】，将【类型】设置为【影片剪辑】，如图 10-81 所示。

(26) 设置完成后，单击【确定】按钮，使用【矩形工具】在舞台中绘制一个矩形，选中该矩形，在【属性】面板中将【宽】和【高】都设置为507.85，其他参数使用小矩形的参数即可，如图10-82所示。

图 10-81　创建新元件

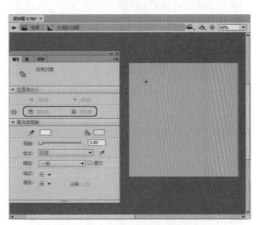

图 10-82　绘制矩形并设置其大小

(27) 选中该图形，按F8键，在弹出的对话框中将【名称】设置为【大矩形】，将【类型】设置为【图形】，并调整其对齐方式，如图10-83所示。

(28) 设置完成后，单击【确定】按钮。选中该元件，在【属性】面板中将X、Y分别设置为-245.95、243.9，如图10-84所示。

图 10-83　转换为元件

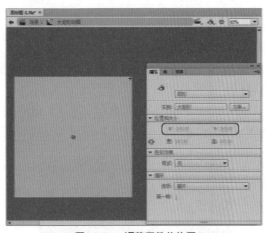

图 10-84　调整元件的位置

(29) 选中该图层的第2帧，按F6键插入关键帧，选中该帧上的元件，在【属性】面板中将X设置为-156.55，如图10-85所示。

(30) 选中该图层的第3帧，按F6键插入关键帧，选中该帧上的元件，在【属性】面板中将X设置为-77.7，如图10-86所示。

(31) 使用同样的方法在第10帧之前依次插入关键帧并调整元件的位置，如图10-87所示。

(32) 选中该图层的第23帧，按F6键插入关键帧，选中该帧上的元件，在【属性】面板中将X设置为462.75，将【宽】设置为109.9，如图10-88所示。

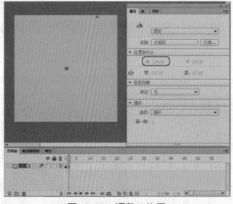

图 10-85　调整 X 位置

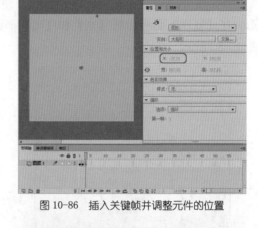

图 10-86　插入关键帧并调整元件的位置

图 10-87　插入关键帧并调整其位置

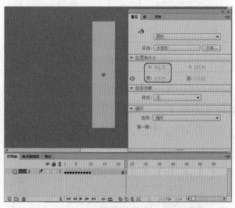

图 10-88　插入关键帧并调整元件的位置和大小

　　(33) 选中第 15 帧，右击鼠标，从弹出的快捷菜单中选择【创建传统补间】命令，创建传统补间后的效果如图 10-89 所示。

　　(34) 选中该图层的第 30 帧，按 F6 键插入关键帧，选中该帧上的元件，在【属性】面板中将 X 设置为 801.55，将【宽】设置为 367.85，如图 10-90 所示。

图 10-89　创建传统补间

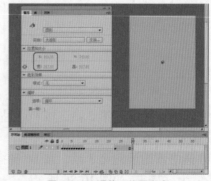

图 10-90　调整 X 位置和宽

　　(35) 在第 23 帧和第 30 帧之间创建传统补间，选中该图层的第 41 帧，按 F6 键插入关键帧，选中该帧上的元件，在【属性】面板中将 X 设置为 997.55，如图 10-91 所示。

　　(36) 在第 30 帧和第 41 帧之间创建传统补间，单击【新建图层】按钮，新建图层，选中该图层的第 41 帧，按 F6 键插入关键帧，选中该关键帧，按 F9 键，在弹出的面板中输入代码，如图 10-92 所示。

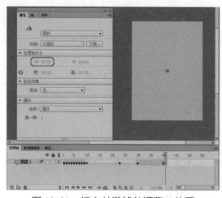

图 10-91　插入关键帧并调整 X 位置

图 10-92　输入代码

(37) 输入完成后，将该面板关闭，返回到场景 1 中，在【时间轴】面板中单击【新建图层】按钮，选中该图层的第 101 帧，按 F6 键插入关键帧，在【库】面板中选择【大矩形动画】影片剪辑元件，按住鼠标将其拖拽到舞台中，并调整其位置，如图 10-93 所示。

(38) 新建一个图层，在第 151 帧处插入关键帧，将 "家居 04.jpg" 素材文件拖拽到舞台中，调整其位置和大小，并将其转换为【影片剪辑】元件，选中该元件，在【属性】面板中将【样式】设置为【高级】，并调整其参数，如图 10-94 所示。

图 10-93　添加元件并调整其位置

图 10-94　添加【高级】样式

(39) 选中第 167 帧，按 F6 键插入关键帧，选中该帧上的元件，在【属性】面板中设置【高级】样式的参数，如图 10-95 所示。

(40) 在第 151 帧和第 167 帧之间创建传统补间，选中该图层的第 223 帧，按 F6 键插入关键帧，再选中第 238 帧，按 F6 键插入关键帧，选中该帧上的元件，在【属性】面板中单击【添加滤镜】按钮，从弹出的下拉列表中选择【模糊】选项，将【模糊 X】、【模糊 Y】都设置为 100，将【品质】设置为【高】，如图 10-96 所示。

(41) 在第 223 帧和第 238 帧之间创建传统补间，选中图层 1 至图层 5 的第 223 帧，按 F7 键插入空白关键帧，如图 10-97 所示。

(42) 使用前面介绍的方法创建圆形切换动画，并新建图层将其添加到新图层中，如图 10-98 所示。

图 10-95　调整高级样式的参数

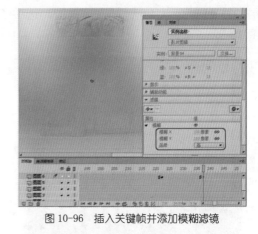

图 10-96　插入关键帧并添加模糊滤镜

图 10-97　创建传统补间并插入空白关键帧

图 10-98　创建其他元件并将其添加到图层中

　　(43) 按 Ctrl+F8 组合键，在弹出的对话框中将【名称】设置为【文字动画】，将【类型】设置为【影片剪辑】，如图 10-99 所示。

　　(44) 设置完成后，单击【确定】按钮，在工具箱中单击【文本工具】，在舞台中单击鼠标，输入文字，选中输入的文字，在【属性】面板中将字体设置为【方正综艺简体】，将【大小】设置为 71，将【颜色】设置为 #990033，如图 10-100 所示。

图 10-99　创建新元件

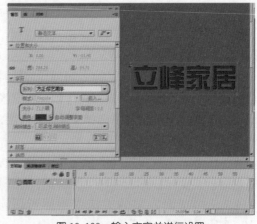

图 10-100　输入文字并进行设置

(45) 选中该文字，按 F8 键，在弹出的对话框中将【名称】设置为【文字 1】，将【类型】设置为【影片剪辑】，并调整其对齐方式，如图 10-101 所示。

(46) 单击【确定】按钮。选中该元件，在【属性】面板中将 X、Y 分别设置为 209.95、−0.1，将【样式】设置为 Alpha，将 Alpha 设置为 0，如图 10-102 所示。

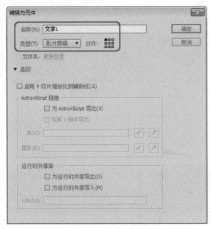

图 10-101 转换为元件

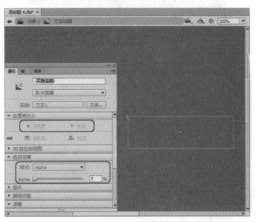

图 10-102 调整元件的位置并为其添加样式

(47) 继续选中该元件，在【属性】面板中单击【添加滤镜】按钮，从弹出的下拉列表中单击【投影】选项，将【模糊 X】、【模糊 Y】都设置为 0 像素，将【品质】设置为【高】，将【角度】和【距离】分别设置为 292、3，将【颜色】设置为 #FFFFFF，如图 10-103 所示。

(48) 选中该图层的第 21 帧，按 F6 键插入关键帧，选中该帧上的元件，在【属性】面板中将 Y 设置为 61.9，将 Alpha 设置为 100，如图 10-104 所示。

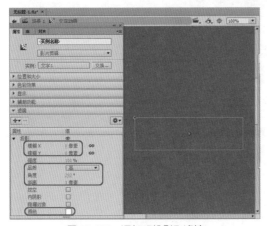

图 10-103 添加【投影】滤镜

图 10-104 设置其位置和 Alpha 参数

(49) 在第 1 帧和第 21 帧之间创建传统补间。选中第 83 帧，按 F5 键插入帧，并用同样的方法创建文字动画，为其添加 "stop();" 代码，创建其他文字动画的效果如图 10-105 所示。

(50) 返回至场景 1 中，新建一个图层，在第 238 帧插入关键帧，并添加【文字动画】影片剪辑元件，然后新建一个图层，在最后一帧插入关键帧，并输入 "stop();" 代码，添加其他对象后的效果如图 10-106 所示，对完成后的场景进行输出并保存即可。

图 10-105　创建其他文字动画

图 10-106　添加其他对象后的效果

案例精讲 090　制作环保广告

案例文件：CDROM | 场景 | Cha10 | 环保广告 .fla

视频文件：视频教学 | Cha10 | 环保广告 .avi

制作概述

环境污染会给生态系统和人类社会造成破坏和影响，在全球范围内都不同程度地出现了环境污染问题，因此，保护环境显得尤为重要，本例就来介绍环保广告的制作，完成后的效果如图 10-107 所示。

图 10-107　环保广告

学习目标

■　制作遮罩动画。

■　制作传统补间动画。

■　添加背景音乐。

操作步骤

(1) 按 Ctrl+N 组合键，弹出【新建文档】对话框，在【类型】列表框中选择 ActionScript 3.0，将【帧频】设置为 18fps，将【背景颜色】设置为 #CC0033，单击【确定】按钮，如图 10-108 所示。

(2) 新建空白文档后，按 Ctrl+F8 组合键，弹出【创建新元件】对话框，输入【名称】为【文字动画】，将【类型】设置为【影片剪辑】，单击【确定】按钮，如图10-109所示。

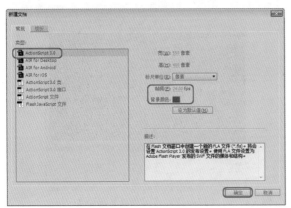

图 10-108　新建文档　　　　　　　　　　　　图 10-109　创建新元件

(3) 使用工具箱中的【文本工具】 在舞台中输入文字，并选择输入的文字，在【属性】面板中将【字符】选项组中的【系列】设置为【方正行楷简体】，将【大小】设置为20磅，将【颜色】设置为白色，在【位置和大小】选项组中，将 X 和 Y 分别设置为 −256 和 −14，如图 10-110 所示。

(4) 确认输入的文字处于选中状态，按 F8 键，弹出【转换为元件】对话框，输入【名称】为【文字】，将【类型】设置为【图形】，单击【确定】按钮，如图 10-111 所示。

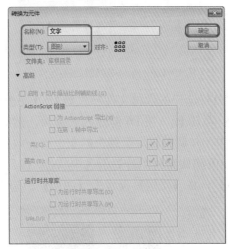

图 10-110　输入并设置文字　　　　　　　　　图 10-111　转换为元件

(5)将输入的文字转换为图形元件后，选择【图层1】的第70帧，按F6键插入关键帧，在【属性】面板的【位置和大小】选项组中，将【文字】图形元件的 X 值设置为 805，如图 10-112 所示。

(6) 然后在两个关键帧之间创建传统补间动画，效果如图 10-113 所示。

(7) 返回到【场景 1】中，在【库】面板中将【文字动画】影片剪辑元件拖拽到舞台中，并在【属性】面板中将 X 和 Y 分别设置为 −256 和 202，然后选择第 150 帧，按 F6 键插入关键帧，如图 10-114 所示。

(8) 从菜单栏中选择【文件】|【导入】|【导入到库】命令，弹出【导入到库】对话框，在该对话框中选择随书附带光盘中的 "风景 01.jpg"、"风景 02.jpg"、"风景 03.jpg"、"污染 01.jpg"、"污染 02.jpg"、"污染 03.jpg"、"污染 04.jpg" 和 "环保背景音乐 .mp3" 素材文件，单击【打开】按钮，如图 10-115 所示。

图 10-112　插入关键帧并调整元件的位置

图 10-113　创建传统补间动画

图 10-114　插入关键帧并调整元件

图 10-115　选择素材文件并打开

(9) 将选择的素材文件导入到【库】面板中后，在【时间轴】面板中新建【图层 2】，并选择【图层 2】第 10 帧，按 F6 键插入关键帧，然后在【库】面板中将 "污染 01.jpg" 素材图片拖拽到舞台中，并调整图片至舞台的左上角，效果如图 10-116 所示。

(10) 确认素材图片处于选中状态，按 F8 键，弹出【转换为元件】对话框，输入【名称】为【污染 01】，将【类型】设置为【图形】，单击【确定】按钮，如图 10-117 所示。

图 10-116　新建图层并添加素材图片

图 10-117　转换为元件

(11) 在【属性】面板中，将【样式】设置为【色调】，将【着色】设置为#CC0033，将【色调】设置为100%，如图10-118所示。

(12) 在【时间轴】面板中选择【图层2】的第25帧，按F6键插入关键帧，然后在【属性】面板中将【污染01】图形元件的【样式】设置为【无】，如图10-119所示。

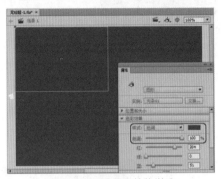

图10-118　设置元件的样式

图10-119　插入关键帧并设置样式

(13) 然后在两个关键帧之间创建传统补间动画，新建【图层3】，并选择【图层3】的第30帧，按F6键插入关键帧，如图10-120所示。

(14) 按Ctrl+F8组合键，弹出【创建新元件】对话框，输入【名称】为【大气污染】，将【类型】设置为【图形】，单击【确定】按钮，如图10-121所示。

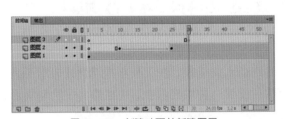

图10-120　创建动画并新建图层

图10-121　创建新元件

(15) 在工具箱中选择【文本工具】 **T**，在舞台中输入文字，并选择输入的文字，在【属性】面板中将【系列】设置为【方正综艺简体】，将【大小】设置为40磅，将【颜色】设置为黑色，在【位置和大小】选项组中将X和Y都设为0，如图10-122所示。

(16) 按Ctrl+C组合键复制输入的文字，并新建【图层2】，按Ctrl+V组合键将文字粘贴到【图层2】中，在【属性】面板中将文字【颜色】更改为#CC0033，在【位置和大小】选项组中将X和Y分别设置为−3和0，如图10-123所示。

(17) 返回到【场景1】中，在【库】面板中将【大气污染】图形元件拖拽到舞台中，并调整其位置，效果如图10-124所示。

(18) 使用同样的方法，新建图层并添加素材图片，然后将素材图片转换为图形元件，并制作传统补间动画，最后输入文字，并转化为图形元件，效果如图10-125所示。

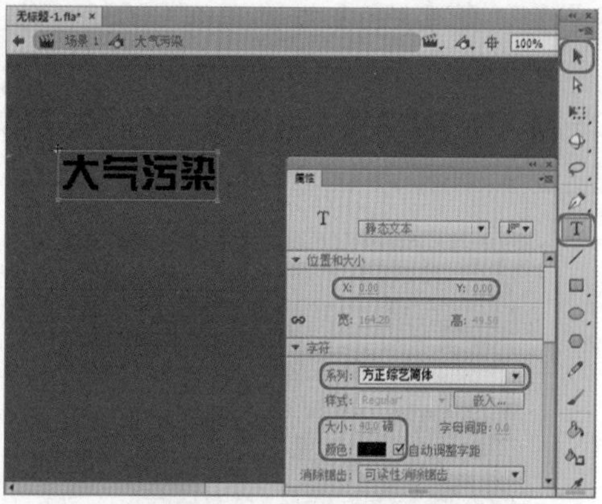

图 10-122　输入并设置文字

图 10-123　新建图层并调整文字

图 10-124　将元件拖到舞台中

图 10-125　制作其他动画

　　(19) 新建【图层 10】，并选择第 135 帧，按 F6 键插入关键帧，在【库】面板中将"风景01.jpg"素材图片拖拽到舞台中，并调整其位置，然后选择【图层 10】的第 195 帧，按 F6 键插入关键帧，如图 10-126 所示。

　　(20) 新建【图层 11】，并选择第 135 帧，按 F6 键插入关键帧，在工具箱中选择【矩形工具】，在【属性】面板中将【笔触颜色】设置为无，然后设置一种填充颜色，并在舞台中绘制矩形，如图 10-127 所示。

图 10-126　插入关键帧并调整素材图片

图 10-127　绘制矩形

(21) 选择绘制的矩形，按 F8 键，弹出【转换为元件】对话框，输入【名称】为【矩形】，将【类型】设置为【图形】，单击【确定】按钮，如图 10-128 所示。

(22) 使用【任意变形工具】 选择【矩形】图形元件，然后将元件的中心点调整至左侧中间位置，如图 10-129 所示。

图 10-128　转换为元件

图 10-129　调整元件的中心位置

(23) 选择【图层 11】的第 150 帧，按 F6 键插入关键帧，然后使用【任意变形工具】 在舞台中调整矩形的宽度，效果如图 10-130 所示。

(24) 在【图层 11】的两个关键帧之间创建传统补间动画，然后在【图层 11】的名称上单击鼠标右键，从弹出的快捷菜单中选择【遮罩层】命令，即可创建遮罩动画，效果如图 10-131 所示。

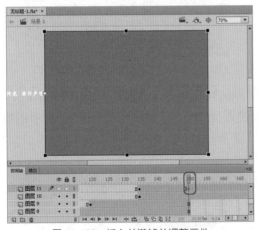

图 10-130　插入关键帧并调整元件

图 10-131　创建遮罩动画

(25) 新建【图层 12】，并选择第 150 帧，按 F6 键插入关键帧，在工具箱中选择【文本工具】 ，在【属性】面板中将【系列】设置为【方正行楷简体】，将【大小】设置为 26 磅，将【颜色】设置为 #CCFF00，然后在舞台中输入文字，如图 10-132 所示。

(26) 选择输入的文字，按 F8 键，弹出【转换为元件】对话框，输入【名称】为【为了使】，将【类型】设置为【图形】，单击【确定】按钮，如图 10-133 所示。

图 10-132　新建图层并输入文字

图 10-133　转换为元件

(27) 然后在舞台中调整图形元件的位置，并在【属性】面板中将【样式】设置为 Alpha，将 Alpha 设置为 0，如图 10-134 所示。

(28) 选择【图层 12】的第 165 帧，按 F6 键插入关键帧，在舞台中调整图形元件的位置，在【属性】面板中将【样式】设置为无，如图 10-135 所示。

图 10-134　调整图形元件

图 10-135　插入关键帧并调整元件的样式

(29) 然后在【图层 12】的两个关键帧之间创建传统补间动画，效果如图 10-136 所示。

(30) 使用同样的方法，输入文字，将【大小】设置为 31，并转换为图形元件，然后创建传统补间动画，使文字从下向上移动，效果如图 10-137 所示。

图 10-136　创建传统补间动画

图 10-137　制作文字动画

(31) 新建【图层 14】，并选择第 150 帧，按 F6 键插入关键帧，在工具箱中选择【文本工具】 T，在【属性】面板中将【系列】设置为【方正行楷简体】，将【大小】设置为 78 磅，将【颜色】设置为白色，然后在舞台中输入文字，如图 10-138 所示。

(32) 然后选择输入的文字，按 F8 键，弹出【转换为元件】对话框，输入【名称】为【蓝】，将【类型】设置为【图形】，单击【确定】按钮，如图 10-139 所示。

图 10-138　新建图层并输入文字

图 10-139　转换为元件

(33) 在【属性】面板中将【样式】设置为 Alpha，将 Alpha 值设置为 0%，如图 10-140 所示。

(34) 选择【图层 14】的第 170 帧，按 F6 键插入关键帧，在【属性】面板中将【蓝】图形元件的【样式】设置为【无】，如图 10-141 所示。

图 10-140　设置元件的样式

图 10-141　插入关键帧并设置元件的样式

(35) 然后在【图层 14】的两个关键帧之间创建传统补间动画，效果如图 10-142 所示。

(36) 结合前面介绍的方法，制作遮罩动画和文字动画，效果如图 10-143 所示。

(37) 新建【图层 24】，并选择第 125 帧，按 F6 键插入关键帧，然后在【库】面板中将【环保背景音乐 .mp3】拖拽到舞台中，即可添加音乐，如图 10-144 所示。

(38) 选择【图层 24】的第 270 帧，按 F6 键插入关键帧，然后按 F9 键打开【动作】面板，并输入代码"stop();"，如图 10-145 所示。至此，完成了该动画的制作，然后导出影片，并将场景文件保存即可。

图 10-142　创建传统补间动画

图 10-143　制作其他动画

图 10-144　添加音乐

图 10-145　插入关键帧并输入代码

案例精讲 091　制作房地产广告

案例文件：CDROM | 场景 | Cha10 | 房地产广告 .fla

视频文件：视频教学 | Cha10 | 房地产广告 .avi

制作概述

在房地产项目的销售过程中，广告宣传是最重要的环节之一，本例就来介绍一下房地产广告的制作，完成后的效果如图 10-146 所示。

图 10-146　房地产广告

学习目标

- 制作遮罩动画。
- 制作文字动画。
- 添加背景音乐。

操作步骤

(1) 按 Ctrl+N 组合键，弹出【新建文档】对话框，在【类型】列表框中选择 ActionScript 3.0，将【宽】设置为 700 像素，将【高】设置为 440 像素，将【背景颜色】设置为 #FF9900，单击【确定】按钮，如图 10-147 所示。

(2) 新建了空白文档后，从菜单栏中选择【文件】|【导入】|【导入到库】命令，弹出【导入到库】对话框，在该对话框中选择随书附带光盘中的"房地产 01.jpg"、"房地产 02.jpg"、"房地产 03.jpg"、"房地产 04.jpg"、"房地产 05.jpg"、"房地产 06.png"和"房地产背景音乐 .mp3"素材文件，单击【打开】按钮，如图 10-148 所示。

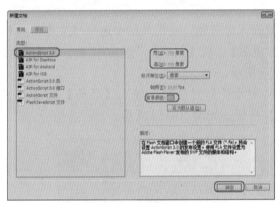

图 10-147 新建文档

图 10-148 选择素材文件并打开

(3) 将选择的素材文件导入到【库】面板中后，在该面板中将"房地产 01.jpg"素材文件拖拽到舞台中，并与舞台对齐，如图 10-149 所示。

(4) 确认素材图片出于选中状态，按 F8 键弹出【转换为元件】对话框，输入【名称】为【图片 01】，将【类型】设置为【图形】，单击【确定】按钮，如图 10-150 所示。

图 10-149 添加素材图片

图 10-150 转换为元件

(5) 选择【图层 1】的第 35 帧，按 F6 键插入关键帧，然后选择第 50 帧，按 F6 键插入关键帧，并在【属性】面板中将【样式】设置为 Alpha，将 Alpha 值设置为 0%，如图 10-151 所示。

(6) 然后在【图层 1】的第 35 帧和第 50 帧之间创建传统补间动画，效果如图 10-152 所示。

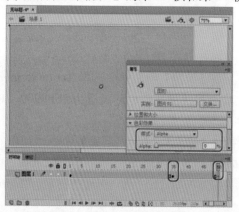

图 10-151　插入关键帧并设置样式　　　　　图 10-152　创建传统补间动画

(7) 新建【图层 2】，并选择第 5 帧，按 F6 键插入关键帧，在工具箱中选择【文本工具】 T ，在【属性】面板中将【系列】设置为【汉仪方隶简】，将【大小】设置为 40 磅，将【颜色】设置为白色，然后在舞台中输入文字，如图 10-153 所示。

(8) 选择输入的文字，按 F8 键，弹出【转换为元件】对话框，输入【名称】为【文字01】，将【类型】设置为【图形】，单击【确定】按钮，如图 10-154 所示。

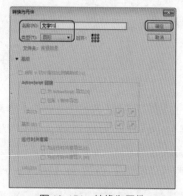

图 10-153　新建图层并输入文字　　　　　　图 10-154　转换为元件

(9) 将输入的文字转换为元件后，在舞台中调整其位置，并在【属性】面板中将【样式】设置为 Alpha，将 Alpha 值设置为 0%，如图 10-155 所示。

(10) 选择【图层 2】的第 25 帧，按 F6 键插入关键帧，然后在舞台中调整图形元件的位置，并在【属性】面板中将【样式】设置为【无】，如图 10-156 所示。

(11) 在【图层 2】的第 5 帧和第 25 帧之间创建传统补间动画，效果如图 10-157 所示。

(12) 选择【图层 2】的第 35 帧和第 50 帧，按 F6 键插入关键帧，然后在第 50 帧上将图形元件的【样式】设置为【色调】，将【着色】设置为 #CC0000，将【色调】设置为 100%，如图 10-158 所示。

图 10-155　设置元件的样式

图 10-156　插入关键帧并设置元件的样式

图 10-157　创建传统补间动画

图 10-158　插入关键帧并设置样式

(13) 按 Ctrl+T 组合键，打开【变形】面板，在该面板中将【缩放宽度】和【缩放高度】设置为 65%，并在舞台中调整其位置，效果如图 10-159 所示。

(14) 然后在【图层 2】的第 35 帧和第 50 帧之间创建传统补间动画，效果如图 10-160 所示。

图 10-159　调整元件的大小和位置

图 10-160　创建传统补间动画

(15) 选择【图层 2】的第 275 帧和第 285 帧，按 F6 键插入关键帧，并在第 285 帧将图形元件的【样式】设置为 Alpha，将 Alpha 值设置为 0%，然后在第 275 帧和第 285 帧之间创建传统补间动画，效果如图 10-161 所示。

(16) 按 Ctrl+F8 组合键，弹出【创建新元件】对话框，输入【名称】为【动画】，将【类型】设置为【影片剪辑】，单击【确定】按钮，如图 10-162 所示。

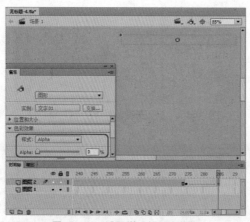

图 10-161 设置样式并创建动画

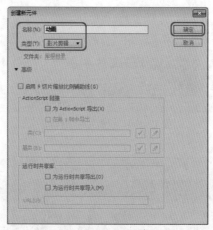

图 10-162 新建元件

(17) 新建影片剪辑元件后，将【图层 1】重命名为【矩形 1】，在工具箱中选择【矩形工具】，在【属性】面板中将【填充颜色】设置为白色，将【笔触颜色】设置为无，然后在舞台中绘制一个宽为 700，高为 30 的矩形，如图 10-163 所示。

(18) 选择绘制的矩形，按 F8 键，弹出【转换为元件】对话框，输入【名称】为【矩形】，将【类型】设置为【图形】，然后调整元件的对齐方式，并单击【确定】按钮，如图 10-164 所示。

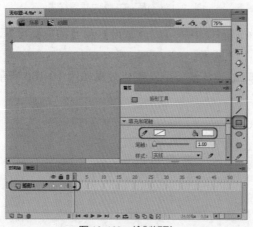

图 10-163 绘制矩形

图 10-164 转换为元件

(19) 选择【矩形 1】图层的第 20 帧，按 F6 键插入关键帧，在【属性】面板的【位置和大小】选项组中，取消宽度值和高度值的锁定，并将【高】设置为 300，如图 10-165 所示。

(20) 然后在【矩形 1】图层的两个关键帧之间创建传统补间动画，效果如图 10-166 所示。

(21) 新建【图层 2】，将其重命名为【图片 1】，并将其移至【矩形 1】图层的下方，如图 10-167 所示。

(22) 然后在【库】面板中将"房地产 02.jpg"素材文件拖拽到舞台中，在【属性】面板中锁定宽度值和高度值，将【宽】设置为 1000，并在舞台中调整其位置，如图 10-168 所示。

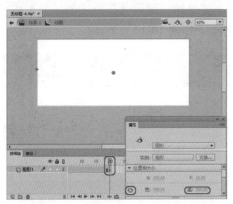

图 10-165　插入关键帧并调整矩形的高度

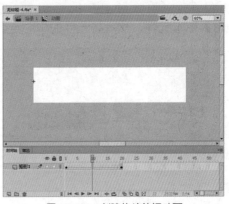

图 10-166　创建传统补间动画

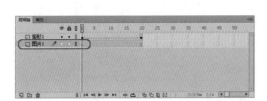

图 10-167　新建并重命名图层

图 10-168　调整素材图片

(23) 确认素材图片处于选中状态，按 F8 键，弹出【转换为元件】对话框，输入【名称】为【图片 02】，将【类型】设置为【图形】，单击【确定】按钮，如图 10-169 所示。

(24) 在【属性】面板中将【图片 02】图形元件的【样式】设置为 Alpha，将 Alpha 值设置为 0%，如图 10-170 所示。

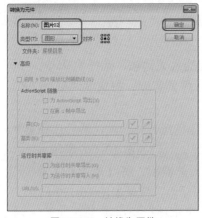

图 10-169　转换为元件

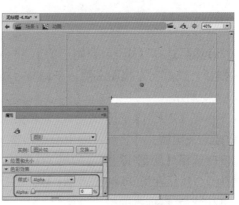

图 10-170　设置元件样式

(25) 选择【图片1】图层的第20帧，按F6键插入关键帧，在【属性】面板中将【图片02】图形元件的【样式】设置为【无】，并在两个关键帧之间创建传统补间动画，效果如图10-171所示。

(26) 选择【矩形1】图层的第30帧，按F6键插入关键帧，使用【任意变形工具】 ▦ 选择【矩形】图形元件，然后将元件的中心点调整至右上角，如图10-172所示。

图 10-171 创建传统补间动画

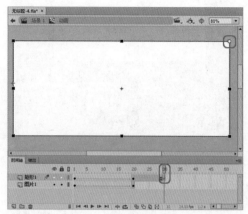
图 10-172 插入关键帧并调整中心点

(27) 然后选择【矩形1】图层的第50帧，按F6键插入关键帧，然后通过向右拖动左侧边来调整【矩形】图形元件的宽度，将宽度调整为400，效果如图10-173所示。

(28) 在【矩形1】图层的第30帧和第50帧之间创建传统补间动画，效果如图10-174所示。

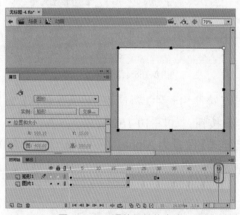
图 10-173 调整元件的宽度

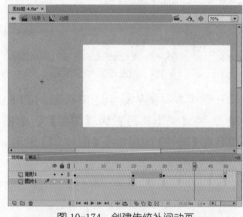
图 10-174 创建传统补间动画

(29) 然后选择【矩形1】图层的第85帧，按F6键插入关键帧，选择第95帧，按F6键插入关键帧，通过向左拖动左侧边来调整【矩形】图形元件的宽度，将宽度调整为700，效果如图10-175所示。

(30) 在【矩形1】图层的第85帧和第95帧之间创建传统补间动画，然后选择第96帧，按F6键插入关键帧，并将元件的中心点调整至中心位置处，效果如图10-176所示。

(31) 选择【矩形1】图层的第111帧，按F6键插入关键帧，将【矩形01】图形元件的高调整为5，然后在第96帧和第111帧之间创建传统补间动画，效果如图10-177所示。

(32) 选择【图片1】图层的第53帧，按F6键插入关键帧，然后选择第70帧，按F6键插入关键帧，并向右调整【图片002】图形元件的位置，效果如图10-178所示。

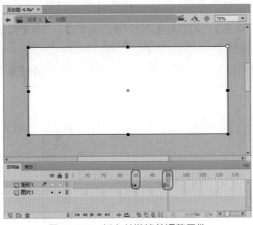

图 10-175　插入关键帧并调整元件

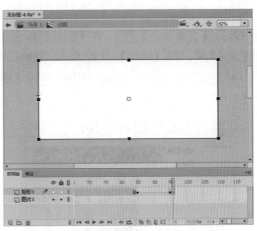

图 10-176　插入关键帧并调整中心点

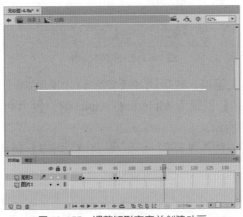

图 10-177　调整矩形高度并创建动画

图 10-178　插入关键帧并调整元件

(33) 在【图片 1】图层的第 53 帧和第 70 帧之间创建传统补间动画，并选择【图片 1】图层的第 111 帧，按 F6 键插入关键帧，如图 10-179 所示。

(34) 在【矩形 1】图层上单击鼠标右键，从弹出的快捷菜单中选择【遮罩层】命令，即可创建遮罩动画，效果如图 10-180 所示。

图 10-179　创建动画并插入关键帧

图 10-180　创建遮罩动画

(35) 在【矩形1】图层上方新建一个图层，并将新建的图层重命名为【文字1】，在工具箱中选择【文本工具】 T ，在【属性】面板中将【系列】设置为【方正综艺简体】，将【大小】设置为30磅，将【颜色】设置为#CC0000，然后在舞台中输入文字，如图10-181所示。

(36) 选择输入的文字，按F8键，弹出【转换为元件】对话框，输入【名称】为【水景喷泉】，将【类型】设置为【图形】，单击【确定】按钮，如图10-182所示。

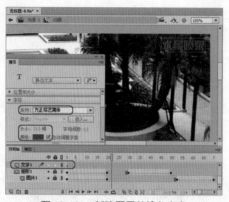

图10-181　新建图层并输入文字

图10-182　转换为元件

(37) 选择【文字1】图层第20帧，按F6键插入关键帧，然后选择【文字1】图层的第1帧，在【属性】面板中将【水景喷泉】图形元件的【样式】设置为Alpha，将Alpha值设置为0%，然后在舞台中向下调整元件位置，效果如图10-183所示。

(38) 在【文字1】图层的第1帧和第20帧之间创建传统补间动画，并将【文字1】图层移至【矩形1】图层的下方，然后锁定【文字1】，效果如图10-184所示。

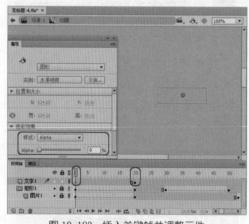

图10-183　插入关键帧并调整元件

图10-184　创建动画并调整图层

(39) 在【矩形1】图层上方新建一个图层，并将新建的图层重命名为【矩形2】，选择【矩形2】图层的第30帧，按F6键插入关键帧，在工具箱中选择【矩形工具】 □ ，在【属性】面板中将【填充颜色】设置为白色，将【笔触颜色】设置为无，并在舞台中绘制矩形，如图10-185所示。

(40) 选择绘制的矩形，按F8键，弹出【转换为元件】对话框，输入【名称】为【矩形2】，将【类型】设置为【图形】，单击【确定】按钮，如图10-186所示。

图 10-185　新建图层并绘制矩形

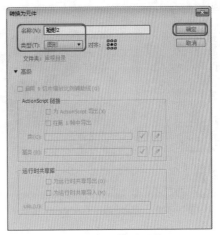

图 10-186　转换为元件

(41) 选择【矩形 2】图层的第 55 帧，按 F6 键插入关键帧，然后选择【矩形 2】图层的第 30 帧，在舞台中选择【矩形 2】图形元件，在【属性】面板中取消宽度值和高度值的锁定，将【宽】设置为 5，然后将【样式】设置为 Alpha，将 Alpha 值设置为 0%，如图 10-187 所示。

(42) 在【矩形 2】图层的第 30 帧和第 55 帧之间创建传统补间动画，然后选择第 75 帧和第 85 帧，按 F6 键插入关键帧，在第 85 帧位置处将【矩形 2】图形元件的【宽】设置为 5，如图 10-188 所示。

图 10-187　插入关键帧并调整元件

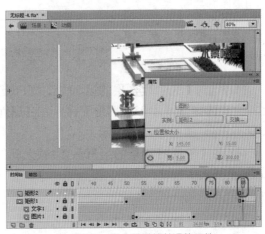

图 10-188　插入关键帧并调整元件

(43) 在【矩形 2】图层的第 75 帧和第 85 帧之间创建传统补间动画，然后选择第 86 帧，按 F7 键插入空白关键帧，如图 10-189 所示。

(44) 新建一个图层，并将新建的图层重命名为【图片 2】，并将该图层移至【矩形 2】图层的下方，然后选择第 30 帧，按 F6 键插入关键帧，如图 10-190 所示。

(45) 在【库】面板中将"房地产 03.jpg"素材文件拖拽到舞台中，在【变形】面板中将【缩放宽度】和【缩放高度】设置为 23.5%，然后在舞台中调整其位置，如图 10-191 所示。

(46) 确认素材文件处于选中状态，按 F8 键，弹出【转换为元件】对话框，输入【名称】为【图片 03】，将【类型】设置为【图形】，单击【确定】按钮，如图 10-192 所示。

图 10-189　创建动画并插入空白关键帧

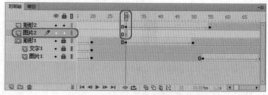

图 10-190　新建并调整图层

图 10-191　调整素材文件

图 10-192　转换为元件

(47) 选择【图片2】图层的第50帧，按F6键插入关键帧，然后选择【图片2】图层的第30帧，在舞台中选择【图片03】图形元件，在【属性】面板中将【样式】设置为Alpha，将Alpha值设置为0%，如图10-193所示。

(48) 在【图片2】图层的第30 ~ 50帧之间创建传统补间动画，选择【图片2】图层的第85帧，按F6键插入关键帧，然后在舞台中向下调整【图片03】图形元件的位置，如图10-194所示。

图 10-193　插入关键帧并调整元件

图 10-194　插入关键帧并调整元件的位置

(49) 在【图片2】图层的第50 ~ 85帧之间创建传统补间动画，并选择第86帧，按F7键插入空白关键帧，然后选择【矩形 2】图层的第 112 帧，按 F6 键插入关键帧，如图 10-195 所示。

(50) 在【库】面板中，将【矩形 2】图形元件拖拽到舞台中，并在舞台中调整其位置，然后选择【矩形 2】图层的第 145 帧，按 F6 键插入关键帧，如图 10-196 所示。

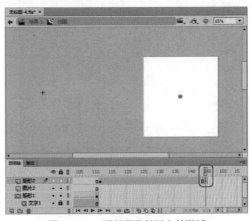

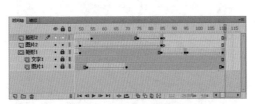

图 10-195　插入关键帧　　　　　　　　图 10-196　添加元件并插入关键帧

(51) 选择【矩形 2】图层的第 112 帧，在舞台中选择【矩形 2】图形元件，在【属性】面板中取消宽度值和高度值的锁定，将【宽】设置为 5，如图 10-197 所示。

(52) 在【矩形 2】图层的第 112 帧和第 145 帧之间创建传统补间动画，然后选择第 190 帧，按 F6 键插入关键帧，使用【任意变形工具】 选择【矩形 2】图形元件，并将其中心点调整至右侧中心位置，如图 10-198 所示。

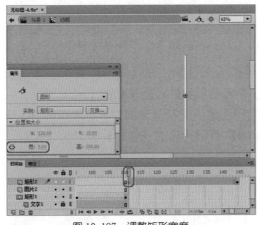

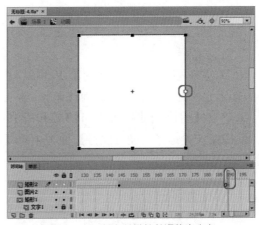

图 10-197　调整矩形宽度　　　　　　　　图 10-198　插入关键帧并调整中心点

(53) 选择【矩形 2】图层的第 210 帧，按 F6 键插入关键帧，通过向右拖动左侧边来调整【矩形 2】图形元件的宽度，将宽度调整为 5，然后在【矩形 2】图层的第 190 帧和第 210 帧之间创建传统补间动画，效果如图 10-199 所示。

(54) 选择【图片 2】图层的第 112 帧，按 F6 键插入关键帧，在【库】面板中将【房地产 04.jpg】素材图片拖拽到舞台中，并调整其位置，效果如图 10-200 所示。

(55) 确认素材图片处于选中状态，按 F8 键，弹出【转换为元件】对话框，输入【名称】为【图片 04】，将【类型】设置为【图形】，单击【确定】按钮，如图 10-201 所示。

(56)然后在【属性】面板中将【样式】设置为 Alpha，将 Alpha 值设置为 0%，如图 10-202 所示。

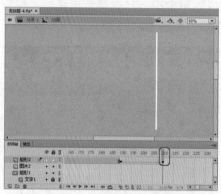

图 10-199　调整元件并创建动画

图 10-200　添加素材文件

图 10-201　转换为元件

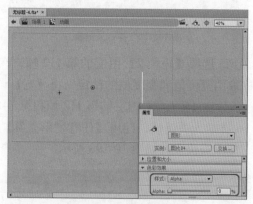

图 10-202　调整元件的样式

(57) 选择【图片 2】图层的第 190 帧，按 F6 键插入关键帧，在【属性】面板中将【图片 04】图形元件的【样式】设置为【无】，然后向右调整图形元件，效果如图 10-203 所示。

(58) 在【图片 2】图层的第 112 帧和第 190 帧之间创建传统补间动画，然后选择第 145 帧，按 F6 键插入关键帧，在【属性】面板中将【图片 04】图形元件的【样式】设置为【无】，如图 10-204 所示。

图 10-203　调整图形元件

图 10-204　插入关键帧并调整元件的样式

(59) 选择【图片2】图层的第210帧，按F6键插入关键帧，然后在【矩形2】图层上单击鼠标右键，从弹出的快捷菜单中选择【遮罩层】命令，即可创建遮罩动画，如图10-205所示。

(60) 在【矩形2】图层上方新建一个图层，并将新建的图层重命名为【文字2】，然后选择第30帧，按F6键插入关键帧，并在工具箱中选择【文本工具】 T ，在【属性】面板中将【系列】设置为【方正综艺简体】，将【大小】设置为30磅，将【颜色】设置为#CC0000，然后在舞台中输入文字，如图10-206所示。

图 10-205　创建遮罩动画

图 10-206　插入关键帧并输入文字

(61) 选择输入的文字，按F8键弹出【转换为元件】对话框，输入【名称】为【绿色花园】，将【类型】设置为【图形】，单击【确定】按钮，如图10-207所示。

(62) 在【属性】面板中将【绿色花园】图形元件的【样式】设置为Alpha，将Alpha值设置为0%，效果如图10-208所示。

图 10-207　转换为元件

图 10-208　设置元件样式

(63) 选择【文字2】图层的第55帧，按F6键插入关键帧，在【属性】面板中将【绿色花园】图形元件的【样式】设置为【无】，然后在第30帧和第55帧之间创建传统补间动画，效果如图10-209所示。

(64) 选择【文字2】图层的第112帧，按F7键插入空白关键帧，使用【文本工具】 T 在舞台中输入文字，并选择输入的文字，按F8键弹出【转换为元件】对话框，输入【名称】为【露天阳台】，将【类型】设置为【图形】，然后单击【确定】按钮，即可将其转换为元件，效果如图 10-210 所示。

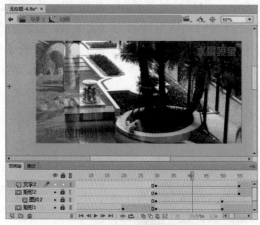
图 10-209 创建动画

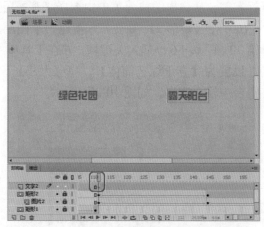
图 10-210 转换为元件

(65) 在【属性】面板中将【样式】设置为 Alpha，将 Alpha 值设置为 0%，然后选择第 145 帧，按 F6 键插入关键帧，在【属性】面板中将【露天阳台】图形元件的【样式】设置为【无】，并向右调整其位置，效果如图 10-211 所示。

(66) 在【文字 2】图层的第 112 帧和第 145 帧之间创建传统补间动画，选择第 86 帧，按 F7 键插入空白关键帧，并将其移至【矩形 2】图层的下方，然后锁定【文字 2】，效果如图 10-212 所示。

图 10-211 调整元件

图 10-212 创建动画并调整图层

(67) 结合前面介绍的方法，继续制作遮罩动画，效果如图 10-213 所示。

(68) 返回到【场景 1】中，新建【图层 3】，并选择第 50 帧，按 F6 键插入关键帧，然后在【库】面板中将【动画】影片剪辑元件拖拽到舞台中，并调整其位置，效果如图 10-214 所示。

(69) 新建【图层 4】，并选择第 285 帧，按 F6 键插入关键帧，然后在【库】面板中将"房地产 06.png"素材文件拖拽到舞台中，如图 10-215 所示。

(70) 确认素材图片处于选中状态，按 F8 键弹出【转换为元件】对话框，输入【名称】为【图片 06】，将【类型】设置为【图形】，单击【确定】按钮，如图 10-216 所示。

图 10-213　制作遮罩动画

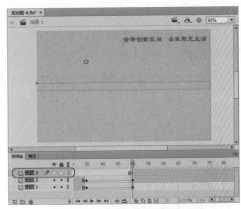

图 10-214　新建图层并添加元件

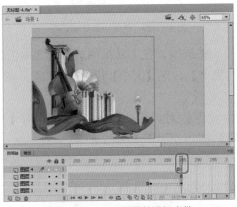

图 10-215　新建图层并添加文件

图 10-216　转换为元件

(71) 使用【任意变形工具】 选择【图片06】图形元件，并将该元件的中心点调整至左下角，然后在【变形】面板中将【缩放宽度】和【缩放高度】设置为45.7%，效果如图10-217所示。

(72) 在【属性】面板中将【图片06】图形元件的【样式】设置为Alpha，将Alpha值设置为0%，如图10-218所示。

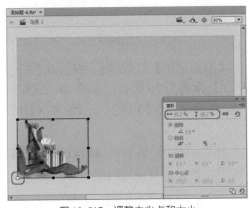

图 10-217　调整中心点和大小

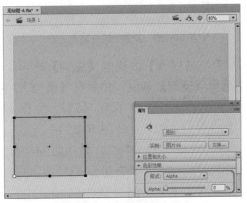

图 10-218　设置元件的样式

(73) 选择【图层4】的第310帧，按F6键插入关键帧，在【变形】面板中将【缩放宽度】和【缩放高度】设置为80%，在【属性】面板中将【样式】设置为【无】，如图10-219所示。

(74) 在【图层4】的第285帧和第310帧之间创建传统补间动画，并选择【图层4】第355帧，按F6键插入关键帧，然后结合前面介绍的方法，制作文字和直线的传统补间动画，效果如图10-220所示。

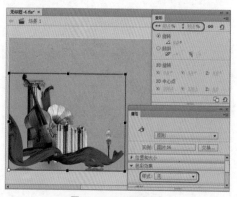

图 10-219　设置元件

图 10-220　创建传统补间动画

(75) 新建【图层7】并选择第331帧，按F6键插入关键帧，在工具箱中选择【文本工具】
▣，在【属性】面板中将【系列】设置为【方正综艺简体】，将【大小】设置为18磅，将【颜色】设置为白色，然后在舞台中输入文字，如图10-221所示。

(76) 选择输入的文字，按F8键，弹出【转换为元件】对话框，输入【名称】为【文字02】，将【类型】设置为【影片剪辑】，单击【确定】按钮，如图10-222所示。

图 10-221　新建图层并输入文字

图 10-222　转换为元件

(77) 在【属性】面板的【滤镜】选项组中，单击【添加滤镜】按钮 ➕，从弹出的下拉列表中选择【模糊】选项，然后将【模糊X】和【模糊Y】设置为20像素，如图10-223所示。

(78) 选择【图层7】的第346帧，按F6键插入关键帧，在【属性】面板中将【模糊X】和【模糊Y】设置为0像素，如图10-224所示。

(79) 在【图层7】的第331帧和第346帧之间创建传统补间动画，然后新建【图层8】，在【库】面板中将"房地产背景音乐.mp3"拖拽到舞台中，即可添加背景音乐，如图10-225所示。

(80) 选择【图层8】的第355帧，按F6键插入关键帧，然后按F9键打开【动作】面板，输入代码"stop();"，如图10-226所示。至此，完成了该动画的制作，然后导出影片，并将场景文件保存即可。

图 10-223　添加模糊滤镜

图 10-224　设置滤镜参数

图 10-225　添加背景音乐

图 10-226　输入代码

第 11 章
贺卡的制作

本章重点

◆ 制作父亲节贺卡
◆ 制作情人节贺卡
◆ 制作母亲节贺卡
◆ 制作友情贺卡

　　贺卡是人们在遇到喜庆的日期或事件的时候互相表示问候的一种卡片，人们通常赠送贺卡的日子包括生日、圣诞、元旦、春节、母亲节、父亲节、情人节等日子。本章将介绍贺卡的制作方法，其中包括父亲节贺卡、情人节贺卡、母亲节贺卡以及友情贺卡等。

案例精讲 092　制作父亲节贺卡

 案例文件：CDROM | 场景 | Cha11 | 制作父亲节贺卡 .fla

 视频文件：视频教学 | Cha11 | 制作父亲节贺卡 .avi

制作概述

　　本例来介绍父亲节贺卡的制作方法，首先导入素材文件，将导入的素材文件转换为元件，并为其添加传统补间动画，利用补间形状制作切换动画，创建文字，通过调整文字的位置和不透明度来创建文字移动动画，最后为贺卡添加按钮和音乐即可。完成后的效果如图 11-1 所示。

图 11-1　制作父亲节贺卡

学习目标

- 导入素材文件。
- 转换元件。
- 创建传统补间。
- 创建补间形状。
- 制作按钮并添加代码。
- 添加音乐。

操作步骤

　　(1) 从菜单栏中选择【文件】|【新建】命令，弹出【新建文档】对话框，在【类型】列表框中选择 ActionScript 3.0 选项，然后在右侧的设置区域中将【宽】设置为 440 像素，将【高】设置为 330 像素，如图 11-2 所示。

　　(2) 单击【确定】按钮，即可新建一个文档，从菜单栏中选择【文件】|【导入】|【导入到库】命令，在该对话框中选择如图 11-3 所示的素材文件。

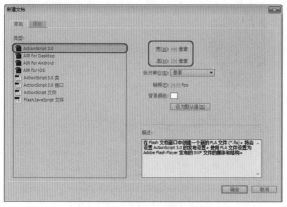

图 11-2 【新建文档】对话框

图 11-3 选择素材文件

(3) 单击【打开】按钮，即可将选择的素材文件导入到【库】中，在【库】面板中选择"父亲 01.jpg"素材文件，按住鼠标，将其拖拽到舞台中，选中该素材文件，在【属性】面板中将【宽】、【高】分别设置为 497、379.95，将 X、Y 分别设置为 −57、0，如图 11-4 所示。

(4) 选中该图像文件，按 F8 键，在弹出的对话框中将【名称】设置为【背景 01】，将【类型】设置为【图形】，并调整其对齐方式，如图 11-5 所示。

图 11-4 调整素材文件的大小

图 11-5 转换为元件

(5) 设置完成后，单击【确定】按钮，在【时间轴】面板中选中该图层的第 120 帧，按 F6 键插入关键帧，选中该帧上的元件，在【对齐】面板中单击【左对齐】按钮，如图 11-6 所示。

(6) 选中该图层的第 85 帧，右击鼠标，从弹出的快捷菜单中选择【创建传统补间】命令，如图 11-7 所示。

(7) 在【时间轴】面板中单击【新建图层】，新建【图层 2】，在工具箱中单击【矩形工具】，在舞台中绘制一个矩形，选中绘制的矩形，在【属性】面板中将 X、Y 分别设置为 −18、−10，将【宽】、【高】分别设置为 500、359.95，将【填充颜色】设置为白色，将【笔触颜色】设置为无，如图 11-8 所示。

(8) 选中【图层 2】的第 13 帧，按 F6 键插入关键帧，选中该帧上的图形，在【属性】面板中将【宽】、【高】分别设置为 76、439，将【填充颜色】的 Alpha 值设置为 0，效果如图 11-9 所示。

图 11-6　对齐对象

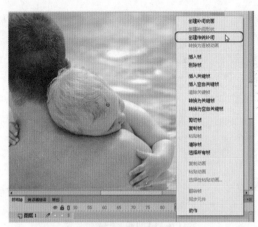

图 11-7　选择【创建传统补间】命令

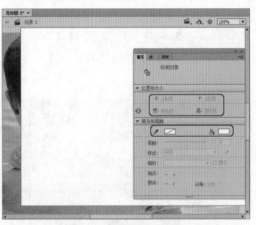

图 11-8　绘制图形并设置

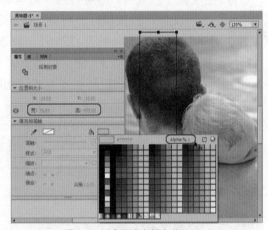

图 11-9　设置填充颜色的 Alpha

(9) 在【时间轴】面板中选中该图层的第 6 帧，右击鼠标，从弹出的快捷菜单中选择【创建补间形状】命令，如图 11-10 所示。

(10) 执行该操作后，即可为该图形创建补间形状动画，效果如图 11-11 所示。

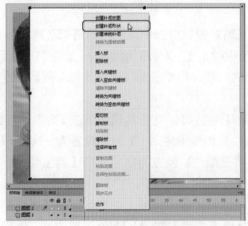

图 11-10　选择【创建补间形状】命令

图 11-11　创建补间形状动画

(11) 在【时间轴】面板中单击【新建图层】按钮，新建【图层 3】，选中该图层的第 15 帧，按 F6 键插入关键帧，在工具箱中单击【文本工具】，在舞台中单击鼠标，输入文字，选中输入的文字，在【属性】面板中将字体设置为【微软雅黑】，将【样式】设置为 Bold，将【大小】设置为 14，将【颜色】设置为 #663300，如图 11-12 所示。

(12) 选中该文字，按 F8 键，在弹出的对话框中将【名称】设置为【文字 1】，将【类型】设置为【图形】，如图 11-13 所示。

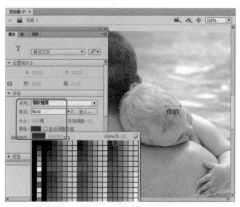

图 11-12　输入文字并进行设置

图 11-13　转换为元件

(13) 设置完成后，单击【确定】按钮，选中该元件，在【属性】面板中将 X、Y 分别设置为 215.7、41.3，将【样式】设置为 Alpha，将 Alpha 值设置为 0，如图 11-14 所示。

(14) 选中该图层的第 32 帧，按 F6 键插入关键帧，选中该帧上的元件，在【属性】面板中将 Y 设置为 27.3，将 Alpha 值设置为 100，如图 11-15 所示。

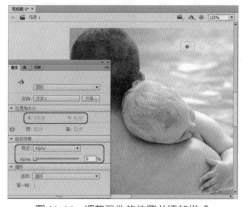

图 11-14　调整元件的位置并添加样式

图 11-15　调整元件的位置和 Alpha 参数

(15) 选中该图层的第 23 帧，右击鼠标，从弹出的快捷菜单中选择【创建传统补间】命令，如图 11-16 所示。

(16) 在【时间轴】面板中单击【新建图层】按钮，新建图层，选中该图层的第 24 帧，按 F6 键插入关键帧，在工具箱中单击【文本工具】，在舞台中单击鼠标，输入文字，选中输入的文字，在【属性】面板中将字体设置为【微软雅黑】，将【样式】设置为 Bold，将【大小】设置为 30，将【颜色】设置为 #663300，如图 11-17 所示。

图 11-16　选择【创建传统补间】命令

图 11-17　创建文字

(17) 选中该文字，按 F8 键，在弹出的对话框中将【名称】设置为【文字 2】，将【类型】设置为【图形】，如图 11-18 所示。

(18) 设置完成后，单击【确定】按钮，选中该元件，在【属性】面板中将 X、Y 分别设置为 277.15、49.4，将【样式】设置为 Alpha，将 Alpha 值设置为 0，如图 11-19 所示。

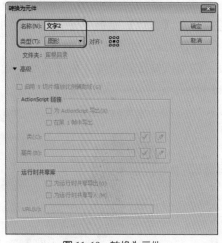

图 11-18　转换为元件

图 11-19　调整元件的位置并添加样式

(19) 选中该图层的第 38 帧，按 F6 键插入关键帧，选中该帧上的元件，在【属性】面板中将 X 设置为 257.65，将 Alpha 值设置为 100，如图 11-20 所示。

(20) 选择该图层的第 30 帧，右击鼠标，从弹出的快捷菜单中选择【创建传统补间】命令，创建传统补间后的效果如图 11-21 所示。

(21) 在【时间轴】面板中单击【新建图层】按钮，新建图层，选中该图层的第 32 帧，按 F6 键插入关键帧，使用【文本工具】创建文字，选中创建的文字，在【属性】面板中将【大小】设置为 14，如图 11-22 所示。

(22) 继续选中该文字，按 F8 键，在弹出的对话框中将【名称】设置为【文字 3】，将【类型】设置为【图形】，如图 11-23 所示。

图 11-20　调整 X 的位置和 Alpha 参数

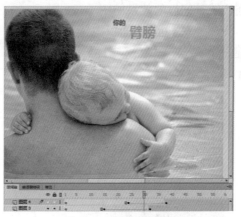

图 11-21　创建传统补间

图 11-22　新建图层并创建文字

图 11-23　将文字转换为元件

(23) 设置完成后，单击【确定】按钮，选中该元件，在【属性】面板中将 X、Y 分别设置为 327.3、51.75，将【样式】设置为 Alpha，将 Alpha 值设置为 0，如图 11-24 所示。

(24) 选中该图层的第 45 帧，按 F6 键插入关键帧，选中该帧上的元件，在【属性】面板中将 Y 设置为 57.25，将 Alpha 值设置为 100，如图 11-25 所示。

图 11-24　调整元件的位置并添加 Alpha 样式

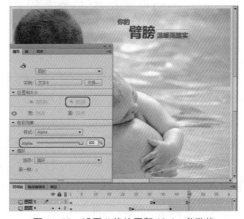

图 11-25　设置 Y 的位置和 Alpha 参数的

(25) 选中该图层的第 38 帧，右击鼠标，从弹出的快捷菜单中选择【创建传统补间】命令，创建传统补间后的效果如图 11-26 所示。

(26) 在【时间轴】面板中选择【图层 2】的第 26 帧，按 F7 键插入关键帧，使用【文本工具】创建一个文本，并在【属性】面板中将【大小】设置为 50，将【颜色】设置为 #996600，如图 11-27 所示。

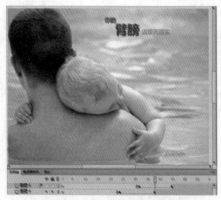

图 11-26　创建传统补间

图 11-27　输入文字并设置其大小和颜色

(27) 选中该文字，按 F8 键，在弹出的对话框中将【名称】设置为【文字 4】，将【类型】设置为【图形】，如图 11-28 所示。

(28) 设置完成后，单击【确定】按钮，选中该元件，在【属性】面板中将 X、Y 分别设置为 352.3、36.75，将【样式】设置为 Alpha，将 Alpha 值设置为 0，如图 11-29 所示。

图 11-28　将文字转换为元件

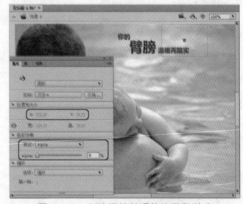

图 11-29　创建元件并调整位置和样式

(29) 选中【图层 2】的第 94 帧，按 F6 键插入关键帧，选中该帧上的元件，在【属性】面板中将 Alpha 值设置为 23，如图 11-30 所示。

(30) 选中该图层的第 60 帧，右击鼠标，从弹出的快捷菜单中选择【创建传统补间】命令，效果如图 11-31 所示。

(31) 在【时间轴】面板中单击【新建图层】按钮，新建图层，选中该图层的第 108 帧，按 F6 键插入关键帧，在工具箱中单击【矩形工具】，在舞台中绘制一个矩形，选中该矩形，在【属性】面板中将 X、Y 分别设置为 −18、−10，将【宽】、【高】分别设置为 492、73.9，将【填充颜色】的 Alpha 值设置为 0，将【笔触颜色】设置为无，如图 11-32 所示。

(32) 选中第 120 帧，按 F6 键插入关键帧，选中该帧上的图形，在【属性】面板中将【宽】、

【高】分别设置为 494、374，将【填充颜色】的 Alpha 设置为 100，将【颜色】设置为白色，如图 11-33 所示。

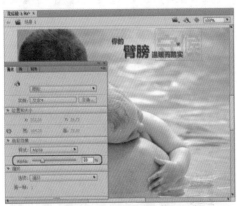

图 11-30　设置 Alpha 参数

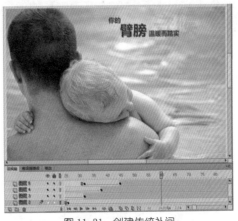

图 11-31　创建传统补间

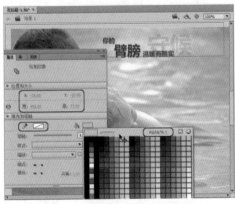

图 11-32　绘制图形并进行设置

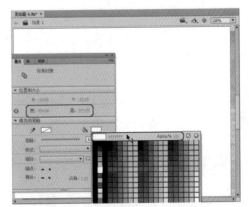

图 11-33　调整图形的大小和填充颜色

(33) 选择该图层的第 113 帧，右击鼠标，从弹出的快捷菜单中选择【创建补间形状】命令，效果如图 11-34 所示。

(34) 使用前面所介绍的方法创建其他动画效果，如图 11-35 所示。

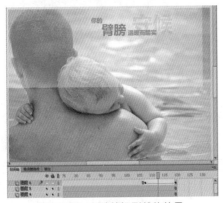

图 11-34　创建补间形状的效果

图 11-35　创建其他动画效果

(35) 按 Ctrl+F8 组合键，在弹出的对话框中将【名称】设置为【飘动的小球】，将【类型】设置为【影片剪辑】，如图 11-36 所示。

(36) 设置完成后，单击【确定】按钮，在舞台中单击鼠标，在【属性】面板中将【舞台】设置为 #999900，如图 11-37 所示。

图 11-36　创建新元件

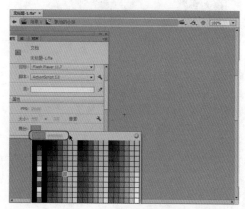

图 11-37　调整舞台的颜色

(37) 在工具箱中单击【椭圆工具】，在舞台中绘制一个正圆，在【属性】面板中将【宽】、【高】都设置为 47，将【填充颜色】设置为 #FFFFFF，将【笔触颜色】设置为无，如图 11-38 所示。

(38) 选中该图形，按 F8 键，在弹出的对话框中将【名称】设置为【小球】，将【类型】设置为【图形】，并调整其中心位置，如图 11-39 所示。

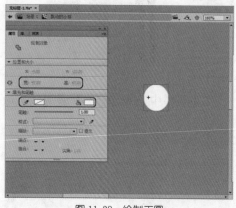

图 11-38　绘制正圆

图 11-39　将图形转换为元件

(39) 设置完成后，单击【确定】按钮，选中该元件，在【属性】面板中将 X、Y 分别设置为 −123.1、49.75，将【宽】和【高】都设置为 38.6，将【样式】设置为 Alpha，将 Alpha 值设置为 24，如图 11-40 所示。

(40) 选中该图层的第 23 帧，按 F6 键插入关键帧，选中该帧上的元件，在【属性】面板中将 Y 设置为 11.5，将 Alpha 值设置为 0，如图 11-41 所示。

(41) 选中第 10 帧，右击鼠标，从弹出的快捷菜单中选择【创建传统补间】命令，选中该图层的第 25 帧，按 F6 键插入关键帧，选中该帧上的元件，在【属性】面板中将 Y 设置为

171.45，将【宽】和【高】都设置为 47，将 Alpha 值设置为 100，如图 11-42 所示。

(42) 选中该图层的第 48 帧，按 F6 键插入关键帧，选中该帧上的元件，在【属性】面板中将 Y 设置为 53.15，将【宽】和【高】都设置为 38.9，将 Alpha 设置为 26，如图 11-43 所示。

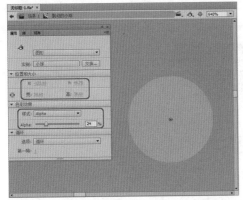

图 11-40　设置元件的位置、大小并为其添加样式

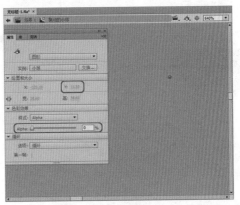

图 11-41　调整 Y 的位置和 Alpha 参数

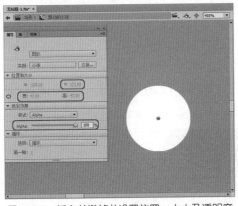

图 11-42　插入关键帧并设置位置、大小及透明度

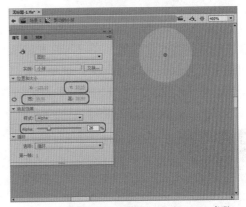

图 11-43　调整元件的位置、大小和 Alpha 参数

(43) 选中第 37 帧，右击鼠标，从弹出的快捷菜单中选择【创建传统补间】命令，如图 11-44 所示。

(44) 使用相同的方法创建其他小球运动动画，效果如图 11-45 所示。

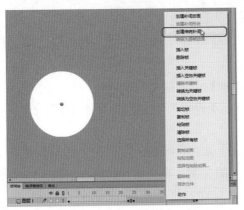

图 11-44　选择【创建传统补间】命令

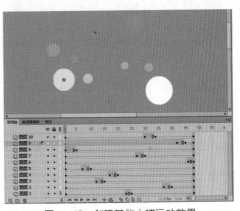

图 11-45　创建其他小球运动效果

(45) 返回到场景 1 中，在【时间轴】面板中单击【新建图层】按钮，新建图层，在【库】面板中选择【飘动的小球】，按住鼠标将其拖拽到舞台中，并调整其位置，效果如图 11-46 所示。

(46) 选中该元件，在【属性】面板中将【样式】设置为【高级】，并设置其参数，效果如图 11-47 所示。

图 11-46　添加影片剪辑元件　　　　　　　　图 11-47　添加样式设置

(47) 继续选中该对象，在【属性】面板中单击【滤镜】选项组中的【添加滤镜】按钮，从弹出的下拉列表中选择【模糊】选项，如图 11-48 所示。

(48) 将【模糊 X】、【模糊 Y】都设置为 10，将【品质】设置为【高】，如图 11-49 所示。

图 11-48　选择【模糊】选项　　　　　　　　图 11-49　设置模糊参数

(49) 在【显示】选项组中将【混合】设置为【叠加】，如图 11-50 所示。

(50) 按 Ctrl+F8 组合键，在弹出的对话框中将【名称】设置为【按钮】，将【类型】设置为【按钮】，如图 11-51 所示。

(51) 设置完成后，单击【确定】按钮，将舞台颜色设置为 #FFCC99，在工具箱中单击【文本工具】，在舞台中单击鼠标，输入文字，选中输入的文字，在【属性】面板中将字体设置为【汉仪立黑简】，将【大小】设置为 28，将【颜色】设置为 #9999FF，如图 11-52 所示。

(52) 在【时间轴】面板中选中该图层的【指针经过】帧，按 F6 键插入关键帧，选中该帧上的文字，在【属性】面板中将【颜色】设置为 #FF3366，如图 11-53 所示。

图 11-50　设置混合模式

图 11-51　创建新元件

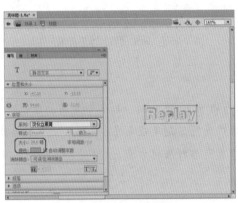

图 11-52　输入文字

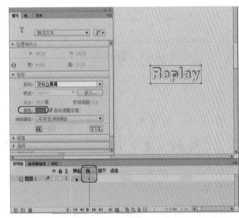

图 11-53　修改文字的颜色

(53) 返回到场景 1 中，在【时间轴】面板中单击【新建图层】按钮，选择该图层的第 480 帧，按 F6 键插入关键帧，在【库】面板中选中【按钮】元件，按住鼠标将其拖拽到舞台中，并调整其位置，在【属性】面板中将实例名称设置为"m"，如图 11-54 所示。

(54) 选中该按钮元件，按 F9 键，在弹出的面板中输入代码，如图 11-55 所示。

图 11-54　添加元件并调整其位置

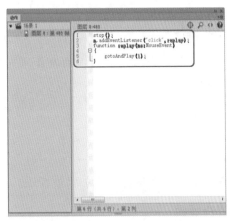

图 11-55　输入代码

(55) 输入完成后，从菜单栏中选择【文件】|【导入】|【导入到库】命令，在弹出的对话

框中选择【父亲节贺卡背景音乐.mp3】音频文件，如图11-56所示。

(56) 单击【打开】按钮，在【时间轴】面板中单击【新建图层】按钮，在【库】面板中选择导入的音频文件，按住鼠标，将其拖拽到舞台中，为其添加音乐，如图11-57所示。

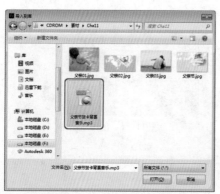

图 11-56　选择音频文件

图 11-57　新建图层并添加音频文件

知识链接

父亲节，顾名思义是感恩父亲的节日。该节日约始于20世纪初，起源于美国，现已广泛流传于世界各地，节日日期因地域不同而存在差异。最广泛的日期是在每年6月的第三个星期日，世界上有52个国家和地区是在这一天过父亲节。节日里有各种庆祝方式，大部分都与赠送礼物、家族聚餐或活动有关。

案例精讲 093　制作情人节贺卡

案例文件：CDROM | 场景 | Cha11 | 情人节贺卡 .fla

视频文件：视频教学 | Cha11 | 情人节贺卡 .avi

制作概述

本例介绍一下情人节贺卡的制作，完成后的效果如图11-58所示。

学习目标

- 制作图片切换动画。
- 制作文字动画。
- 制作重播按钮并添加背景音乐。

图 11-58　情人节贺卡

操作步骤

(1) 按 Ctrl+N 组合键，弹出【新建文档】对话框，在【类型】列表框中选择 ActionScript 3.0，将【宽】设置为 750 像素，将【高】设置为 680 像素，将【帧频】设置为 12fps，将【背景颜色】设置为 #FFFFCC，单击【确定】按钮，如图 11-59 所示。

(2) 新建了空白文档后，从菜单栏中选择【文件】|【导入】|【导入到库】命令，弹出【导入到库】对话框，在该对话框中选择随书附带光盘中的 001.jpg、002.jpg、003.jpg、004.jpg 和"情人节贺卡背景音乐 .mp3"素材文件，单击【打开】按钮，即可将选择的素材文件导入到【库】面板中，如图 11-60 所示。

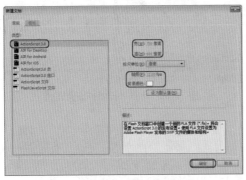

图 11-59　新建文档

图 11-60　将素材文件导入到【库】面板中

(3) 在【库】面板中将 001.jpg 素材图片拖拽到舞台中，然后在【对齐】面板中勾选【与舞台对齐】复选框，并单击【水平中齐】和【垂直中齐】按钮，效果如图 11-61 所示。

(4) 确认素材图片处于选中状态，按 F8 键，弹出【转换为元件】对话框，输入【名称】为【图片 001】，将【类型】设置为【图形】，单击【确定】按钮，如图 11-62 所示。

图 11-61　调整素材文件

图 11-62　转换为元件

(5) 然后在【属性】面板中将【样式】设置为 Alpha，将 Alpha 值设置为 0%，如图 11-63 所示。

(6) 在【时间轴】面板中选择第 20 帧，按 F6 键插入关键帧，然后在【属性】面板中将【图片 001】图形元件的【样式】设置为【无】，如图 11-64 所示。

(7) 然后在两个关键帧之间创建传统补间动画，并选择第 60 帧，按 F6 键插入关键帧，如图 11-65 所示。

(8) 按 Ctrl+F8 组合键，弹出【创建新元件】对话框，输入【名称】为【彩色的圆】，将【类型】设置为【影片剪辑】，单击【确定】按钮，如图 11-66 所示。

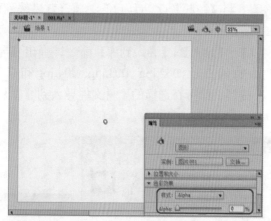

图 11-63　设置元件的样式

图 11-64　插入关键帧并设置样式

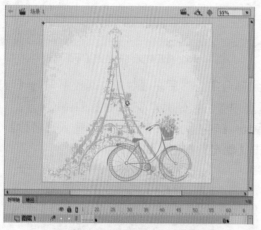

图 11-65　创建动画并插入关键帧

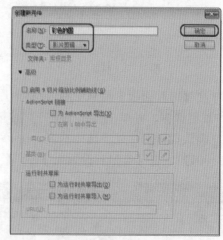

图 11-66　创建新元件

(9) 在工具箱中选择【椭圆工具】 ，确认【对象绘制】工具 处于选中状态，在【属性】面板中将【填充颜色】设置为 #FF6699，并将填充颜色的 Alpha 值设置为 50%，将【笔触颜色】设置为无，然后在按住 Shift 键的同时，在舞台中绘制正圆，如图 11-67 所示。

(10) 确认绘制的正圆处于选中状态，按 F8 键，弹出【转换为元件】对话框，输入【名称】为【圆形 001】，将【类型】设置为【图形】，然后调整元件的对齐方式，并单击【确定】按钮，如图 11-68 所示。

(11) 然后在【属性】面板中将【样式】设置为 Alpha，将 Alpha 值设置为 50%，如图 11-69 所示。

(12) 在【时间轴】面板中选择【图层 1】的第 20 帧，按 F6 键插入关键帧，然后在【变形】面板中将【缩放宽度】和【缩放高度】设置为 80%，如图 11-70 所示。

(13) 然后在两个关键帧之间创建传统补间动画，并选择第 25 帧，按 F6 键插入关键帧，如图 11-71 所示。

(14) 选择【图层 1】的第 45 帧，按 F6 键插入关键帧，在【变形】面板中将【缩放宽度】和【缩放高度】都设置为 100%，如图 11-72 所示。

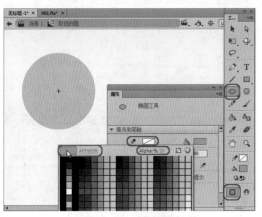

图 11-67　绘制正圆

图 11-68　转换为元件

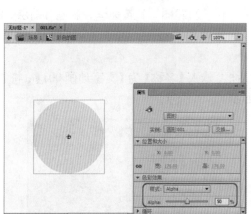

图 11-69　设置元件的样式

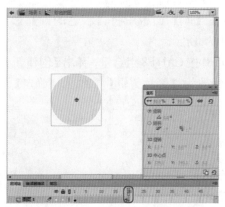

图 11-70　插入关键帧并设置元件大小

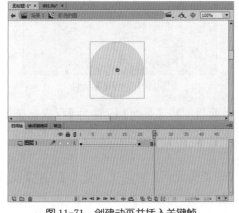

图 11-71　创建动画并插入关键帧

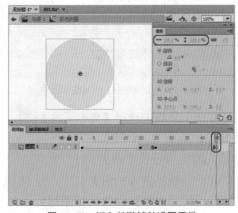

图 11-72　插入关键帧并设置元件

（15）选择第 35 帧，并单击鼠标右键，从弹出的快捷菜单中选择【创建传统补间】命令，即可创建传统补间动画，如图 11-73 所示。

（16）使用同样的方法，继续绘制正圆，并创建传统补间动画，效果如图 11-74 所示。

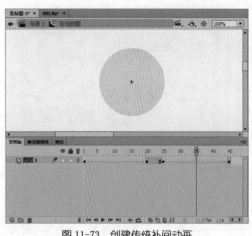

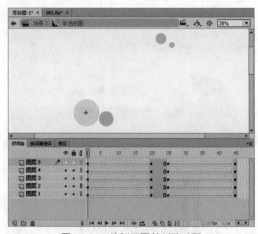

图 11-73　创建传统补间动画　　　　　　　　　　图 11-74　绘制正圆并创建动画

（17）返回到【场景 1】中，在【时间轴】面板中单击【新建图层】按钮，新建【图层 2】，然后在【库】面板中将【彩色的圆】影片剪辑元件拖拽到舞台中，并调整其位置，效果如图 11-75 所示。

（18）按 Ctrl+F8 组合键，弹出【创建新元件】对话框，输入【名称】为【文字动画 001】，将【类型】设置为【影片剪辑】，单击【确定】按钮，如图 11-76 所示。

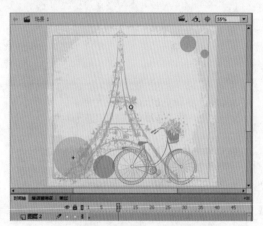

图 11-75　新建图层并调整图形元件　　　　　　　　图 11-76　创建新元件

（19）在工具箱中选择【文本工具】 **T**，在【属性】面板中将【系列】设置为【汉仪行楷简】，将【颜色】设置为 #562B32，并确认颜色的 Alpha 值为 100%，然后在舞台中输入多个文字，并为输入的文字设置不同的大小，如图 11-77 所示。

（20）然后选择输入的所有文字，按 F8 键，弹出【转换为元件】对话框，输入【名称】为【文字 001】，将【类型】设置为【图形】，单击【确定】按钮，如图 11-78 所示。

（21）在【属性】面板中将【样式】设置为 Alpha，将 Alpha 值设置为 0%，在【变形】面板中将【缩放宽度】和【缩放高度】设置为 50%，如图 11-79 所示。

（22）在【时间轴】面板中选择第 15 帧，按 F6 键插入关键帧，然后在【属性】面板中将【文字 001】图形元件的【样式】设置为【无】，在【变形】面板中将【缩放宽度】和【缩放高度】都设置为 100%，如图 11-80 所示。

图 11-77　输入并设置文字

图 11-78　转换为元件

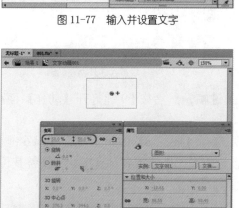

图 11-79　设置元件

图 11-80　插入关键帧并设置元件

(23) 在两个关键帧之间创建传统补间动画，并选择第 35 帧，按 F6 键插入关键帧，然后新建【图层 2】，选择【图层 2】的第 10 帧，按 F6 键插入关键帧，如图 11-81 所示。

(24) 使用【文本工具】 T 在舞台中输入多个文字，并为输入的文字设置不同的大小，如图 11-82 所示。

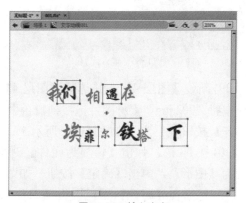

图 11-82　输入文字

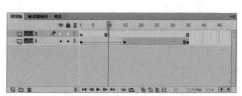

图 11-81　新建图层并插入关键帧

(25) 确认【图层 2】中的文字都处于选中状态，按 F8 键，弹出【转换为元件】对话框，输入【名称】为【文字 002】，将【类型】设置为【图形】，单击【确定】按钮，如图 11-83 所示。

(26) 结合上面介绍的方法，设置元件样式和大小，并创建传统补间动画，效果如图 11-84 所示。

图 11-83 转换为元件

图 11-84 设置元件并创建动画

(27) 选择【图层 2】的第 35 帧，按 F6 键插入关键帧，然后按 F9 键打开【动作】面板，输入代码 "stop();"，如图 11-85 所示。

(28) 返回到【场景 1】中，新建【图层 3】，并选择【图层 3】的第 15 帧，按 F6 键插入关键帧，然后在【库】面板中将【文字动画 001】影片剪辑元件拖拽到舞台中，并调整其位置，如图 11-86 所示。

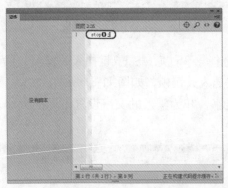

图 11-85 输入代码

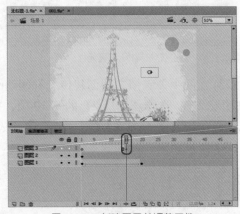

图 11-86 新建图层并调整元件

(29) 新建【图层 4】，并选择【图层 4】的第 60 帧，按 F6 键插入关键帧，然后在【库】面板中将 "002.jpg" 素材图片拖拽到舞台中，并在【对齐】面板中单击【水平中齐】 和【垂直中齐】按钮 ，效果如图 11-87 所示。

(30) 按 F8 键，弹出【转换为元件】对话框，输入【名称】为【图片 002】，将【类型】设置为【图形】，单击【确定】按钮，如图 11-88 所示。

(31) 然后在【属性】面板中将【图片 002】图形元件的【样式】设置为 Alpha，将 Alpha 值设置为 0%，如图 11-89 所示。

(32) 选择【图层 4】的第 67 帧，按 F6 键插入关键帧，在【属性】面板中将【图片 002】图形元件的【样式】设置为【无】，如图 11-90 所示。

图 11-87　插入关键帧并调整素材图片

图 11-88　转换为元件

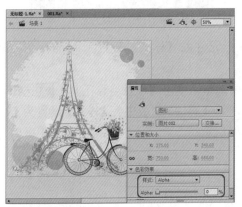

图 11-89　设置元件的样式

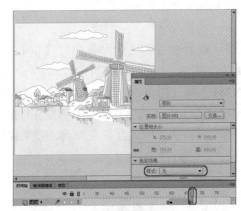

图 11-90　插入关键帧并设置元件的样式

(33) 然后在两个关键帧之间创建传统补间动画，如图 11-91 所示。

(34) 选择【图层 4】的第 123 帧，按 F6 键插入关键帧，然后新建【图层 5】，并选择【图层 5】的第 53 帧，按 F6 键插入关键帧，如图 11-92 所示。

图 11-91　创建传统补间动画

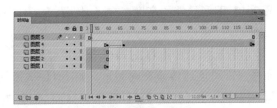

图 11-92　插入关键帧

(35) 在工具箱中选择【矩形工具】 ，在【属性】面板中将【填充颜色】设置为白色，将【笔触颜色】设置为无，然后在舞台中绘制矩形，如图 11-93 所示。

(36) 确认新绘制的矩形处于选中状态，按 F8 键，弹出【转换为元件】对话框，输入【名称】为【矩形 001】，将【类型】设置为【图形】，单击【确定】按钮，如图 11-94 所示。

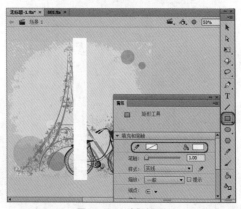

图 11-93　绘制矩形

图 11-94　转换为元件

(37) 然后在【属性】面板中将【矩形 001】图形元件的【样式】设置为 Alpha，将 Alpha 值设置为 40%，如图 11-95 所示。

(38) 选择【图层 5】的第 60 帧，按 F6 键插入关键帧，使用【任意变形工具】[图标] 选择【矩形 001】图形元件，然后在舞台中调整元件的宽度，并在【属性】面板中将【样式】设置为【无】，并在两个关键帧之间创建传统补间，效果如图 11-96 所示。

图 11-95　设置元件样式

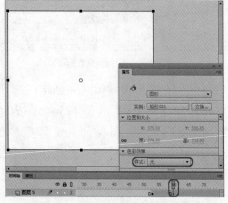

图 11-96　插入关键帧并调整元件

(39) 然后选择【图层 5】的第 67 帧，按 F6 键插入关键帧，并使用【任意变形工具】[图标] 调整【矩形 001】图形元件的高度，在【属性】面板中将【样式】设置为 Alpha，将 Alpha 值设置为 0%，如图 11-97 所示。

(40) 选择【图层 5】的第 63 帧，并单击鼠标右键，从弹出的快捷菜单中选择【创建传统补间】命令，即可创建传统补间动画，如图 11-98 所示。

(41) 新建【图层 6】，并选择【图层 6】的第 67 帧，按 F6 键插入关键帧，然后在工具箱中选择【矩形工具】[图标]，在【属性】面板中将【填充颜色】设置为【白色】，将填充颜色的 Alpha 值设置为 40%，将【笔触颜色】设置为无，然后在舞台中绘制矩形，如图 11-99 所示。

(42) 在工具箱中选择【钢笔工具】[图标]，在舞台中绘制图形，并选择绘制的图形，在【属性】

面板中任意设置一种填充颜色，然后将【笔触颜色】设置为无，如图 11-100 所示。

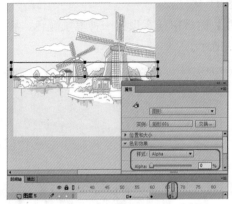
图 11-97　插入关键帧并调整图形元件

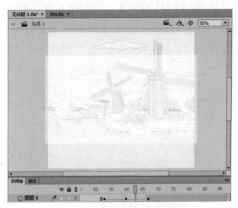
图 11-98　创建传统补间动画

图 11-99　绘制矩形

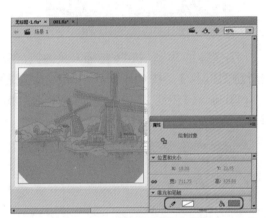
图 11-100　绘制图形并填充颜色

(43) 选择新绘制的两个图形，从菜单栏中选择【修改】|【合并对象】|【打孔】命令，如图 11-101 所示。

(44) 修改对象后的效果如图 11-102 所示。

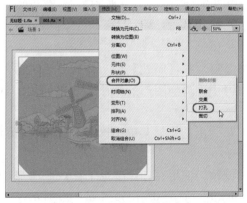
图 11-101　选择【打孔】命令

图 11-102　修改对象后的效果

(45) 按 Ctrl+F8 组合键，弹出【创建新元件】对话框，输入【名称】为【线条动画】，将【类型】设置为【影片剪辑】，单击【确定】按钮，如图 11-103 所示。

(46) 在工具箱中选择【钢笔工具】 ✐，在【属性】面板中任意设置一种笔触颜色，将【笔触】设置为 1，然后在舞台中绘制图形，如图 11-104 所示。

图 11-103　创建新元件

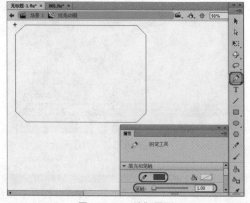

图 11-104　绘制图形

(47) 选择第 30 帧，按 F6 键插入关键帧，然后选择新绘制的图形，按 Ctrl+C 组合键进行复制，并新建【图层 2】，按 Ctrl+Shift+V 组合键将复制的图形粘贴到【图层 2】中，如图 11-105 所示。

(48) 确认【图层 2】中的图形处于选中状态，在【属性】面板中将【笔触颜色】的 Alpha 值设置为 0%，如图 11-106 所示。

图 11-105　新建图层并粘贴对象

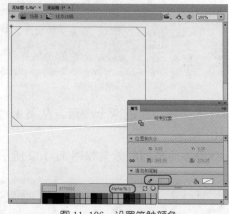

图 11-106　设置笔触颜色

(49) 选择【图层 2】的第 4 帧，按 F6 键插入关键帧，在【属性】面板中将【笔触颜色】的 Alpha 值设置为 100%，然后使用【任意变形工具】 ▦ 调整图形的大小，效果如图 11-107 所示。

(50) 选择【图层 2】的第 2 帧，并单击鼠标右键，从弹出的快捷菜单中选择【创建补间形状】命令，即可创建形状补间动画，如图 11-108 所示。

(51) 选择【图层 2】的第 19 帧，按 F6 键插入关键帧，使用【任意变形工具】 ▦ 调整图形的大小，并在【属性】面板中将【笔触颜色】的 Alpha 值设置为 0%，如图 11-109 所示。

(52) 然后在【图层 2】的第 5 帧至第 19 帧之间创建形状补间动画，效果如图 11-110 所示。

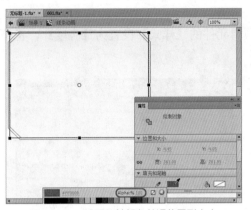

图 11-107　设置笔触颜色并调整图形大小

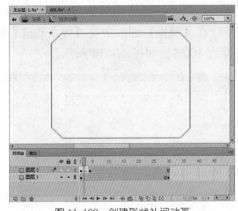

图 11-108　创建形状补间动画

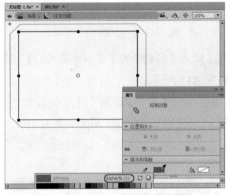

图 11-109　插入关键帧并调整图形

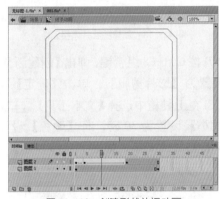

图 11-110　创建形状补间动画

(53) 在【图层 2】名称上单击鼠标右键，从弹出的快捷菜单中选择【复制图层】命令，如图 11-111 所示。

(54) 将复制后的图层重命名为【图层 3】，然后选择【图层 3】的第 1 帧至第 19 帧，将其向右移动，效果如图 11-112 所示。

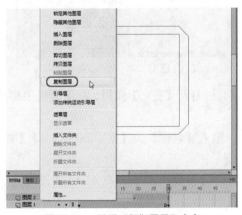

图 11-111　选择【复制图层】命令

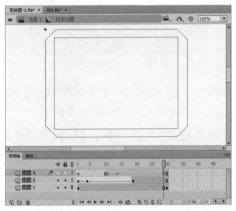

图 11-112　重命名图层并拖动帧

(55) 返回到【场景 1】中，新建【图层 7】，并选择【图层 7】的第 67 帧，按 F6 键插入关键帧，在【库】面板中将【线条动画】影片剪辑元件拖拽到舞台中，并使用【任意变形工具】 调整其大小，然后在舞台中调整其位置，如图 11-113 所示。

(56) 在【属性】面板中将【线条动画】影片剪辑元件的【样式】设置为【亮度】，将亮度值设置为 100%，如图 11-114 所示。

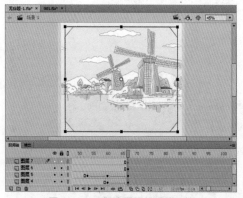

图 11-113　新建图层并调整元件

图 11-114　设置元件的样式

(57) 按 Ctrl+F8 组合键，弹出【创建新元件】对话框，输入【名称】为【文字动画 002】，将【类型】设置为【影片剪辑】，单击【确定】按钮，如图 11-115 所示。

(58) 在工具箱中选择【文本工具】 T ，在【属性】面板中将【系列】设置为【汉仪娃娃篆简】，将【大小】设置为 30 磅，将【颜色】设置为 #FF33CC，并确认颜色的 Alpha 值为 100%，然后在舞台中输入文字，如图 11-116 所示。

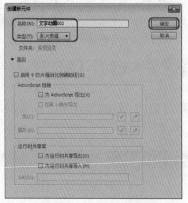

图 11-115　创建新元件

图 11-116　输入文字

(59) 确认输入的文字处于选中状态，按 Ctrl+T 组合键打开【变形】面板，在该面板中将【旋转】设置为 −15°，如图 11-117 所示。

(60) 然后按 F8 键，弹出【转换为元件】对话框，输入【名称】为【文字 003】，将【类型】设置为【图形】，单击【确定】按钮，如图 11-118 所示。

(61) 在【属性】面板中将【文字 003】图形元件的【样式】设置为 Alpha，将 Alpha 值设置为 0%，如图 11-119 所示。

(62) 选择【图层 1】的第 10 帧，按 F6 键插入关键帧，在【属性】面板中将【文字 003】图形元件的【样式】设置为【无】，并在两个关键帧之间创建传统补间动画，效果如图 11-120 所示。

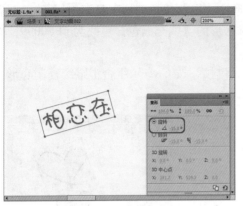

图 11-117　旋转文字

图 11-118　转换为元件

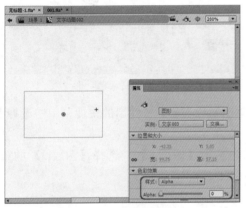

图 11-119　设置元件的样式

图 11-120　设置样式并创建动画

(63) 选择【图层 1】的第 43 帧，按 F6 键插入关键帧，然后新建【图层 2】，并选择【图层 2】的第 10 帧，按 F6 键插入关键帧，如图 11-121 所示。

(64) 在工具箱中选择【钢笔工具】 ，在舞台中绘制心形，并选择绘制的心形，在【属性】面板中将【笔触颜色】设置为黑色，并确认笔触颜色的 Alpha 值为 100%，然后将【填充颜色】设置为红色，如图 11-122 所示。

图 11-121　新建图层并插入关键帧

图 11-122　绘制并设置心形

(65) 选择绘制的心形，按 Ctrl+C 组合键进行复制，然后选择【图层 2】的第 12 帧，按 F6

键插入关键帧，并按 Ctrl+V 组合键粘贴选择的心形，使用【任意变形工具】 调整复制后的心形的大小和位置，然后，在【属性】面板中，将心形的【填充颜色】更改为 #FF0099，效果如图 11-123 所示。

(66) 选择【图层 2】的第 14 帧，按 F6 键插入关键帧，按 Ctrl+V 组合键继续复制心形，并使用前面介绍的方法调整心形，效果如图 11-124 所示。

图 11-123　复制并调整心形

图 11-124　调整心形

(67) 然后选择【图层 2】的第 21 帧至第 43 帧，单击鼠标右键，从弹出的快捷菜单中选择【删除帧】命令，如图 11-125 所示。

(68) 然后复制【图层 2】，将复制后的图层重命名为【图层 3】，选择【图层 3】的第 10 帧至第 20 帧，然后将选择的帧向右移动，效果如图 11-126 所示。

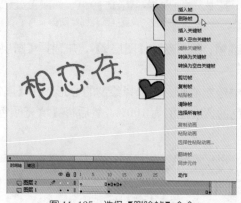

图 11-125　选择【删除帧】命令

图 11-126　复制图层并移动帧

(69) 然后选择【图层 3】的第 43 帧，按 F6 键插入关键帧，新建【图层 4】，选择【图层 4】的第 14 帧，按 F6 键插入关键帧，如图 11-127 所示。

(70) 在工具箱中选择【文本工具】 ，在【属性】面板中将【系列】设置为【汉仪舒同体简】，将【大小】设置为 30 磅，将【颜色】设置为 #FF6600，然后在舞台中输入文字，如图 11-128 所示。

(71) 确认新输入的文字处于选中状态，按 F8 键，弹出【转换为元件】对话框，输入【名称】为【文字 004】，将【类型】设置为【图形】，单击【确定】按钮，如图 11-129 所示。

(72) 然后在【属性】面板中将【样式】设置为 Alpha，将 Alpha 值设置为 0%，如图 11-130 所示。

图 11-127　新建图层并插入关键帧

图 11-128　输入文字

图 11-129　转换为元件

图 11-130　设置元件的样式

(73) 选择【图层 4】的第 24 帧，按 F6 键插入关键帧，在【属性】面板中将【文字 004】图形元件的【样式】设置为【无】，并在舞台中调整其位置，效果如图 11-131 所示。

(74) 在【图层 4】的两个关键帧之间创建传统补间动画，并选择第 43 帧，按 F6 键插入关键帧，然后按 F9 键打开【动作】面板，并输入代码"stop();"，如图 11-132 所示。

图 11-131　插入关键帧并调整元件

图 11-132　输入代码

(75) 返回到【场景 1】中，新建【图层 8】，并选择【图层 8】的第 67 帧，按 F6 键插入关键帧，然后在【库】面板中将【文字动画 002】影片剪辑元件拖拽到舞台中，并调整其位置，如图 11-133 所示。

(76) 结合前面制作切换图片的方法，将 003.jpg 素材图片和【矩形 001】图形元件拖拽到舞台中，然后通过设置不同的样式来创建传统补间动画，效果如图 11-134 所示。

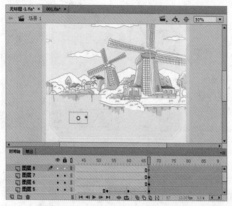 

图 11-133　新建图层并添加元件　　　　　　　　图 11-134　切换图片

(77) 新建【图层 11】，选择第 131 帧，按 F6 键插入关键帧，在工具箱中选择【文本工具】，在【属性】面板中将【系列】设置为【汉仪中隶书简】，将【大小】设置为 50 磅，将【颜色】设置为 #7A5C4D，并在舞台中输入文字，将输入的文字转换为图形元件，然后结合前面介绍的方法，设置元件样式并创建传统补间动画，效果如图 11-135 所示。

(78) 按 Ctrl+F8 组合键，弹出【创建新元件】对话框，输入【名称】为【文字动画 003】，将【类型】设置为【影片剪辑】，单击【确定】按钮，如图 11-136 所示。

 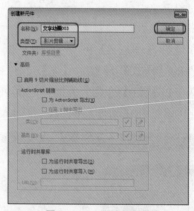

图 11-135　输入文字并制作动画　　　　　　　　图 11-136　创建新元件

(79) 选择【图层 1】的第 5 帧，按 F6 键插入关键帧，然后在工具箱中选择【文本工具】，在【属性】面板中将【系列】设置为【汉仪长艺体简】，将【大小】设置为 65 磅，将【颜色】设置为 #FF3366，并在舞台中输入文字，如图 11-137 所示。

(80) 然后选择【图层 1】的第 10 帧，按 F6 键插入关键帧，并在舞台中输入文字，效果如图 11-138 所示。

(81) 使用同样的方法，继续插入关键帧并输入文字，效果如图 11-139 所示。

(82) 然后选择【图层 1】的第 40 帧，按 F6 键插入关键帧，并按 F9 键，打开【动作】面板，在该面板中输入代码"stop();"，如图 11-140 所示。

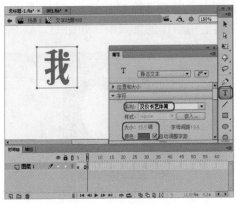

图 11-137　输入文字

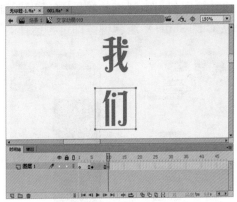

图 11-138　插入关键帧并输入文字

图 11-139　插入关键帧并输入文字

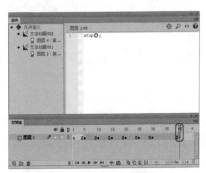

图 11-140　插入关键帧并输入代码

(83) 返回到【场景 1】中，新建【图层 12】，并选择第 147 帧，按 F6 键插入关键帧，然后在【库】面板中将【文字动画 003】影片剪辑元件拖拽到舞台中，并调整其位置，如图 11-141 所示。

(84) 结合前面制作切换图片的方法，将 004.jpg 素材图片和【矩形 001】图形元件拖拽到舞台中，然后通过设置不同的样式来创建传统补间动画，效果如图 11-142 所示。

图 11-141　插入关键帧并添加元件

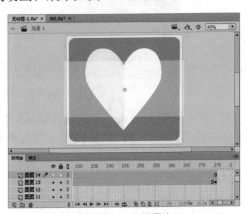

图 11-142　切换图片

(85) 从菜单栏中选择【文件】|【打开】命令，在弹出的【打开】对话框中打开随书附带光盘中的【曲线动画.fla】素材文件，然后按 Ctrl+A 组合键选择所有的对象，从在菜单栏中选择

【编辑】|【复制】命令，如图 11-143 所示。

(86) 返回到当前制作的场景中，新建【图层 15】，并选择第 199 帧，按 F6 键插入关键帧，然后按 Ctrl+Shift+V 组合键，即可将选择的对象粘贴到当前制作的场景中，如图 11-144 所示。

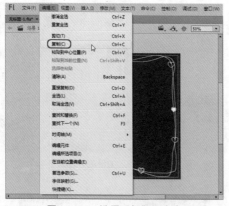

图 11-143　选择【复制】命令

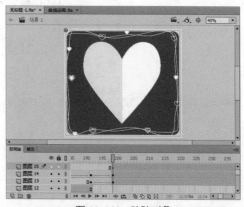

图 11-144　粘贴对象

(87) 然后结合前面制作文字动画的方法，继续制作文字传统补间动画，效果如图 11-145 所示。

(88) 新建【图层 20】，并选择第 260 帧，按 F6 键插入关键帧，在工具箱中选择【文本工具】 T ，在【属性】面板中将【系列】设置为【汉仪娃娃篆简】，将【大小】设置为 30 磅，将【颜色】设置为白色，然后在舞台中输入文字，如图 11-146 所示。

图 11-145　制作文字补间动画

图 11-146　新建图层并输入文字

(89) 确认新输入的文字处于选中状态，按 F8 键，弹出【转换为元件】对话框，输入【名称】为【重播按钮】，将【类型】设置为【按钮】，单击【确定】按钮，如图 11-147 所示。

(90) 在舞台中选择按钮元件，然后在【属性】面板中将【实例名称】命名为 "r"，如图 11-148 所示。

(91) 选择【图层 20】的第 275 帧，按 F6 键插入关键帧，然后按 F9 键打开【动作】面板，并输入代码，效果如图 11-149 所示。

(92) 在【时间轴】面板中新建【图层 21】，在【库】面板中将 "情人节贺卡背景音乐.mp3" 拖拽到舞台中，并选择【图层 21】的第 275 帧，按 F6 键插入关键帧，然后按 F9 键打开【动作】面板，并在该面板中输入代码 "stop();"，如图 11-150 所示。

图 11-147　转换为元件　　　　　　　　　　图 11-148　输入实例名称

图 11-149　插入关键帧并输入代码

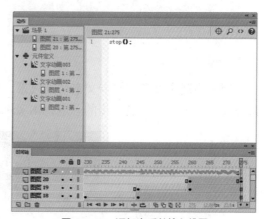

图 11-150　添加音乐并输入代码

（93）取消选择舞台中的所有对象，然后在【属性】面板中将【舞台】颜色更改为白色，如图 11-151 所示。

（94）至此，就完成了该贺卡的制作，按 Ctrl+Enter 组合键测试影片，效果如图 11-152 所示。然后导出影片，并将场景文件保存即可。

图 11-151　更改舞台颜色

图 11-152　测试影片

> **知识链接**
>
> 　　情人节又叫圣瓦伦丁节或圣华伦泰节，即每年的 2 月 14 日，是西方的传统节日之一。这是一个关于爱、浪漫以及花、巧克力、贺卡的节日，男女在这一天互送礼物，用以表达爱意或友好。现已成为欧美各国青年人喜爱的节日，其他国家也已开始流行。而在中国，传统节日之一的七夕节也是年轻人重视的日子，因此而被称为中国的情人节。由于能表达共同的人类情怀，各国各地也纷纷发掘了自身的"情人节"。

案例精讲 094 　制作母亲节贺卡动画

> 📝 **案例文件：** CDROM | 场景 | Cha11 | 制作母亲节贺卡动画 .fla
>
> 💿 **视频文件：** 视频教学 | Cha11| 制作母亲节贺卡动画 .avi

制作概述

　　本例主要制作母亲节贺卡文字动画效果，通过本实例的学习，可以对通过为文本创建传统补间制作动画的方法有进一步的了解，本实例的效果如图 11-153 所示。

图 11-153 　制作母亲节贺卡动画

学习目标

- 学习如何制作文字动画。
- 掌握制作文字动画的方法。

操作步骤

　　(1) 启动软件后，在欢迎界面中，单击【新建】选项组中的【ActionScript 3.0】按钮，具体如图 11-154 所示，即可新建场景。

　　(2) 进入工作界面后，在工具箱中单击【属性】按钮 ，在打开的面板中，将【属性】选项组中的 FPS 设置为 12，将【大小】设置为 415×330(像素)，如图 11-155 所示。

　　(3) 从菜单栏中选择【文件】|【导入】|【导入到库】命令，在弹出的对话框中，选择随书

附带的 CDROM| 素材 |Cha11| 母亲节贺卡 .jpg 和母亲节贺卡背景音乐 .mp3 文件，单击【打开】按钮，如图 11-156 所示。

(4) 打开【库】面板，将【母亲节贺卡 .jpg】素材拖拽到舞台中，然后在【对齐】面板中单击【水平居中】按钮、【垂直居中】按钮 和【匹配宽和高】按钮，使素材文件与舞台对齐，如图 11-157 所示。

图 11-154　选择新建类型

图 11-155　设置场景大小

图 11-156　选择素材并打开

图 11-157　设置素材对齐

(5) 选择【图层 1】的第 783 帧，按 F5 键插入帧，新建【图层 2】，按 Ctrl+F8 组合键，在打开的【创建新元件】对话框中输入【名称】为【文本 1】，将【类型】设置为【图形】，然后单击【确定】按钮，如图 11-158 所示。

　　　　在插入帧时，会发现【图层 1】的帧数只到第 592 帧就没有了，此时可以在该帧处插入帧，即可出现更多的帧，再在第 783 帧处插入即可。

(6) 在工具箱中选择【文本工具】。在舞台中输入文字，然后选中输入的文字，在【属性】面板中将【系列】设置为【汉仪小隶书简】，【大小】设置为 68，将颜色设置为 #FF6600，如图 11-159 所示。

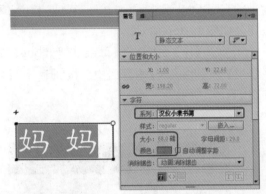

图 11-158　插入帧、新建图层和元件

图 11-159　设置文本的属性

(7) 再次按 Ctrl+F8 组合键，创建新元件，将【名称】设置为【文本 2】，【类型】设置为图形，并单击【确定】按钮，继续使用【文本工具】输入文字，如图 11-160 所示。

(8) 选中【您】文本，在【属性】面板中将大小设置为 30，如图 11-161 所示。

图 11-160　新建元件并输入文字

图 11-161　选中文字并设置属性

(9) 设置完成后，选中【知道吗】文本，在【属性】面板中【大小】将设置为 24，将【颜色】设置为黑色，如图 11-162 所示。

(10) 使用相同的方法制作其他的文本元件，如图 11-163 所示。

图 11-162　设置其余文字的属性

图 11-163　创建其他文本元件

(11) 创建完成后，单击左上角的 按钮，返回场景中，选择【图层2】的第1帧，在【库】面板中将第一个文字拖到舞台中，调整位置，如图 11-164 所示。

(12) 选中舞台中的元件，打开【属性】面板，在【色彩效果】选项组中，将【样式】设置为 Alpha，并将 Alpha 值设置为 0，如图 11-165 所示。

图 11-164　拖入元件

图 11-165　设置元件的属性

(13) 选择【图层2】的第16帧，按 F6 键插入关键帧，调整文字的位置，并在【属性】面板中将【样式】设置为【无】，如图 11-166 所示。

(14) 然后在【图层2】的第1帧至第16帧之间的任意帧位置右键单击，从弹出的快捷菜单中选择【创建传统补间】命令，如图 11-167 所示。

图 11-166　插入关键帧并设置文字的属性

图 11-167　选择【创建传统补间】命令

(15) 在该图层的第35帧位置，按 F7 键插入空白关键帧，新建【图层3】，在第34帧的位置插入关键帧，在【库】面板中将创建的文字元件拖到舞台中，并调整拖入元件的位置，如图 11-168 所示。

(16) 调整完成后，确认选中元件，打开【属性】面板，将【样式】设置为 Alpha，并将 Alpha 值设置为 0，如图 11-169 所示。

(17) 然后在该图层的第54帧的位置插入关键帧，并调整元件的位置，设置元件的【属性】，将【样式】设置为【无】，如图 11-170 所示。

(18) 使用同样的方法，在该图层的第34帧至第54帧的任意位置创建传统补间，效果如图 11-171 所示。

图 11-168　插入帧后拖入并调整元件

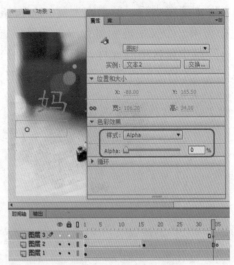

图 11-169　设置元件的属性

图 11-170　设置元件的属性

图 11-171　创建传统补间

(19) 在【图层 3】的第 74 帧处插入空白关键帧，新建【图层 4】，在第 74 帧的位置插入关键帧，按 Ctrl+F8 组合键，在打开的【创建新元件】对话框中，输入【名称】为【遮罩】，将【类型】设置为【图形】，单击【确定】按钮，如图 11-172 所示。

(20) 在工具箱中选择【刷子工具】 ，将【笔触颜色】设置为无，将【填充颜色】设置为 #FF9900，并选择一个合适的刷子大小，然后在舞台中绘制图形，设置及效果如图 11-173 所示。

(21) 在左上角单击 按钮，返回到场景中，选中【图层 4】的第 74 帧，在【库】面板中将刚创建的【遮罩】元件拖到舞台中，调整好位置，如图 11-174 所示。

(22) 在该图层的第 129 帧的位置插入关键帧，调整元件的位置，如图 11-175 所示。

(23) 在该图层的第 74 帧至第 129 帧之间的任意位置右键单击，从弹出的快捷菜单中选择【创建传统补间】命令，如图 11-176 所示。

(24) 新建【图层 5】，在该图层的第 74 帧处插入关键帧，在【库】面板中将文本元件拖入舞台中，调整位置，如图 11-177 所示。

图 11-172　新建元件

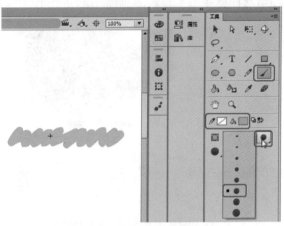

图 11-173　设置并使用刷子工具

图 11-174　拖入元件

图 11-175　插入关键帧并调整元件的位置

图 11-176　创建传统补间

图 11-177　插入关键帧并调整元件

(25) 选择该图层的第 129 帧，插入关键帧，在【图层 4】和【图层 5】的第 130 帧处插入空白关键帧，如图 11-178 所示。

(26) 选择【图层4】的第135帧，按F6键插入关键帧，在【库】面板中将文本元件拖入舞台中，使用【任意变形工具】 调整元件的形状和位置，如图11-179所示。

图11-178　插入空白关键帧

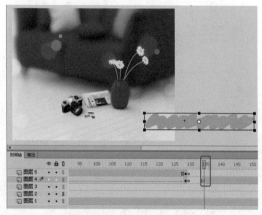

图11-179　拖入元件并调整

(27) 在该图层的第157帧处插入关键帧并调整元件的位置，如图11-180所示。

(28) 在【图层4】的第135帧至第157帧之间创建传统补间，在第164帧的位置插入关键帧，并调整元件，如图11-181所示。

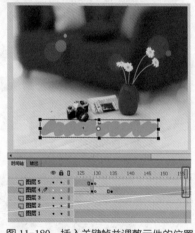

图11-180　插入关键帧并调整元件的位置

图11-181　插入关键帧并调整元件的形状

(29) 在【图层4】的第179帧的位置按F6键插入关键帧，在舞台中调整元件的位置，如图11-182所示。

(30) 调整完成后，在第164帧至第179帧之间的任意帧位置插入传统补间，然后选择【图层5】的第135帧，插入关键帧，如图11-183所示。

(31) 插入关键帧后，在【库】面板中拖入元件，并调整元件的位置，如图11-184所示。

(32) 在【图层5】的第179帧的位置按F6键插入关键帧，在【图层5】和【图层4】的第180帧的位置插入空白关键帧，如图11-185所示。

(33) 在【时间轴】面板中选中【图层5】，右键单击，从弹出的快捷菜单中选择【遮罩层】命令，如图11-186所示。

(34) 选择【图层2】的第189帧，按F6键插入关键帧，在【库】面板中拖入元件，并调整位置，如图 11-187 所示。

图 11-182　插入关键帧并调整元件的位置

图 11-183　创建传统补间并插入关键帧

图 11-184　拖入元件并调整

图 11-185　插入关键帧和空白关键帧

图 11-186　选择【遮罩层】命令

图 11-187　插入关键帧并拖入元件

(35) 确认选中第 189 帧，并选中舞台中的元件，打开【属性】面板，将【样式】设置为 Alpha，将 Alpha 值设置为 0，如图 11-188 所示。

(36) 选择该图层的第 213 帧，插入关键帧，在舞台中调整元件的位置，并在【属性】面板中将【样式】设置为【无】，如图 11-189 所示。

图 11-188　拖入元件并设置属性

图 11-189　插入关键帧、调整元件并设置属性

(37) 然后在该图层的第 189 帧至第 213 帧之间的任意位置创建传统补间，在第 239 帧的位置插入空白关键帧，如图 11-190 所示。

(38) 确认选中第 239 帧，在【库】面板中将文本元件拖入舞台中，确认选中元件，打开【属性】面板，将【样式】设置为 Alpha，将 Alpha 设值置为 55%，使用【任意变形工具】调整位置并调整至最小，如图 11-191 所示。

图 11-190　创建传统补间并插入空白关键帧

图 11-191　拖入元件并调整

(39) 选择第 263 帧，插入关键帧，选中舞台中的元件，在【属性】面板中设置【宽】为 390，设置【高】为 56，将【样式】设置为【无】，并调整元件的位置，如图 11-192 所示。

(40) 在第 239 帧至第 263 帧之间的任意帧位置创建传统补间，使用同样的方法，在不同的图层中创建文字动画，创建完成后，按 Ctrl+F8 组合键，在打开的【创建新元件】对话框中输入元件【名称】为【星星】，将【类型】设置为【图形】，单击【确定】按钮后，使用【钢笔工具】单击【对象绘制】按钮 ⬚，使其呈 ⬚ 状态，在舞台中绘制图形，如图 11-193 所示。

(41) 选中绘制的图形，在【属性】面板中将【宽】设置为 11，将【高】设置为 24，将【笔触颜色】设置为无，将【填充颜色】设置为白色，如图 11-194 所示，为了方便观察，在这里将舞台的颜色先更改为黑色。

(42) 然后在【图层 1】的第 2、3、4 帧的位置插入关键帧，使第 1、2 关键帧处的图形在舞台中的位置相同，使第 3、4 关键帧处的图形在舞台中的位置相同，并使用同样的方法创建其他的图层，最终使所有图层中的图形，组成一个矩形轮廓，如图 11-195 所示。

图 11-192 设置元件属性并调整

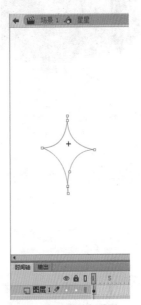

图 11-193 绘制图形

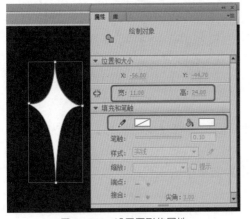

图 11-194 设置图形的属性

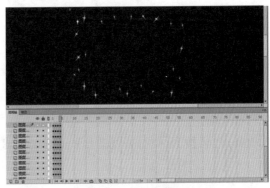

图 11-195 组成矩形

(43) 在左上角单击◀按钮，返回场景后，新建图层，将创建的【星星】元件拖到舞台中，使用【任意变形工具】调整位置和大小，如图 11-196 所示。

(44) 新建图层，在该图层的第 783 帧的位置插入关键帧，按 Ctrl+F8 组合键打开【创建新元件】窗口，输入【名称】为【重播】，将【类型】设置为【按钮】，单击【确定】按钮，如图 11-197 所示。

(45) 在工具箱中选择【文本工具】，输入文字，选中输入的文字，在【属性】面板中使用前面介绍的方法设置文字属性，如图 11-198 所示。

(46) 在左上角单击◀按钮，返回到场景中，确认选中新建图层的第783帧，在【库】面板中，将刚创建的【重播】元件拖到舞台中，使用【任意变形工具】调整位置和大小，如图 11-199所示。

图 11-196　新建图层并拖入元件

图 11-197　插入关键帧并创建新元件

图 11-198　设置文本的属性

图 11-199　拖入元件并调整

(47) 在舞台中选中【重播】元件，打开【属性】面板，将【实例名称】设置为"A"，如图 11-200 所示。

(48) 然后按 F9 键打开【动作】面板，在【动作】面板中输入代码，如图 11-201 所示。

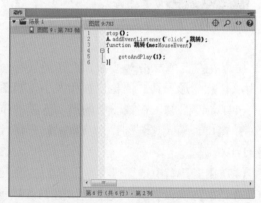

图 11-200　设置元件属性

图 11-201　输入代码

(49) 输入完成后，关闭【动作】面板，新建图层，在该图层的第 783 帧的位置插入关键帧，然后再次新建图层，在【库】面板中将"母亲节贺卡背景音乐 .mp3"素材拖到舞台中，选中该图层，打开【属性】面板，将【同步】设置为【数据流】，如图 11-202 所示。

(50) 最后按 Ctrl+Enter 组合键测试动画效果，如图 11-203 所示。

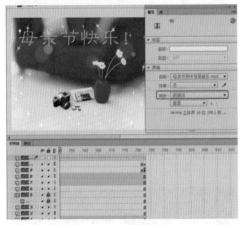

图 11-202　设置图层属性

图 11-203　测试动画

知识链接

　　母亲节 (Mother's Day)，是一个感谢母亲的节日。这个节日最早出现在古希腊；而现代的母亲节起源于美国，是每年 5 月的第二个星期日。母亲们在这一天通常会收到礼物，康乃馨被视为献给母亲的花，而中国的母亲花是萱草花，又叫忘忧草。

案例精讲 095　制作友情贺卡

　案例文件：CDROM | 场景 | Cha11 | 制作友情贺卡动画 .fla

　视频文件：视频教学 | Cha11 | 制作友情贺卡动画 .avi

制作概述

　　贺卡用于联络感情和互致问候，深受人们的喜爱，它具有温馨的祝福语言、浓郁的民俗色彩、传统的东方韵味、古典与现代交融的魅力，既方便又实用，是促进和谐的重要手段。本实例主要介绍如何利用遮罩和传统补间动画以及元件来制作友情贺卡，完成后的效果如图 11-204 所示。

图 11-204　友情贺卡

学习目标

■ 学习使用遮罩和创建传统补间动画。

■ 掌握制作友情贺卡的方法。

操作步骤

(1) 启动软件后，在打开的界面中单击【ActionScript 3.0】按钮，选择【文件】|【导入到库】命令，在弹出的对话框中选择随书附带光盘中的 CDROM| 素材 |Cha11|LPLZP01.jpg、LPLZP02.jpg、LPLZP03.jpg、LPLZP04.jpg 对象，单击【打开】按钮，如图 11-205 所示。

(2) 在工具箱中单击【矩形工具】按钮，将【笔触】设置为无，将【填充颜色】设置为黑色，然后在舞台上绘制矩形，在【属性】面板中将【宽度】、【高度】分别设置为 550 像素、133.3 像素，如图 11-206 所示。

图 11-205 【导入到库】对话框

图 11-206 绘制矩形

(3) 打开【对齐】面板，勾选【与舞台对齐】复选框，在【对齐】选项组中单击【水平中齐】按钮和【顶对齐】按钮，完成后的效果如图 11-207 所示。

(4) 选择绘制的矩形，按 F8 键，打开【转换为元件】对话框，在该对话框中将【名称】设置为【开头矩形】，将【类型】设置为【图形】，单击【确定】按钮，如图 11-208 所示。

图 11-207 【对齐】面板

图 11-208 将矩形转换为元件

(5) 在第 30 帧位置处按 F6 键添加关键帧，在舞台上选择【开头矩形】元件，打开【属性】面板，在【位置和大小】卷展栏中将 X、Y 设置为 833、66.65，如图 11-209 所示。

(6) 选择第 1 帧至第 30 帧的任意一帧，单击鼠标右键，从弹出的快捷菜单中选择【创建传统补间】命令，创建传统补间动画，如图 11-210 所示。

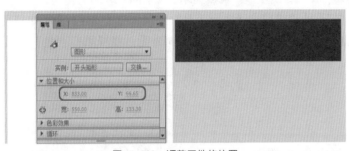

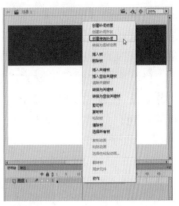

图 11-209　调整元件的位置　　　　　　　图 11-210　创建传统补间动画

(7) 单击【新建图层】按钮，新建【图层 2】，打开【库】面板，在该面板中将【开头矩形】元件拖拽到舞台中，在【属性】面板中将 X、Y 设置为 275、199.95，如图 11-211 所示。

(8) 在【图层 2】的第 5 帧位置处添加关键帧，在第 35 帧位置处添加关键帧，在舞台中选择元件，在【属性】面板中将 X、Y 设置为 −280、199.95，如图 11-212 所示。

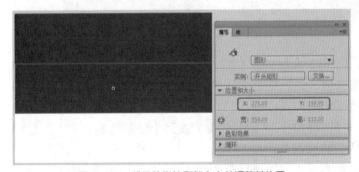

图 11-211　将元件拖拽到舞台中并调整其位置　　　　图 11-212　调整元件的位置

(9) 选择【图层 2】中的第 5 帧至第 35 帧的任意一帧，单击鼠标右键，从弹出的快捷菜单中选择【创建传统补间】命令，单击【新建图层】按钮，新建【图层 3】，打开【库】面板，将【开头矩形】元件拖拽到舞台中，在【属性】面板中将 X、Y 设置为 275、333.25，如图 11-213 所示。

(10) 选择【图层 3】的第 5 帧，按 F6 键插入关键帧，选择第 35 帧，在该帧插入关键帧，在【舞台】中选择元件，将 X、Y 设置为 833、333.25，如图 11-214 所示。

图 11-213　设置元件的位置　　　　　　　图 11-214　调整 X、Y 的值

(11) 选择【图层 3】中的第 5 ~ 35 帧的任意一帧，单击鼠标右键，从弹出的快捷菜单中选择【创建传统补间】命令，单击【新建图层】按钮，新建【图层 4】，在【时间轴】面板中将【图层 4】拖拽到最底层。暂时将【图层 1】~【图层 3】隐藏显示，如图 11-215 所示。

(12) 将舞台颜色设置为黑色，在工具箱中单击【矩形工具】按钮，在【属性】面板中将【矩形选项】卷展栏中的【边角半径】设置为 20，将【笔触】设置为无，将【填充颜色】设置为任意颜色，如图 11-216 所示。

图 11-215　调整图层

图 11-216　【属性】面板

(13) 然后在舞台上绘制矩形，在【属性】面板中将【宽】、【高】设置为 540、390。进入【对齐】面板中，勾选【与舞台对齐】复选框，然后单击【对齐】选项组中的【水平中齐】按钮和【垂直中齐】按钮，设置完成后的效果如图 11-217 所示。

(14) 单击【新建图层】按钮，新建【图层 5】，将【图层 5】拖拽到【图层 4】的下方，在【库】面板中将 LPLZP01.jpg 拖拽到舞台中，选择图片，按 F8 键，打开【转换为元件】对话框，在该对话框中将【名称】命名为【图片 01】，将【类型】设置为【图形】，单击【确定】按钮，如图 11-218 所示。

图 11-217　【对齐】面板

图 11-218　【转换为元件】对话框

(15) 选择【图片 01】图形元件，在【属性】面板中将 X、Y 设置为 246、171，选择【图层 5】的第 50 帧，按 F6 键插入关键帧，选择【图片 01】元件，将【属性】面板中的 X、Y 设置为 304、229，选择【图层 4】中的第 50 帧，按 F5 键插入帧，如图 11-219 所示。

(16) 在【图层 5】的第 1 帧至第 50 帧之间任选一帧，单击鼠标右键，从弹出的快捷菜单中选择【创建传统补间】命令，在【时间轴】面板中选择【图层 4】，单击鼠标右键，从弹出的快捷菜单中选择【遮罩层】命令，将【图层 1】~【图层 3】显示，效果如图 11-220 所示。

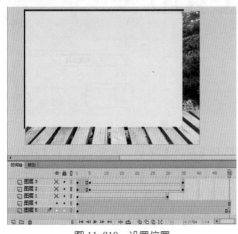

图 11-219　设置位置

图 11-220　添加遮罩后的效果

　　(17) 将【图层 5】解除锁定，选择该图层的第 130 帧，按 F6 键插入关键帧，在舞台上选择【图片 01】图形元件，在【属性】面板中将【样式】设置为【亮度】，将【亮度】设置为 0，如图 11-221 所示。

　　(18) 选择【图层 5】的第 145 帧，按 F6 键插入关键帧，选择【图片 01】图形元件，在【属性】面板中将【亮度】设置为 100，在第 130 帧与第 145 帧之间的任意一帧处单击鼠标右键，从弹出的快捷菜单中选择【创建传统补间】命令，如图 11-222 所示。

图 11-221　设置【样式】

图 11-222　选择【创建传统补间】命令

　　(19) 选择【图层 4】的第 145 帧，按 F5 键插入帧，选择【图层 3】，单击【新建图层】按钮，将该图层重命名为【文字 1】图层，选择该图层的第 50 帧，按 F6 键插入关键帧，选择【矩形工具】，在【属性】面板中将【边角半径】设置为 0，将【笔触】设置为无，将填充颜色设置为 #666666，在场景中绘制矩形，在【属性】面板中将【宽】、【高】分别设置为 225、48，如图 11-223 所示。

　　(20) 在工具箱中选择【文本工具】，在场景中输入文字【打开重逢的往事】，选择输入的文字，将【系列】设置为【汉仪书魂体简】，将【大小】设置为 30，将【颜色】设置为白色，如图 11-224 所示。

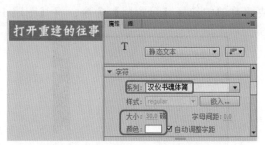

图 11-223　绘制矩形　　　　　　　　　　图 11-224　输入文字

(21) 使用【选择工具】选择绘制的矩形和文字，打开【对齐】面板，取消勾选【与舞台对齐】复选框，在【对齐】选项组中单击【水平中齐】按钮和【垂直中齐】按钮，如图 11-225 所示。

(22) 按 F8 键打开【转换为元件】对话框，在该对话框中将【名称】命名为【文字 1】，将【类型】设置为【图形】，如图 11-226 所示。

图 11-225　【对齐】面板　　　　　　　　图 11-226　【转换为元件】对话框

(23) 单击【确定】按钮，在【属性】面板中将 X、Y 设置为 −115、45，将【色彩效果】卷展栏中的【样式】设置为 Alpha，将 Alpha 设置为 0，如图 11-227 所示。

(24) 选择【文字 1】图层的第 70 帧，按 F6 键插入关键帧，在【属性】面板中将 X、Y 设置为 216、45，将 Alpha 值设置为 100。选择【文字 1】图层的第 60 帧，单击鼠标右键，从弹出的快捷菜单中选择【创建传统补间】命令，创建补间动画，效果如图 11-228 所示。

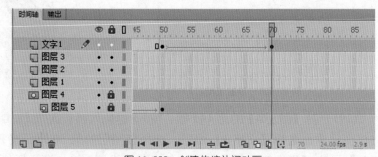

图 11-227　【属性】面板　　　　　　　　图 11-228　创建传统补间动画

(25) 在【文字 1】图层的第 105 帧处添加关键帧，并在第 120 帧处添加关键帧，选择【文字 1】图形元件，在【属性】面板中将 X、Y 设置为 308、111，将 Alpha 值设置为 0，如图 11-229 所示。

(26) 在第 105 帧至第 120 帧处添加传统补间动画，在【时间轴】面板中选择【图层 3】，单击【新建图层】按钮，将新建的图层命名为【文字 1 副本】，在第 70 帧处添加关键帧，打开【库】面板，在该面板中将【文字 1】元件拖拽到舞台中，在【属性】面板中将 X、Y 分别设置为216、45，将【样式】设置为 Alpha，将 Alpha 值设置为100，如图 11-230 所示。

图 11-229 设置位置

图 11-230 设置元件的属性

(27) 在【文字 1 副本】图层的第 80 帧位置处添加关键帧，在舞台中选择该图层的【文字 1】元件，在【属性】面板中将 X、Y 设置为 240、75，将 Alpha 值设置为 0，在第 70 帧至第 80 帧之间创建传统补间动画，完成后的效果如图 11-231 所示。

(28) 按 Ctrl+F8 组合键，在弹出的对话框中将【名称】设置为【矩形】，将【类型】设置为【图形】，单击【确定】按钮，如图 11-232 所示。

图 11-231 设置关键帧

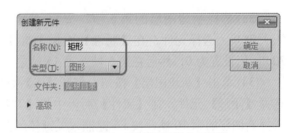

图 11-232 【创建新元件】对话框

(29) 单击【确定】按钮，在工具箱中选择【矩形工具】，在舞台上绘制矩形，在【属性】面板中将【宽】、【高】分别设置为 50、400，在【对齐】面板中勾选【与舞台对齐】复选框，然后单击【水平中齐】按钮和【垂直中齐】按钮，如图 11-233 所示。

(30) 按 Ctrl+F8 组合键，在弹出的对话框中将【名称】设置为【过渡矩形动画】，将【类型】设置为【影片剪辑】，单击【确定】按钮，打开【库】面板，将【矩形】拖拽到影片剪辑中，在【属性】面板中将 X、Y 设置为 −250、0，如图 11-234 所示。

(31) 选择图层的第 10 帧，按 F6 键插入关键帧，选择该帧的元件，在【属性】面板中将【色彩效果】卷展栏中的【样式】设置为 Alpha，将 Alpha 值设置为 0，将【宽】设置为 20，如图 11-235 所示。

(32) 在第 0 帧至第 10 帧之间创建传统补间动画，单击【新建图层】按钮，将【矩形】元件拖拽到舞台中，然后在【属性】面板中将【宽】设置为 70，将 X、Y 设置为 −190、0，如图 11-236 所示。

图 11-233 绘制【矩形】图形元件

图 11-234 调整矩形的位置

图 11-235 设置关键帧

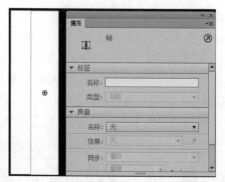

图 11-236 将【矩形】元件拖拽到舞台中并进行调整

(33) 选择新建图层的第 5 帧，按 F6 键插入关键帧，选择该图层的第 15 帧，按 F6 键插入关键帧，选择元件，在【属性】面板中将【宽】设置为 40，将【样式】设置为 Alpha，将 Alpha 值设置为 0，然后在第 5 帧至第 15 帧之间创建传统补间动画，如图 11-237 所示。

(34) 单击【新建图层】按钮，打开【库】面板，在该面板中将【矩形】元件拖拽到舞台中，选择【矩形】元件，在【属性】面板中将【宽】设置为 100，将 X、Y 分别设置为 -105、0，选择新图层的第 10 帧，按 F6 键插入关键帧，如图 11-238 所示。

图 11-237 设置元件的属性

图 11-238 添加关键帧

(35) 选择第 20 帧，按 F6 键插入关键帧，在【属性】面板中将【宽】设置为 60，将【样式】设置为 Alpha，将 Alpha 的值设置为 0，然后在第 10 帧至第 20 帧之间创建传统补间动画，完成后的效果如图 11-239 所示。

(36) 使用同样的方法设置其他动画，设置完成后的效果如图 11-240 所示。

图 11-239 设置元件属性并添加传统补间动画

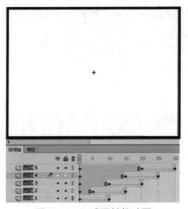

图 11-240 设置其他动画

(37) 返回到场景 1 中，在【时间轴】面板中选择【图层 5】，单击【新建图层】按钮，选择新图层的第 145 帧，按 F6 键添加关键帧，打开【库】面板，将【过渡矩形动画】影片剪辑拖拽到舞台中，打开【对齐】面板，勾选【与舞台对齐】复选框，然后单击【水平中齐】按钮和【垂直中齐】按钮，如图 11-241 所示。

(38) 选择新图层的第 174 帧，按 F5 键插入帧，选择【图层 4】的第 174 帧，按 F5 键插入帧，然后锁定【图层 8】，选择【图层 5】，单击【新建图层】按钮，新建【图层 9】，选择【图层 9】的第 145 帧，按 F6 键插入关键帧，打开【库】面板，在该面板中将 LPLZP02.jpg 拖拽到舞台中，打开【变形】面板，将【缩放宽度】、【缩放高度】都设置为 120，如图 11-242 所示。

图 11-241 【对齐】面板

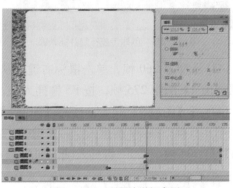

图 11-242 对图片进行变形

(39) 选择图片，按 F8 键打开【转换为元件】对话框，在该对话框中将【名称】命名为【图片 02】，将【类型】设置为【图形】，单击【确定】按钮，如图 11-243 所示。

(40) 确定元件处于选中状态，在【属性】面板中将 X、Y 分别设置为 246、196，选择第 174 帧，按 F6 键插入关键帧，选择第 195 帧，按 F6 键插入关键帧，在舞台上选择【图片 02】元件，将【属性】面板中的 X、Y 分别设置为 300、199，如图 11-244 所示。

(41) 选择第 194 帧，单击鼠标右键，从弹出的快捷菜单中选择【创建传统补间】命令，选择【图层 9】的第 260 帧，按 F6 键插入关键帧，选择【图层 4】的第 260 帧，按 F5 键插入帧，效果如图 11-245 所示。

(42) 选择【图层 9】的第 275 帧，单击鼠标右键，从弹出的快捷菜单中选择【插入关键帧】命令，选择元件，在【属性】面板中将【色彩效果】卷展栏下的【样式】设置为【亮度】，将

【亮度】设置为 100，如图 11-246 所示。

图 11-243　【转换为元件】对话框

图 11-244　设置关键帧

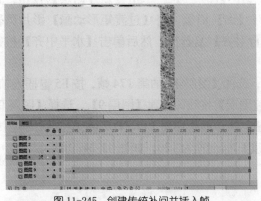

图 11-245　创建传统补间并插入帧

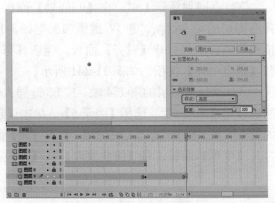

图 11-246　添加关键帧

(43) 选择第 260 帧，单击鼠标右键，从弹出的快捷菜单中选择【创建传统补间】命令，选择【图层 4】的第 275 帧，按 F5 键插入帧，完成后的效果如图 11-247 所示。

(44) 将【图层 9】锁定，选择【图层 8】的第 275 帧，按 F6 键插入关键帧，然后选择该图层的第 175 帧，按 F7 键插入空白关键帧，选择该图层的第 304 帧，按 F5 键插入帧，选择【图层 4】第 304 帧，按 F5 键插入帧，如图 11-248 所示。

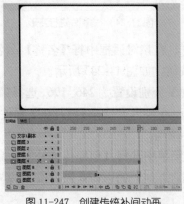

图 11-247　创建传统补间动画

图 11-248　插入关键帧

(45) 使用同样的方法制作其他图层的动画，制作完成后的效果如图 11-249 所示。

(46) 按 Ctrl+F8 组合键打开【创建新元件】对话框，在该对话框中将【名称】命名为【矩形动画】，将【类型】设置为【图形】，单击【确定】按钮，如图 11-250 所示。

图 11-249　设置完成后的效果

图 11-250　【创建新元件】对话框

(47) 打开【库】面板，在该面板中选择【矩形】元件，将该元件拖拽到舞台中，在【属性】面板中将【宽】设置为 4，将 X、Y 设置为 −268、0，将【色彩效果】卷展栏中的【样式】设置为 Alpha，将 Alpha 值设置为 20，如图 11-251 所示。

(48) 选择图层的第 15 帧，单击鼠标右键，从弹出的快捷菜单中选择【插入关键帧】命令，选择元件，在【属性】面板中将 X 设置为 −31，如图 11-252 所示。

(49) 选择第 13 帧，单击鼠标右键，从弹出的快捷菜单中选择【创建传统补间】命令。选择图层的第 30 帧，按 F6 键插入关键帧，在场景中选择元件，在【属性】面板中将 X 设置为 −222，如图 11-253 所示。在第 15 帧和第 30 帧之间创建传统补间动画。

图 11-251　设置【矩形】元件的属性

图 11-252　设置关键帧

图 11-253　设置元件的 X 位置

(50) 单击【新建图层】按钮，打开【库】面板，选择【矩形】元件，将该元件拖拽到舞台中，在【属性】面板中将 X、Y 设置为 −6、0，将【宽】设置为 7，将【样式】设置为 Alpha，将 Alpha 值设置为 20，如图 11-254 所示。

(51) 选择新图层的第 10 帧，按 F6 键插入关键帧，选择该图层的元件，打开【属性】面板，将 X 设置为 −250，如图 11-255 所示。

(52) 选择新图层的第 5 帧，单击鼠标右键，从弹出的快捷菜单中选择【创建传统补间】命令，选择新图层的第 25 帧位置，按 F6 键插入关键帧，打开【属性】面板，将 X 位置设置为 44，如图 11-256 所示。

图 11-254　设置属性

图 11-255　设置关键帧

图 11-256　设置 X 的位置

(53) 在第 10 帧至第 25 帧位置处添加传统补间动画，在新图层的 30 帧位置处添加关键帧，在【属性】面板中将 X 设置为 −105，在第 25 帧和第 30 帧之间创建传统补间动画。使用同样的方法制作其他图层的动画，完成后的效果如图 11-257 所示。

(54) 按 Ctrl+F8 组合键打开【创建新元件】对话框，在该对话框中将【名称】设置为【圆动画】，将【类型】设置为【影片剪辑】，单击【确定】按钮，如图 11-258 所示。

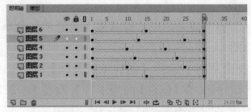

图 11-257　设置完成后的效果

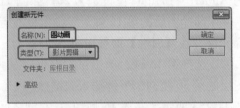

图 11-258　【创建新元件】对话框

(55) 在工具箱中选择【椭圆工具】，按住 Shift 键在舞台上绘制正圆，在【属性】面板中将【笔触】设置为无，将【填充颜色】设置为白色，将【宽】、【高】都设置为 65，选择绘制的圆，按 F8 键，打开【转换为元件】对话框，在该对话框中将【名称】命名为【圆】，将【类型】设置为【图形】，如图 11-259 所示。

(56) 单击【确定】按钮，在舞台上选择【圆】元件，在【属性】面板中将 X、Y 设置为 −202、232，选择该图层的第 30 帧，按 F6 键插入关键帧，选择【圆】元件，在【属性】面板中将 Y 设置为 12，将【样式】设置为 Alpha，将 Alpha 的值设置为 0，如图 11-260 所示。

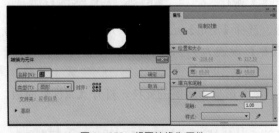

图 11-259　将圆转换为元件

图 11-260　左图为第 0 帧，右图为第 30 帧

(57) 在第 0 帧至第 30 帧之间创建传统补间动画，单击【新建图层】按钮，新建【图层 2】，选择该图层的第 5 帧，按 F6 键插入关键帧，将【圆】元件拖拽到舞台中，在【变形】面板中将【缩放宽度】与【缩放高度】锁定在一起，然后将【缩放宽度】设置为 35，在【属性】面板中将 X、

Y 分别设置为 −126、212，如图 11-261 所示。

(58) 选择第 35 帧，按 F6 键插入关键帧，在【属性】面板中将 Y 设置为 −15，将【样式】设置为 Alpha，将 Alpha 的值设置为 0，然后在第 5 帧至第 35 帧之间创建传统补间动画，使用同样的方法制作其他动画，在时间轴上的表现如图 11-262 所示。

图 11-261　在【变形】面板和【属性】面板中的设置

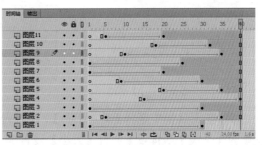

图 11-262　在时间轴上的表现

(59) 返回到场景 1 中，选择【图层 11】，单击【新建图层】按钮，新建【图层 18】，打开【库】面板，选择【矩形动画】影片剪辑，将其拖拽到舞台中，在【对齐】面板中单击【水平中齐】按钮和【垂直中齐】按钮，如图 11-263 所示。

(60) 选择新建图层的第 510 帧，按 F7 键插入空白关键帧，选择【图层 11】，单击【新建图层】按钮，新建【图层 19】，打开【库】面板，在该面板中选择【圆动画】影片剪辑，将其拖拽到舞台中，在【属性】面板中将 X、Y 分别设置为 256、235，如图 11-264 所示。

图 11-263　【对齐】面板

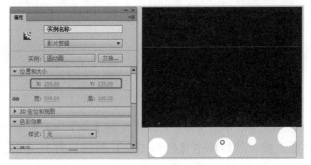

图 11-264　调整位置

 提示　　由于设置的【圆动画】影片剪辑的大小可能不相同，所以此处的 X、Y 的值可以根据实际情况做适当的调整。

(61) 确定【圆动画】影片剪辑处于选中状态，单击【滤镜】卷展栏中的【添加滤镜】按钮，从弹出的下拉列表中选择【模糊】选项，将【模糊 X】设置为 10，如图 11-265 所示。

(62) 再次单击【添加滤镜】按钮，在弹出的下拉列表中选择【发光】，将【模糊 X】设置为 10，将【品质】设置为高，将【颜色】设置为 #FFFF00，勾选【挖空】和【内发光】复选框，如图 11-266 所示。

(63) 将【图层 18】、【图层 19】锁定，按 Ctrl+F8 组合键，打开【创建新元件】对话框，在该对话框中将【名称】命名为【重播】，将【类型】命名为【影片剪辑】，单击【确定】按钮，如图 11-267 所示。

图 11-265　设置【模糊】滤镜

图 11-266　设置【发光】滤镜

图 11-267　【创建新元件】对话框

(64) 在工具箱中选择【文本工具】，在舞台上输入文字"Replay"，在【属性】面板中将【系列】设置为【汉仪书魂体简】，将【大小】设置为30磅，将【颜色】设置为红色，如图 11-268 所示。

(65) 选择输入的文字，按 F8 键打开【转换为元件】对话框，将【名称】命名为【文字 8】，将【类型】设置为【图形】，单击【确定】按钮，如图 11-269 所示。

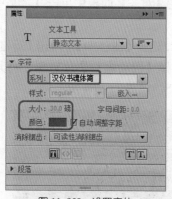

图 11-268　设置字体

图 11-269　【转换为元件】对话框

(66) 选择文字，单击【对齐】面板中的【水平中齐】按钮和【垂直中齐】按钮，选择第 20 帧，按 F5 键插入帧，然后单击【新建图层】按钮，打开【库】面板，在该面板中将【文字 8】拖拽到舞台中，单击【对齐】面板中的【水平中齐】按钮和【垂直中齐】按钮，如图 11-270 所示。

(67) 选择【图层 2】的第 15 帧，按 F6 键插入关键帧，打开【属性】面板，将【样式】设置为 Alpha，将 Alpha 值设置为 0，打开【变形】面板，将【缩放高度】、【缩放宽度】设置为 135、135，如图 11-271 所示。

图 11-270　设置对齐

图 11-271　【变形】和【属性】面板

(68) 选择第14帧，单击鼠标右键，从弹出的快捷菜单中选择【创建传统补间】命令，返回到【场景1】中，选择【文字7】图层，单击【新建图层】按钮，将其命名为【重播】，选择该图层的第510帧，按F6键插入关键帧，打开【库】面板，将【重播】影片剪辑拖拽到舞台上，在【属性】面板中将X、Y设置为106、289，如图11-272所示。

(69) 确定元件处于选中状态，在【属性】面板中将【实例名称】设置为"chongbo"，单击【新建图层】按钮，选择第530帧，按F6键插入关键帧，按F9键打开【动作】面板，在该面板中输入如下代码：

```
stop();
chongbo.addEventListener("click", 跳转);
function 跳转 (me:MouseEvent)
{
    _channel.stop();
    gotoAndPlay(1);
}
```

在【动作】面板中的表现如图11-273所示。

图 11-272　设置元件的位置

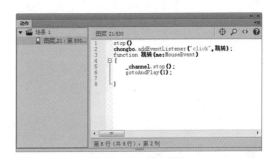

图 11-273　输入代码

(70) 选择新图层的第1帧，打开【动作】面板，在该面板中输入如下代码：

```
var _sound:Sound = new Sound();
var _channel:SoundChannel = new SoundChannel();
var url:String = "F:\\CDROM\\ 素材 \\Cha11\\ 蓝色的爱 .mp3";
var _request:URLRequest = new URLRequest(url);
_sound.load(_request);
_channel = _sound.play();
```

将【动作】面板关闭，按 Ctrl+Enter 组合键测试影片，测试完成后，对场景进行保存即可。